1 確率工学シリーズ 木村俊一［編集］

待ち行列の数理モデル

木村俊一［著］

朝倉書店

まえがき

コペンハーゲン電話会社 (Copenhagen Telephone Company) の研究者であったアーラン (Agner Krarup Erlang; 1878–1929) が，1909 年に電話交換の遅延に関する最初の論文を著してからすでに 1 世紀が経つ．この間，彼の提起した問題はその対象を拡げながら現代の待ち行列理論・通信トラヒック理論へと発展してきた．数理モデルとしての整備が進む中で，科学技術の進歩はこれらの理論の現代的意義を改めて我々に問いかけている．IT の進展に伴う処理速度の劇的な高速化に伴って輻輳そのものが構造的には発生し難くなっていること，さらにはプロトコルの複雑化に単純なモデルでは追従できないこと．これらが相俟って，理論の重要度がシミュレーションと比べて相対的に低下していることは否めない．一方で，コールセンター，クラウドコンピューティングなどの新しい応用分野が現れることで，$M/G/s$ 待ち行列のような古典的な標準モデルに再び注目が集まっている．

以上の背景を踏まえて，本書は電話交換機からコールセンターに至る待ち行列理論の歴史の中で，最も重要視されながら解析的な難しさから遠ざけられてきた $M/G/s$ 待ち行列をコアとする中級レベルの専門書を目指している．$M/G/s$ 待ち行列は実際の待ち行列の最も自然なモデルであると同時に，他の初等的テキストでも必ず扱っている $M/M/s$ 待ち行列や $M/G/1$ 待ち行列をその特別な場合として含んでいる．さらに，有限容量待合室，有限母集団，損失，途中放棄などの様々な拡張のベンチマーク・モデルでもある．コアとなる $M/G/s$ 待ち行列に対する標準的な仮定にしたがい，到着過程についてはポアソン到着を基本とし，サービス規律についても先着順サービスの場合のみを扱う．

本書は，オペレーションズ・リサーチ，サービスサイエンス，通信トラヒック工学などの分野に興味をもつ学部 3–4 年生，大学院生および研究者を対象として書かれており，確率論に関する基礎知識を前提としている．また，学部初年次に学習する微分積分学，線形代数学についても必須である．$M/D/s$ 待ち行列の解析（4.1 節）には複素関数論の基礎知識が必要となるので，未履修者は初読の際に読み飛ばしてもらっても構わない．学部学生に確率過程論の知識を要求することは，我が国の理工系学部の標準的なカリキュラムでは難しい場合もある．この点に配慮したマルコフ連鎖の速習コースを付録 A，B に用意した．数値解析やラプラス変換・確率母関数の数値的逆変換に関する知識があれば，本書の内容はより実りの多いものになる．

本書の構成は以下の通りである．前半（第 1–3 章）では，$M/G/s$ 待ち行列の基礎として，まず初等的待ち行列とその拡張を解説する．第 1 章では，まず，この 1 世紀の間に待ち行列理論が分析対象としてきた実際のシステムについて，歴史的に古い順に紹介する．待ち行列モデルの表記法と本書で扱う待ち行列全般に関わる事項についても述べる．第 2 章では $M/M/s$ 待ち行列とその拡張を含む出生死滅型待ち行列と総称される最も基本的なクラスの待ち行列を解説する．単一窓口の場合である $M/G/1$ 待ち行列については第 3 章で解説する．第 2，3 章の解析ツールである連続・離散時間マルコフ連鎖の理論については付録 A, B で簡潔にまとめている．後半（第 4–6 章）の中で，第 4，5 章が $M/G/s$ 待ち行列の分析ツールを扱っている．$M/G/s$ 待ち行列自体は解析が困難なために，これまでに様々な数値解法や実用的な近似解法が開発されてきた．第 4 章では，$M/D/s$ 待ち行列の厳密解と，1980–90 年代に発展を遂げた高い精度と明示的な式で与えられる $M/G/s$ 待ち行列の近似解を体系的に解説し，応用例として情報通信システムにおける最適バッファ設計問題について述べる．また第 5 章では，より一般の待ち行列システムへも適用可能な拡散近似を解説し，コールセンターにおけるスタッフ配置問題と ALOHA 方式ランダムアクセスプロトコルの性能評価への応用を示す．これらの章は，著者自身の研究とも深く関わっていて，他に類を見ない斬新な内容となっている．第 6 章では，サービス施設をノードとするネットワーク型システムの基本モデルと，第 4，5 章に基づく近似解を解説する．さらに，第 5，6 章で必要となる点過程の再生過程近似に関する速習コースを付録 C に用意した．各章末に学習内容を補完する演習問題を，巻末にはその解答を付している．

本書をまとめることができたのは，多くの方々のご指導とご尽力の賜物である．すでに鬼籍に入られてしまったが，京都大学工学部数理工学科（現・情報学科数理工学コース）の恩師である三根 久先生，大野勝久先生，長谷川利治先生のご指導なくして，待ち行列の世界へ足を踏み入れることはなかったであろう．学位取得後，東京工業大学理学部情報科学科において，我が国における待ち行列理論のパイオニアの１人である森村英典先生の研究室の助手を務めたことで，門下の俊英である森 雅夫，高橋幸雄，宮沢政清，馬場 裕，木島正明の諸氏，また，日本オペレーションズ・リサーチ学会「混雑現象と待ち行列」研究部会（現・同学会「待ち行列」常設研究部会）の幹事を務めたご縁で，日本電信電話公社武蔵野通信研究所（当時）の橋田 温，川島幸之助，片山 勁，町原文明，高橋敬隆の諸氏，筑波大学・逆瀬川浩孝，防衛大学校・川島 武，工学院大学・山崎源治，東京理科大学・牧野都治，石川明彦，電気通信大学・小野里好邦，NEC・紀 一誠，日本IBM・高木英明（所属はすべて当時）の諸氏をはじめとして多くの待ち行列研究者と知己になることができた．さらには，Vrije Universiteit Amsterdam・Professor Henk C. Tijms, Humboldt-Universität zu Berlin・Professor Peter Franken, Berkakademie Freiberg・Professor Dieter König（1983 年当時），ロチェスター大学・住田 潮先生（1989 年当時），プリンストン大学・小林久志先生（1996 年当時），University of Otago・Professor I.M. Premachandra（2002, 2008 年当時）には，在外研究で大変お世話になった．これらの方々の存在なくして，本書後半の内容は完結しなかったであろう．ここに記して厚く御礼申し上げたい．

最後に，これまで常に忍耐強く支えてくれた妻 貴子に感謝し本書を捧げたい．

2015 年 11 月
晩秋の西宮にて

木 村 俊 一

目　　次

CHAPTER 1

待ち行列モデル

1.1　待ち行列システム

待ち行列はなぜ発生するのであろうか？この疑問に答えるために以下の状況を考えよう．

> ある老舗のベーカリーでは自家製のパンを販売している．売子は１人で，客１人に販売するのに要する時間は正確に１分である．一方，客は正確に２分間隔で来店する．この状況で行列ができることがあるだろうか？

客の到着時間間隔とサービス時間に対して一定値を仮定する待ち行列の例である．明らかに，この状況で客が待つことはない．ある客のサービス終了後，正確に１分後に次の客が到着し，窓口は１分間隔でオン・オフを繰り返す．これは，サービスに関する需要と供給のバランスがとれていることを意味している．逆に，客の到着時間間隔が１分でサービス時間が２分であれば，行列は経過時間に比例して増加する．しかし，現実には需要と供給の平均的な意味でバランスがとれている場合でも行列が発生する．これは，接客時間もしくは客の来店時間間隔が一定ではなく，その値にばらつきがあるとき，すなわちランダムネスが影響するときである．中には釣銭の勘定で手間取る客や，一度に団体で来店する客がいるかもしれない．売子がもたついている間に，次から次と客が来店する場合も十分考えられる．この場合には，後から入ってきた客は待たなければならず，行列が発生する．

待ち行列は物理的要素と論理的要素から構成されている．物理的要素とは，客の母集団，サービス施設，待合室，ネットワーク構造などを指し，一方，論理的要素とは，到着時間間隔やサービス時間の確率分布，先着順，後着順などのサービス規律，途中放棄の有無，ネットワーク内の経路選択ルールなどを指す．待ち行列 (queue) という言葉は，サービスを受けるために並んで待っている行列そのものを表すと短絡的に考えがちだが，こういったいくつかの要素を総合した概念として捉えるべきで，この意味で**待ち行列システム** (queueing system) とよばれる．

1.1.1 待ち行列システムの例

20 世紀初頭からのこの 1 世紀の間に，様々な待ち行列システムに対して数理モデルが開発されてきた．情報通信技術の進展に伴ってすでに陳腐化してしまった例もあるが，今後の待ち行列理論の在り方を検討する上でも，歴史的に古い順に紹介することにしよう．

例 1.1 — 電話交換機　客や窓口にいる扱者は必ずしも人間とは限らない．待ち行列理論の創始者ともいえるデンマークのアーラン (A.K. Erlang) の 20 世紀初頭における最初の研究も，電話交換機の設計に関するものであった．電話交換機をサービス施設とする待ち行列システムでは，客は電話加入者からの接続要求（コール）がこれに相当する．サービスの内容は相手との接続と通話である．電話加入者の母集団の大きさは勿論有限だが，その数は非常に大きいため，通常は無限大の母集団としても差し支えない．理論的にはその方が扱いやすくなる．この待ち行列システムに特有なのは待合室がないことである．交換機への入力回線の数が窓口数に相当するが，すべての回線が塞がっている状態では新たなコールを受け付けることができない．電話交換機設計の基礎となった待ち行列モデルについては 2.4 節で考察する．

例 1.2 — 多重アクセス計算機システム　待ち行列は電話交換などの通信システムだけではなく，計算機システムの内部にも生じる．サービス施設は演算処理を行う中央処理装置 (CPU: Central Processing Unit) であり，客はジョブとよばれる一連の演算のまとまりに相当する．ジョブは CPU と接続されている有限個の端末 (I/O: Input/Output) から送られてくる（図 1.1 参照）．端末は 1 つのジョブの結果が送り返されてくるまで次のジョブを送出できないため，客の母集団は端末の個数と一致する．したがって，客の母集団は有限であって，CPU の処理待ち状態にあるジョブ数に応じて客の到着率は変化する．このため，無限母集団を想定する例 1.1 とは異なるモデルが必要となる．有限母集団をもつ待ち行列モデルについては 2.3 節で考察する．

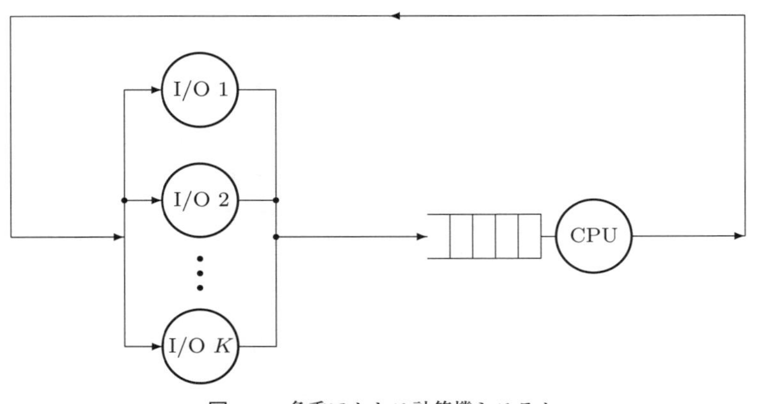

図 1.1　多重アクセス計算機システム

例 1.3 — 情報ネットワーク　企業や大学のような組織の中に分散して配置されているコンピュータ，プリンタなどの情報処理機器を通信線を介して有機的に結合し，機器そのものばかりでなくソフトウェアやデータベースを共有する情報ネットワークが形成されている．こういったネットワーク構造をもつシステムの内部にも，利用者の印刷待ちのような目に見える形や電子的なレベルの目に見えない形で，様々な待ち行列が存在する．一般に，あるサービス施設から退去した客が引き続いて他のサービス施設へ到着するネットワーク型の待ち行列システムの解析は，単一の待ち行列システムのそれと比べて極めて難しいが，実用的な近似精度の解を待ち行列理論を応用することで求めることができる．待ち行列ネットワークとよばれるモデルについては第 6 章で考察する．

例 **1.4** — 生産システム　　ネットワーク構造をもつ待ち行列は，工場などの生産ラインにおいても見受けられる．近年の自動化技術の発展と商品市場の多様化により，多品種少量生産にも耐えられるように構成された自動化生産システム，いわゆるフレキシブル生産システム (FMS: Flexible Manufacturing System) が普及している．FMS は，流れ作業に代表されるような少品種大量生産システムと，個別の生産作業が独立している一品生産方式の中間に位置し，部品の搬送装置，工作機械や組立機械などの作業装置およびそれらを統合的に制御するための計算機システムからなっている．FMS の設計や旧システムの自動化にあたって最も重要な点は，この制御プログラムにおけるディスパッチングアルゴリズムを開発することにある．ディスパッチングアルゴリズムとは，納期の充足率などを評価基準とする生産品の最適な処理順序を定めるスケジューリングルールを表す．従来，ディスパッチングアルゴリズムの開発にあたっては，原材料搬入の際の時間的ばらつき，作業装置の故障や段取り替え，バッファにおけるブロッキングなどの様々な確率的要因により，理論的解析は非常に困難で，主にシミュレーションによって実験的にその評価を行ってきている．シミュレーションよりも短時間でシステムの評価尺度（例えば，スループット，ブロッキング確率など）の導出を可能とする待ち行列ネットワークの近似モデルについては 6.3 節と 6.2 節で考察する．

例 **1.5** — コールセンター　　航空会社は顧客からの電話による予約や変更に応じるため，カスタマーセンターを設置している．また，家電メーカーでは自社の家電製品を購入した顧客からの電話による問い合わせに応じるためにヘルプデスクを設置している．このような電話応対を通じてサービスを提供する施設はコールセンターとよばれる．コールセンターの役割は顧客対応に限らない．登録顧客に対する新製品の紹介などのマーケティング戦略の資源としても活用されている．待ち行列システムとしてコールセンターを捉えたとき，本質的には例 1.1 の電話交換機と大きな違いはないが，電話交換機の回線数と比べるとコールセンターのオペレータ数はかなり少なく，顧客が要求するサービスの内容に応じてオペレータが異なるために，電話交換機以上に窓口数を意識した設計が求められる．また，繁忙時間帯に応対を待たされる顧客への配慮も求められることになる．長時間待たされると，途中で諦めてしまう顧客も出てくるかもしれない．コールセンターに見られる途中放棄を伴う待ち行列モデルについては 2.5 節と 5.1.2 項で考察する．

例 1.6 — クラウドコンピューティング　クラウドコンピューティングとは，概念として新しくもなく厳密に定義された用語でもないが，従来は顧客自身が管理していたソフトウェアやデータなどをインターネットを通じて利用するサービスの総称である．サービス事業者は多数のサーバを設置したデータセンターにソフトウェアやデータの保管システムを構築し，利用者である顧客はハードウェアの購入，ソフトウェアのインストール，データのバックアップなどの作業に煩わされることなく，必要に応じてインターネットからアクセスして利用できる．規模の経済性に基づく比較的安価な利用料金とセキュリティ確保の容易さから，オンラインストレージとして利用する個人から業務システムとして活用する企業まで，急速にその利用範囲が拡大している．その便益性を確保するためには，アベイラビリティや信頼性などに関して高いサービス品質 QoS (Quality of Service) が求められる．クラウドコンピューティングの性能評価問題は，複数窓口をもつサービスシステムに共通し，例 1.5 のコールセンターの問題と本質的に等価である．サービス時間が一般分布にしたがう複数の窓口をもつ待ち行列システムの解析は待ち行列理論における大きな課題であり，これまでに数多くの実用的な研究がなされてきた．第 4 章と第 5 章では，これらの研究成果である待ち行列モデルについて考察する．

1.1.2 ケンドールの表記法

独立した単体の待ち行列，もしくはネットワーク内の各サービス施設における待ち行列に対して以下のことを仮定する．s ($s \geq 1$) 個の複数窓口と r ($r \geq 0$) 人分の有限待合室をもつ待ち行列システムを考える．客の母集団は大きさ K ($K \geq 0$) をもつものと仮定する．特に，$s = 1$ のとき**単一窓口待ち行列** (single server queue)，$s \geq 2$ のときは**複数窓口待ち行列** (multiple server queue) とよぶ．

客は，ある平均のまわりに適当なばらつきをもった時間間隔でサービス施設に到着する．この到着時間間隔列 $\{U_n\}_{n\geq 1}$ は互いに独立で同一の分布 F にしたがう確率変数列であると仮定する．窓口での客のサービス時間列 $\{S_n\}_{n\geq 1}$ もやはり独立で同一分布 H にしたがう確率変数列で，$\{U_n\}_{n\geq 1}$ とは独立であると仮定する．複数窓口待ち行列の場合，本書ではすべての窓口でサービス時間分布は等しいと仮定する．待ち行列の型を表す分類記号として

$$A/B/s/r/K$$

と表されるケンドールの表記法 (Kendall notation) が通常用いられる．ただし

A ： 到着時間間隔分布の種類
B ： サービス時間分布の種類
s ： 窓口数, $s \geq 1$
r ： 待合室の大きさ, $r \geq 0$
K ： 母集団の大きさ, $K \geq 1$

であり，特に

$K < \infty$, $r = \infty$ のとき　$A/B/s/\cdot/K$
$K = \infty$, $r < \infty$ のとき　$A/B/s/r$
$K = \infty$, $r = \infty$ のとき　$A/B/s$

と表す．A, B には，それぞれ，到着とサービスの分布型を示す記号

M ： 指数分布 (Markovian/Memoryless)
D ： 一定時間分布 (Deterministic)
E_k ： k 次のアーラン分布 (Erlang)
H_k ： k 次の超指数分布 (Hyper-exponential)
PH ： 相型分布 (PHase-type)
G ： 一般分布 (General)

のいずれかを書く *1)．例えば，コールの到着時間間隔が指数分布にしたがい，

*1) 到着時間間隔が互いに独立で一般分布にしたがう場合，独立性を強調して記号 G の代わりに GI と書くことが多い．本書でもこの慣例にしたがう．

保留時間が一般分布にしたがう回線数 s 本の電話交換機（入線無限即時式完全線群）は $M/G/s/0$ 待ち行列としてモデル化できる.

1.2 ポアソン到着

1.2.1 ランダム到着過程

実際の客の到着は事前に予見できない不確実性をもち，きわめてランダムネスの高い確率過程であると予想される．まず次の簡単な離散時間ランダム到着過程を考える.

1) 時間区間 $(0,t]$ を n 個の微小区間に等分する.
2) 長さ $h \equiv t/n$ の各微小区間において，客は成功確率 $p = \lambda h$ $(\lambda > 0)$ のベルヌーイ試行にしたがって到着する.

このとき，時間区間 $(0,t]$ の間の客の総到着数 $A(t)$ は二項分布 $B(n,p)$ にしたがう．すなわち，$k = 0, 1, \ldots, n$ に対して

$$\mathbb{P}\{A(t) = k\} = \binom{n}{k} p^k (1-p)^{n-k}$$

が成り立つ．$p = \lambda h = \lambda t/n$ より

$$\begin{aligned}\mathbb{P}\{A(t) = k\} &= \binom{n}{k} \left(\frac{\lambda t}{n}\right)^k \left(1 - \frac{\lambda t}{n}\right)^{n-k} \\ &= \frac{n(n-1)\cdots(n-k+1)}{n^k} \frac{(\lambda t)^k}{k!} \left(1 - \frac{\lambda t}{n}\right)^{n-k}\end{aligned}$$

と書き直し，$n \to \infty$ とすると

$$\lim_{n\to\infty} \mathbb{P}\{A(t) = k\} = \frac{(\lambda t)^k}{k!} \mathrm{e}^{-\lambda t}, \quad k \geq 0$$

を得る [*2)]．すなわち，離散時間ランダム到着過程を連続化したとき，時間区間 $(0,t]$ の間の客の総到着数 $A(t)$ はポアソン分布 $Po(\lambda t)$ にしたがうことが示された.

---

*2) ポアソンの小数の法則 (Poisson's law of small numbers) に他ならない.

1.2.2 ポアソン過程

◇定　義

1.2.1 項の結果から，ランダムな到着過程 $A(t)$ がポアソン分布にしたがうことが期待される．このような性質をもつ計数過程がポアソン過程である．まず，ポアソン過程を定義するための準備として，確率過程の**増分** (increment) に関する基本的な 2 つの概念を準備する．

定義 1.1　確率過程 $\{X(t)\}_{t\geq 0}$ が**独立増分** (independent increment) をもつとは，任意の時点列 $t_0 < t_1 < \cdots < t_n$ に対して，確率変数列

$$X(t_1) - X(t_0), \ldots, X(t_n) - X(t_{n-1})$$

が互いに独立であることをいう．

定義 1.2　確率過程 $\{X(t)\}_{t\geq 0}$ が**定常増分** (stationary increment) をもつとは, 任意の $t \geq 0$ に対して，確率変数 $X(s+t) - X(s)$ の分布が $s > 0$ に依らないことをいう．

到着過程 $\{A(t)\}$ が独立増分をもてば，例えば，区間 $(0,t]$ 間の到着数 $A(t)$ と区間 $(t,t+s]$ 間の到着数 $A(t+s) - A(t)$ は独立である．これは，到着過程が非常に大きな数の独立な要素からなる母集団からもたらされる現象の結果であることを示唆している．また，$\{A(t)\}$ が定常増分をもつとき，任意の $t_2 > t_1 > 0$, $s > 0$ に対して

$$A(t_2+s) - A(t_1+s) \stackrel{\mathrm{d}}{=} A(t_2) - A(t_1)$$

が成り立つ．ただし，記号 $\stackrel{\mathrm{d}}{=}$ は両辺の確率変数の分布が等しいことを表す．

定義 1.3　到着過程 $A \equiv \{A(t)\}_{t\geq 0}$ が次の 3 つの条件を満たすとき，A を率 $\lambda\ (>0)$ をもつ**ポアソン過程** (Poisson process) という．

(PO1) $A(0) = 0$ (a.s.)

(PO2) A は独立増分をもつ

(PO3) $s \geq 0$，$t > 0$ に対し，確率変数 $A(s+t) - A(s)$ はパラメータ λt のポアソン分布にしたがう．すなわち

$$\mathbb{P}\{A(s+t) - A(s) = k\} = \frac{(\lambda t)^k}{k!}\,\mathrm{e}^{-\lambda t}, \quad k \geq 0$$

定義 1.3 の条件 (PO3) がポアソン過程において本質的と考えがちだが，より緩い仮定に基づく定義と等価であることが知られている [*3)].

定義 1.4 到着過程 $A \equiv \{A(t)\}_{t\geq 0}$ が次の 3 つの条件を満たすとき，A をポアソン過程という．

(PO1)' 任意の到着時刻 $t = T_n$ において，$A(T_n) - A(T_n-) = 1$ (a.s.)

(PO2)' A は独立増分をもつ

(PO3)' A は定常増分をもつ

定義 1.4 には，ポアソン分布に関する条件 (PO3) が含まれていないことに注意しよう．このことは，ポアソン過程が様々な自然現象や社会現象の中で広く観測されることの 1 つの証左になっている．

◇基本的性質

区間 $(0,t]$ にちょうど 1 回の到着が起きたという条件の下で，到着時刻 T_1 の分布を求めてみよう．A が定常かつ独立な増分をもつことから，区間 $(0,t]$ 内の等しい長さの部分区間では，到着時刻 T_1 を含む確率は等しいと考えられる．言い換えれば，到着時刻 T_1 は区間 $(0,t]$ 上で一様分布していると考えられる．実際，$t \geq s \geq 0$ に対して

$$\begin{aligned}
&\mathbb{P}\{T_1 < s \,|\, A(t) = 1\} \\
&\quad = \frac{\mathbb{P}\{T_1 < s,\, A(t) = 1\}}{\mathbb{P}\{A(t) = 1\}} = \frac{\mathbb{P}\{A(s) = 1,\, A(t) - A(s) = 0\}}{\mathbb{P}\{A(t) = 1\}} \\
&\quad = \frac{\mathbb{P}\{A(s) = 1\}\mathbb{P}\{A(t) - A(s) = 0\}}{\mathbb{P}\{A(t) = 1\}} = \frac{\lambda s \mathrm{e}^{-\lambda s}\mathrm{e}^{-\lambda(t-s)}}{\lambda t \mathrm{e}^{-\lambda t}} = \frac{s}{t}
\end{aligned}$$

となり，$T_1 \sim U(0,t)$ が成り立つ．

任意の $s \geq 0$，$t > 0$, $j \geq i$ と時間区間 $[0,s)$ における到着過程 $\{A(t)\}$ のすべての履歴 $\{A(u); 0 \leq u < s\}$ に対して，ポアソン過程の条件 (PO2) より

$$\mathbb{P}\{A(s+t) = j \mid A(s) = i,\, A(u),\, 0 \leq u < s\} = \mathbb{P}\{A(s+t) = j \mid A(s) = i\}$$

が成り立つ．すなわち，この推移確率は最後に観測された状態のみに依存して

---

*3) 定義の等価性の証明については木村 (2011a)，第 3 章を参照のこと．

いる．この性質を**マルコフ性** (Markov property) という．また，マルコフ性をもつ確率過程を**マルコフ過程** (Markov process) という．

条件 (PO3) の右辺は s に依存していないので，$s = 0$ とおくと

$$\begin{aligned}\mathbb{P}\{A(s+t) - A(s) = k\} &= \mathbb{P}\{A(t) - A(0) = k\} \\ &= \mathbb{P}\{A(t) = k \mid A(0) = 0\} = \mathbb{P}\{A(s+t) = k \mid A(s) = 0\}\end{aligned}$$

となるので，推移確率は時間差 t のみに依存している．一般に，連続時間確率過程 $\{X(t)\}_{t\geq 0}$ の推移確率に関して

$$\mathbb{P}\{X(s+t) = j \mid X(s) = i\} = \mathbb{P}\{X(t) = j \mid X(0) = i\}$$

が成り立つとき，$\{X(t)\}$ は**斉次的** (homogeneous) であるという．定義 1.3 より，ポアソン過程は斉次的マルコフ過程であることがわかる．

マルコフ性と斉次性をもつ一般の連続時間確率過程 $\{X(t)\}_{t\geq 0}$ に対して，条件付き確率

$$p_{ij}(t) \equiv \begin{cases} \mathbb{P}\{X(t) = j \mid X(0) = i\}, & t > 0 \\ \delta_{ij}, & t = 0 \end{cases} \tag{1.1}$$

を**推移確率関数** (transition probability function) という．また，$\{X(t)\}$ のとり得る値の全体集合を $\mathcal{S}$ で表し，**状態空間** (state space) とよぶ．ポアソン過程 $\{A(t)\}$ の場合は $\mathcal{S} = \mathbb{Z}_+ \equiv \{0, 1, 2, \ldots\}$ となり，$i, j \in \mathcal{S}$, $t > 0$ に対して

$$p_{ij}(t) = \begin{cases} \dfrac{(\lambda t)^{j-i}}{(j-i)!}\,\mathrm{e}^{-\lambda t}, & j \geq i \\ 0, & j < i \end{cases} \tag{1.2}$$

と表される．

1.2.3　到着時間間隔

客がサービス窓口に率 λ のポアソン過程 $\{A(t)\}_{t\geq 0}$ にしたがって到着すると仮定する．第 n 番目の客の到着時刻 T_n ($T_1 < T_2 < \cdots < T_n < \cdots, n \geq 1$) に対して，到着時間間隔を $U_n = T_n - T_{n-1}$ ($T_0 \equiv 0$) で表すと

$$\begin{aligned}\mathbb{P}\{U_n > t\} &= \mathbb{P}\{A(T_{n-1}+t) < n\}\\ &= \mathbb{P}\{A(T_{n-1}+t) - A(T_{n-1}) = 0\}\\ &= \mathbb{P}\{A(t) = 0\} = \mathrm{e}^{-\lambda t}\end{aligned}$$

より U_n の分布関数は

$$\mathbb{P}\{U_n \leq t\} = 1 - \mathrm{e}^{-\lambda t}, \quad t \geq 0 \tag{1.3}$$

で与えられる．すなわち，$\{U_n\}$ は n に依らずパラメータ λ の指数分布 $Exp(\lambda)$ にしたがう．

$X \sim Exp(\lambda)$ とすると

$$\mathbb{P}\{X > s+t\} = \mathbb{P}\{X > s\}\mathbb{P}\{X > t\}, \quad s,t > 0 \tag{1.4}$$

が成り立つ．式 (1.4) は，時刻 s においてまだ客が到着していないとき (i.e., $X > s$) には，それ以後 t 以内に客が到着しない確率は s 経過したこととは全く無関係に元の指数分布と同じであることを意味している．すなわち，客の到着は過去の履歴とは無関係に起こる．この性質を指数分布の**無記憶性** (memoryless property) という．

客の到着時間間隔が指数分布にしたがっている場合，ある任意の時点をとったとき，次に到着が起こるまでの時間の分布は，前の客の到着からの経過時間に依らず元の指数分布と一致する．サービス時間についても同様で，経過サービス時間にかかわらず次の客のサービス終了は指数分布にしたがう時間経過した後に生じる．したがって，状態確率を解析するのに必要なのは系内客数に関する情報だけとなり，解析が非常に容易になる．

到着時間間隔 U が一般分布 F にしたがい，F が確率密度関数 f をもつとき，十分に小さな $h > 0$ に対して

$$\mathbb{P}\{U \leq t+h \mid U > t\} = \frac{f(t)}{1-F(t)}h + o(h)$$

が成り立つ．このとき，極限

$$\lambda(t) \equiv \lim_{h \to 0} \frac{1}{h}\,\mathbb{P}\{U \leq t+h \mid U > t\} = \frac{f(t)}{1-F(t)} \tag{1.5}$$

を**瞬間到着率** (instantaneous arrival rate) という．式 (1.4) は，到着時間間隔

U がパラメータ λ の指数分布にしたがうとき，瞬間到着率が定数 $\lambda(t) \equiv \lambda$ となることを意味し，単位時間に客の到着する割合を表している．このため，λ を単に**到着率** (arrival rate) とよび，このとき客は**ポアソン到着** (Poisson arrival) するという．サービス時間 S がパラメータ μ の指数分布にしたがう場合も，同様にして

$$\lim_{h \to 0} \frac{1}{h} \mathbb{P}\{S \leq t + h \mid S > t\} = \mu$$

となり，μ は単位時間内の平均サービス客数を表し，**サービス率** (service rate) とよばれる．

1.2.4 重ね合わせと分解

$A_i \equiv \{A_i(t)\}_{t \geq 0}$ $(i = 1, 2)$ を到着率 λ_i をもつ互いに独立なポアソン過程とする．このとき

$$A(t) = A_1(t) + A_2(t), \quad t \geq 0$$

と定義する．確率過程 $A \equiv \{A(t)\}_{t \geq 0}$ は A_1 と A_2 の**重ね合わせ** (superposition) とよばれる．

定理 1.1 A_1 と A_2 の重ね合わせ A は，到着率 $\lambda \equiv \lambda_1 + \lambda_2$ をもつポアソン過程である．

証明 全確率の公式と A_1, A_2 の独立性を用いて，任意の $t, s \geq 0$ に対して

$$\begin{aligned}
&\mathbb{P}\{A(t+s) - A(t) = k\} \\
&= \sum_{i=0}^{k} \mathbb{P}\{A_1(t+s) - A_1(t) = i,\ A_2(t+s) - A_2(t) = k - i\} \\
&= \sum_{i=0}^{k} \frac{(\lambda_1 s)^i \mathrm{e}^{-\lambda_1 s}}{i!} \frac{(\lambda_2 s)^{k-i} \mathrm{e}^{-\lambda_2 s}}{(k-i)!} \\
&= \frac{(\lambda s)^k}{k!} \mathrm{e}^{-\lambda s} \sum_{i=0}^{k} \binom{k}{i} \left(\frac{\lambda_1}{\lambda}\right)^i \left(\frac{\lambda_2}{\lambda}\right)^{k-i} = \frac{(\lambda s)^k}{k!} \mathrm{e}^{-\lambda s}
\end{aligned}$$

が成り立つ．A_1, A_2 が独立で定常かつ独立増分をもつことから，A もまた同じ条件を満たす．したがって，定義 1.3 より A は到着率 λ をもつポアソン過程で

ある． □

$A \equiv \{A(t)\}_{t\geq 0}$ を到着率 λ をもつポアソン過程とする．また，A とは独立な確率変数 $S_n \sim B(n,p)$ $(n \geq 2, p \in (0,1))$ を導入し，S_n を生成するベルヌーイ試行列の第 k 回目の試行は，A の到着時刻 $t = T_k$ になされると仮定する $(k = 1, \ldots, n)$．このとき

$$A_1(t) = S_{A(t)}, \qquad A_2(t) = A(t) - A_1(t)$$

と定義する．確率過程 $A_i \equiv \{A_i(t)\}_{t\geq 0}$ $(i = 1, 2)$ は A の**分解** (decomposition) とよばれる．明らかに，A_1 (A_2) はベルヌーイ試行の成功（失敗）時に到着がある計数過程になる．次の定理 [*4] は，これらの計数過程もまたポアソン過程であることを示している．

定理 1.2 ポアソン過程 A の分解 A_i $(i = 1, 2)$ は，到着率 λ_i をもつ互いに独立なポアソン過程である．ただし，$\lambda_1 = \lambda p$, $\lambda_2 = \lambda(1 - p)$ である．

定理 1.1 と定理 1.2 の結果は，ポアソン過程が重ね合わせと分解に関して強い復元性をもつことを示している．この性質は，ネットワーク型の待ち行列システムにおいて客の流れが合流・分岐する場合に，上流でポアソン過程にしたがっているならば，下流でもその性質が保存されることを意味している（第 6 章）．

1.2.5 PASTA

PASTA (Poisson Arrivals See Time Average) とはポアソン到着のある性質を指す略語である．PASTA は，客がポアソン到着する場合，系内客数過程 $\{N(t)\}_{t\geq 0}$ などのシステムの状態に対して，客の到着直前の時点での観測値の算術平均をとったものと，ある十分に長い時間システムの状態を連続的に観測して時間平均をとったものとは一致することを意味する．本章の冒頭で示した到着時間間隔とサービス時間にばらつきがない老舗のベーカリーの場合はこの性質が成り立たない．到着直前の系内客数の観測値は常に 0 のため，その算術

---

*4) 証明については木村 (2011a), pp. 113–115 を参照のこと．

平均は0であるのに対して，系内客数の時間平均は0.5人であり一致しない．

時刻tにおける系内客数などのシステムの状態を$X(t)$とし，第n番目の客の到着直前のシステムの状態を$X(T_n-)$とする．$A(t)$がポアソン過程にしたがうならば，次の関係式が成り立つ．

$$\lim_{t\to\infty}\frac{1}{A(t)}\sum_{n=1}^{A(t)}X(T_n-)=\lim_{t\to\infty}\frac{1}{t}\int_0^t X(s)\mathrm{d}s \tag{1.6}$$

客がポアソン到着をする場合，到着時間間隔が指数分布にしたがうことから，その無記憶性によって，それまでの到着の生じ方に無関係にその後の微少時間hの間の到着確率が定まる．したがって任意時点で観測している場合と同様と考えられるためにPASTAが成り立つ [*5)]．

1.3 リトルの法則

1.3.1 $L=\lambda W$

関係式$L=\lambda W$はリトルの法則 (Little's law) とよばれ，待ち行列理論の基本的な原理の1つである [*6)]．すなわち，非常に一般的な条件の下で，系（行列）内にいる客の時間平均数Lは，到着率λと各々の客が系（行列）内で費やす時間の客平均Wの積に等しい．この法則には$H=\lambda G$（1.3.2項）をはじめとする様々な拡張が知られており，また，PASTAや率保存則（1.3.3項）などの他の基本的な原理との関係も精力的に研究されている [*7)]．この節では，サンプルパスを追跡することで，リトルの法則の直感的な解釈を与える．

時刻$t=0$以降，第n番目の客の到着時刻T_n $(n\geq 1)$に対して，時刻tまでの累積到着客数を

$$A(t)=\max\{n:T_n\leq t\},\quad t\geq 0$$

---

*5) 式 (1.6) の証明については宮沢 (2013) あるいは川島 他 (1995) を参照のこと．

*6) Little (1961) によって最初に証明されたことからこの名がある．当初は“Little's formula”あるいは“Little's theorem”とよばれ，邦書においてもリトルの公式という呼称がほとんどであった．しかし，最近は“Little's Law: LL”が一般的である．単なる公式を超えた待ち行列理論における普遍的な原理であり，本書ではリトルの法則を採用した．

*7) 詳細については Little (2011); Whitt (1991); Wolff (2011) を参照のこと．

と定義する．また，時刻 $t = 0$ 以降，第 n 番目の到着客が行列を離れて窓口に入り，サービスが開始される時刻を T'_n ($\geq T_n$) で表し，時刻 t までの累積サービス開始客数を

$$D_q(t) = \max\{n : T'_n \leq t\}, \quad t \geq 0$$

と定義する．初期時刻 $t = 0$ は $A(0) - D_q(0) = 0$ を満たすように定め，最初の稼動期間の終了時刻 T (> 0) を

$$T = \inf\{t > T_1 : A(t) - D_q(t) = 0\}$$

と定める（図 1.2 参照）．累積到着過程 $A(t)$ と累積開始過程 $D_q(t)$ に対して，時刻 t における行列長を $Q(t) \equiv A(t) - D_q(t)$ ($t \geq 0$)，第 n 番目の客の待ち時間を $W_n \equiv T'_n - T_n$ ($n \geq 1$) で表し，さらに

$$n(T) = A(T) - A(0), \qquad \lambda(T) = \frac{n(T)}{T}$$

と定義する．T の定義から，$n(T)$ は $(0, T]$ 間の総到着客数を表すと同時に，$(0, T]$ 間の行列からの総退去客数を表している．また，$\lambda(T)$ は $(0, T]$ 間の客の到着率を表している．

時間区間 $(0, T]$ における待ち時間の算術平均は

$$\overline{W}(T) \equiv \frac{1}{n(T)} \sum_{n=1}^{n(T)} W_n$$

行列長 $Q(t)$ ($t \in (0, T]$) の時間平均は

$$\overline{Q}(T) \equiv \frac{1}{T} \int_0^T Q(t)\mathrm{d}t$$

で与えられる．ところで，$A(t)$ と $D_q(t)$ のサンプルパスに挟まれる領域（図 1.2 の網掛け部分）の面積に関して

$$\sum_{n=1}^{n(T)} W_n = \int_0^T Q(t)\mathrm{d}t$$

と表されるから

$$\overline{Q}(T) = \frac{n(T)}{T}\overline{W}(T) = \lambda(T)\overline{W}(T)$$

が成り立つ．ここで，$T \to \infty$ のとき

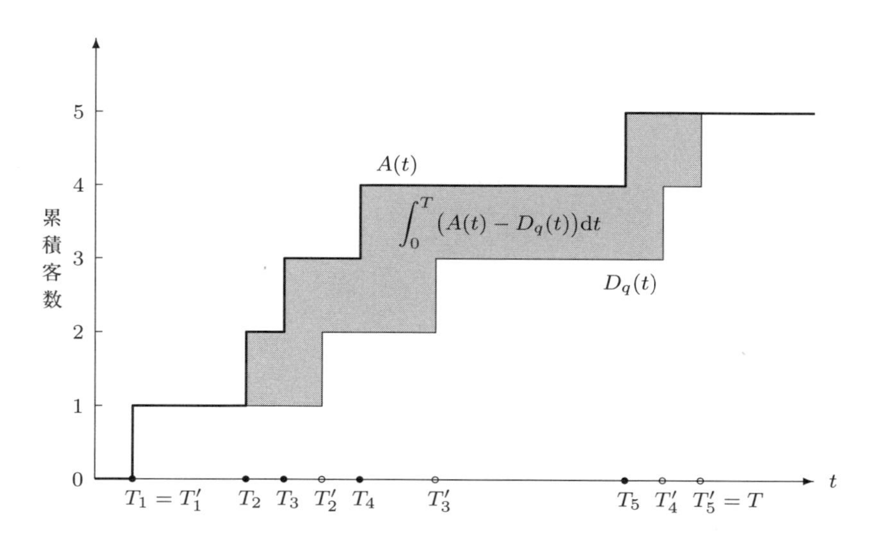

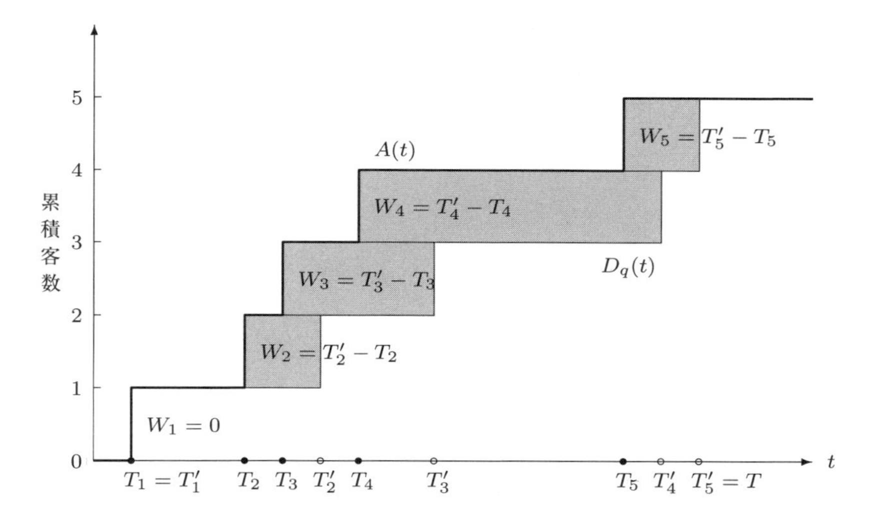

図 1.2　行列長と待ち時間に関するリトルの法則の図的解釈

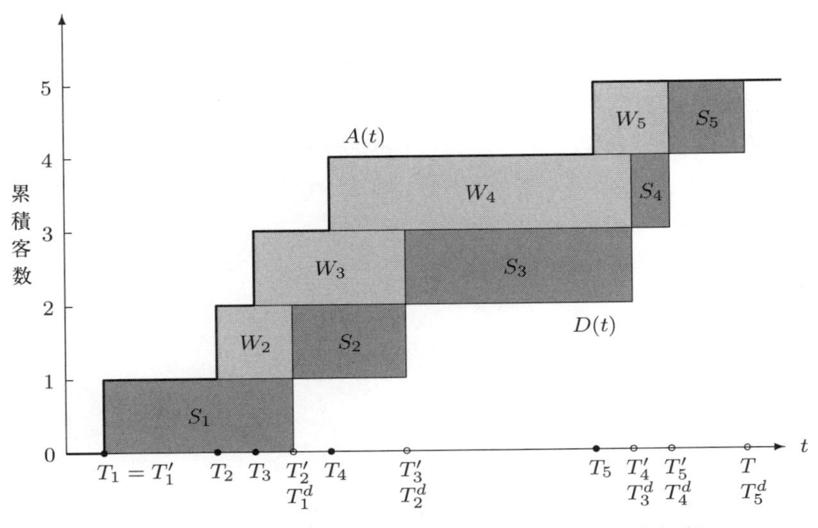

図 **1.3**　系内客数と滞在時間に関するリトルの法則の図的解釈

$$\overline{Q}(T) \to \mathbb{E}[Q], \quad \overline{W}(T) \to \mathbb{E}[W], \quad \lambda(T) \to \lambda > 0$$

を仮定すると，平均行列長と平均待ち時間の間のリトルの法則

$$\mathbb{E}[Q] = \lambda \mathbb{E}[W] \tag{1.7}$$

を得る．

時刻 $t = 0$ 以降，第 n 番目の到着客がサービスを終了してシステムを退去する時刻を T_n^d とし

$$D(t) = \max\{n : T_n^d \le t\}, \quad N(t) = A(t) - D(t), \quad t \ge 0$$

と定義する．このとき，$D(t)$ は時刻 t までの累積退去客数を，$N(t)$ は時刻 t における系内客数を表す（図 1.3 参照）．また，最初の稼動期間の終了時刻 T を $T = \inf\{t > T_1 : A(t) - D(t) = 0\}$ と定める．行列長の場合と同様にして，平均系内客数と平均滞在時間との間にもリトルの法則

$$\mathbb{E}[N] = \lambda \mathbb{E}[W + S] \tag{1.8}$$

が成り立つ．ただし，S はサービス時間を表す確率変数であり，N は $T \to \infty$

のときの系内客数を表す確率変数である．

Haji and Newell (1971) はリトルの法則が，ある緩い制約の下で，平均値間だけではなく確率変数 Q と W（あるいは N と $W+S$）の分布間にも成り立つことを証明した．すなわち，サービス規律が先着順で，仕事量が保存される（2.4 節のブロッキングや 2.5 節のリネージングなどがない）という条件下では

$$Q \stackrel{\mathrm{d}}{=} A(W), \qquad N \stackrel{\mathrm{d}}{=} A(W+S) \tag{1.9}$$

が成り立つ．式 (1.9) を**分布版リトルの法則** (distributional LL) という．ただし，$A(\cdot)$ は累積到着客数を表す．ポアソン到着の場合，確率変数 $A(W)$, $A(W+S)$ の特性から式 (1.9) は特に有用である（第 3，4 章）.

1.3.2 $H = \lambda G$

時刻 $t \in (0,T]$ において，第 n 番目の客に課せられる「費用」を表す関数 $f_n(t)$ を導入する $(n = 1,2,\ldots,n(T))$．$f_n(t)$ は時間区間 $I_n \equiv (T_n, T_n+\tau_n]$ 上で定義される非負関数で，$f_n(t) \equiv 0$ $(t \notin I_n)$ を仮定する．また，$T_n + \tau_n \leq T$ $(n = 1,\ldots,n(T))$ を仮定し，$0 \leq t \leq T$ に対して以下の記号を定義する．

$$H(t) = \sum_{n=1}^{n(T)} f_n(t), \qquad \overline{H}(T) = \frac{1}{T}\int_0^T H(t)\mathrm{d}t$$

$$G_n = \int_{T_n}^{T_n+\tau_n} f_n(t)\mathrm{d}t, \quad \overline{G}(T) = \frac{1}{n(T)}\sum_{n=1}^{n(T)} G_n$$

このとき，リトルの法則の導出と同様にして

$$\overline{H}(T) = \lambda(T)\overline{G}(T) \tag{1.10}$$

が成り立つ．ここで，$T \to \infty$ のとき

$$\overline{H}(T) \to H, \quad \overline{G}(T) \to G, \quad \lambda(T) \to \lambda > 0$$

を仮定すると，**一般化リトルの法則** (generalized LL)

$$H = \lambda G \tag{1.11}$$

を得る．

例 1.7 $f_n(t) = 1, \tau_n = W_n$ のとき，平均行列長と平均待ち時間の間のリトルの法則 $\mathbb{E}[Q] = \lambda\mathbb{E}[W]$ に帰着する．また，$f_n(t) = 1, \tau_n = W_n + S_n$ のとき，平均系内客数と平均滞在時間の間のリトルの法則 $\mathbb{E}[N] = \lambda\mathbb{E}[W + S]$ に帰着する．

1.3.3 率保存則

式 (1.6), (1.7), (1.11) からは，PASTA やリトルの法則の根底には，何らかの普遍的な保存原理が存在することがうかがわれる．すなわち，定常なシステムに対しては，その状態を表す物理量の客平均と時間平均は，長時間観測の下では一致し，保存されなければならないことを表現していると考えられる．この保存原理は，別の視点からは，その物理量の長時間平均変化率はゼロでなければならないと解釈できる．いわば，前者は積分による表現，後者は微分による表現とみなすことができる．後者の視点に立つのが宮沢によって発見された**率保存則** (rate conservation law: RCL) である [*8)]．RCL を厳密に示すには点過程論に対する準備が必要なため，本書で想定している読者のレベルと紙数を超えてしまう．このため以下では，サンプルパスに基づく RCL の概要を待ち行列への応用を意識して簡潔に紹介する [*9)]．

待ち行列に現れる確率過程 $\{X(t)\}_{t\geq 0}$ と点過程 $\{L(t)\}_{t\geq 0}$ を考える．すべての $t \geq 0$ に対して，$X(t)$ は有界で右連続かつ右微分可能であり，微係数 $X'(t)$ も有界であると仮定する．また

$$\mathbb{E}[X'] = \lim_{t\to\infty} \frac{1}{t} \int_0^t X'(u)\mathrm{d}u$$

と表す．点過程 $\{L(t)\}$ は，点列 $\{t_n\}_{n\geq 1}$ によって $L(t) = \max\{n : t_n \leq t\}$ $(t \geq 0)$ と表され，$\lambda = \lim_{t\to\infty} L(t)/t$,

$$J_n = X(t_n+) - X(t_n-), \quad n \geq 1, \qquad \mathbb{E}[J] = \lim_{n\to\infty} \frac{1}{n} \sum_{i=0}^{n} J_i$$

と定義する．このとき，RCL に関する次の定理を得る．

---

*8) RCL の詳細については Miyazawa (1994) を参照のこと．

*9) 点過程論については川島 他 (1995), 第 3 章を参照のこと．

定理 1.3　λ と $\mathbb{E}[J]$ がともに存在して有限であり，かつ $\lim_{t\to\infty} X(t)/t = 0$ であれば

$$\mathbb{E}[X'] + \lambda\mathbb{E}[J] = 0 \tag{1.12}$$

が成り立つ．

証明　X および X' の有界性から

$$X(t) = X(0) + \int_0^t X'(u)\mathrm{d}u + \sum_{n=1}^{L(t)} J_n, \quad t \geq 0$$

と書けるので，両辺を t で除して $t \to \infty$ とすると

$$0 = \lim_{t\to\infty} \frac{1}{t}\int_0^t X'(u)\mathrm{d}u + \lim_{t\to\infty} \frac{L(t)}{t} \lim_{t\to\infty} \frac{\sum_{n=1}^{L(t)} J_n}{L(t)} = \mathbb{E}[X'] + \lambda\mathbb{E}[J]$$

となり，与式が証明された．□

式 (1.12) は，過程 $\{X(t)\}$ の長時間にわたる平均変化率がゼロであることを表している．すなわち，第 1 項は過程が連続な時間区間における平均変化率を表し，一方，第 2 項は不連続点におけるジャンプによる反対方向への寄与を表している．RCL はこれらが互いに打ち消しあうことを意味している．

例 1.8　$L(t) = A(t)$ (i.e., $t_n = T_n$) とすると，第 n 番目の到着客の時刻 t での行列内残余滞在時間は

$$U_n(t) = \big(W_n - (t - T_n)\big)\mathbf{1}_{\{T_n \leq t < T_n + W_n\}}, \quad n \geq 1$$

と表される．$X(t) = \sum_{n=0}^{\infty} U_n(t)$ と定義すると，待ち客数が

$$Q(t) = \sum_{n=0}^{\infty} \mathbf{1}_{\{T_n \leq t < T_n + W_n\}}$$

と表せることから $X'(t) = -Q(t)$ となる．また，$J_n = W_n$ である．したがって，式 (1.12) より，リトルの法則 $\mathbb{E}[Q] = \lambda\mathbb{E}[W]$ が導かれる．

◇フィンチの公式

単一窓口待ち行列の系内客数過程 $\{N(t)\}_{t\geq 0}$ を考える．客の到着直前の時

点と退去直後の時点の $\{N(t)\}$ の定常状態確率の関係を RCL を用いて示そう. $\{N(t)\}$ に含まれる不連続点は到着過程 $\{A(t)\}$ と退去過程 $\{D(t)\}$ によって生成されるので, 不連続点が到着あるいは退去かによって, 点過程の強度を

$$\lambda_a = \lim_{t\to\infty} \frac{A(t)}{t}, \qquad \lambda_d = \lim_{t\to\infty} \frac{D(t)}{t}$$

と区別し, 確率測度についても条件付き確率 $\mathbb{P}_a\{\cdot\}, \mathbb{P}_d\{\cdot\}$ で表記する. このとき, $X(t) = \mathbf{1}_{\{N(t)\geq i\}}$ $(i \geq 0)$ と定義すると, $X'(t) = 0\,(\mathrm{a.s.})$ となる. 式 (1.12) より

$$\begin{aligned} 0 &= \lambda_a \mathbb{E}_a[X(T_n+) - X(T_n-)] + \lambda_d \mathbb{E}_d\left[X(T_n^d+) - X(T_n^d-)\right] \\ &= \lambda_a \left\{\mathbb{P}_d\{N(T_n+) \geq i\} - \mathbb{P}_a\{N(T_n-) \geq i\}\right\} \\ &\quad + \lambda_d \left\{\mathbb{P}_d\{N(T_n^d+) \geq i\} - \mathbb{P}_d\{N(T_n^d-) \geq i\}\right\} \end{aligned}$$

を得る. 簡単のため, 不連続点前後の系内客数を表す確率変数を N^-, N^+ と略記すると, $i \geq 0$ に対して

$$\lambda_a \left\{\mathbb{P}_d\{N^+ \geq i\} - \mathbb{P}_a\{N^-) \geq i\}\right\} = \lambda_d \left\{\mathbb{P}^d\{N^- \geq i\} - \mathbb{P}_d\{N^+) \geq i\}\right\}$$

と書き換えられる. 到着時点では $N^+ = N^- + 1$ を用いて

$$\begin{aligned} \mathbb{P}_a\{N^+ \geq i\} - \mathbb{P}_a\{N^-) \geq i\} &= \mathbb{P}_a\{N^- \geq i-1\} - \mathbb{P}_a\{N^-) \geq i\} \\ &= \mathbb{P}_a\{N^- = i-1\}, \quad i \geq 1 \end{aligned}$$

同様にして, 退去時点では $N^+ = N^- - 1$ を用いて

$$\mathbb{P}_d\{N^- \geq i\} - \mathbb{P}_d\{N^+) \geq i\} = \mathbb{P}_d\{N^+ = i-1\}, \quad i \geq 1$$

を得る. したがって

$$\lambda_a \mathbb{P}_a\{N^- = i\} = \lambda_d \mathbb{P}_d\{N^+ = i\}, \quad i \geq 0 \tag{1.13}$$

が導かれる. 待ち行列に容量制限のない場合, 式 (1.13) より

$$\sum_{i=0}^{\infty} \lambda_a \mathbb{P}_a\{N^- = i\} = \lambda_a = \lambda_d$$

となるから

$$\mathbb{P}_a\{N^- = i\} = \mathbb{P}_d\{N^+ = i\}, \quad i \geq 0 \tag{1.14}$$

すなわち，一般の $G/G/1$ 待ち行列に対して，到着時点と退去時点の定常状態確率は等しいことが示された．式 (1.14) は $M/M/1$ 待ち行列に対して Finch (1959) が最初に証明したことから，**フィンチの公式** (Finch's formula) とよばれる．有限容量 $G/G/1/r$ 待ち行列に対しては，式 (1.13) より

$$\sum_{i=0}^{r} \lambda_d \mathbb{P}\{N^+ = i\} = \lambda_d = \lambda_a\bigl(1 - \mathbb{P}_a\{N^- = r+1\}\bigr)$$

が成り立ち，システムに入ることを許された客が到着直前に見出す系内客数分布は，退去直後の系内客数分布と等しい，すなわち

$$\frac{\mathbb{P}_a\{N^- = i\}}{1 - \mathbb{P}_a\{N^- = r+1\}} = \mathbb{P}_d\{N^+ = i\}, \quad i = 0, \ldots, r \tag{1.15}$$

が成り立つ．

1.4 仮待ち時間

時刻 $t \geq 0$ において，すでに系内にいるすべての客の総サービス時間を**未処理仕事量** (unfinished work) といい，$V(t)$ で表す．先着順サービス規律の下では，仮に時刻 t に客が到着した場合に，$V(t)$ はその客が待つべき時間に相当するため，**仮待ち時間** (virtual waiting time) ともいう．未処理仕事量は窓口数とは関係なく定義できるが，解析の容易さから，以下では単一窓口待ち行列の場合に限定する．図 1.4 は，単一窓口待ち行列におけるある稼働期間内の仮待ち時間過程 $\{V(t)\}_{t\geq 0}$ のサンプルパスを示している．時刻 $t = 0$ でシステムは空であると仮定するとき，$V(t)$ は時刻 T_1 に到着した最初の客がもたらすサービス要求量 S_1 の大きさで垂直上方向にジャンプする．時間の進展に伴い，次の客の到着時刻 T_2 までの間，単位時間あたり 1 単位の率で未処理仕事量は減少する．すなわち，$V(t)$ は傾き -1 で線形に減少する．時刻 T_2 では第 2 番目の客がもたらしたサービス要求量 S_2 の大きさでジャンプし，未処理仕事量がなくなる時刻 T までこれを繰り返す．1 つの稼働期間が終了した後，次の到着客が来るまでの休止期間をはさんで，$\{V(t)\}$ は稼働・休止のサイクルを繰り返

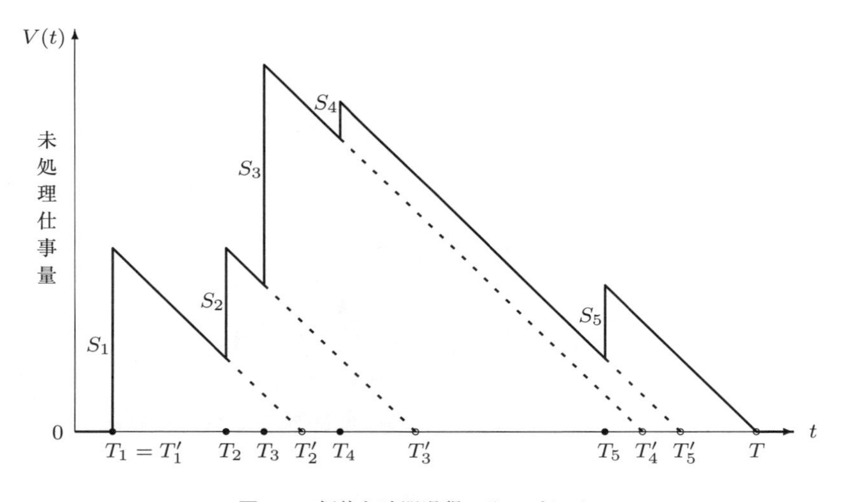

図 1.4 仮待ち時間過程のサンプルパス

す．以上より，$n \geq 1$ に対して

$$V(t) = \begin{cases} V(T_n-) + S_n, & t = T_n \\ \big(V(T_n) - (t - T_n)\big)^+, & t \in (T_n, T_{n+1}) \end{cases} \tag{1.16}$$

と表すことができる．$\{V(t)\}$ は仕事量の到着パターンのみに依存するため，仕事量が保存される限りサービス規律とは独立である．また，稼働・休止期間もサービス規律とは独立となることに注意しよう．

図 1.3 を用いたリトルの法則の解釈と同様にして，$V(t)$ のサンプルパスと時間軸に挟まれる領域の面積に関して

$$\int_0^T V(t)\mathrm{d}t = \sum_{n=1}^{n(T)} \left(S_n W_n + \tfrac{1}{2} S_n^2\right)$$

が成り立つ（図 1.5 参照）．時間区間 $(0, T]$ における仮待ち時間 $\{V(t)\}$ の時間平均を

$$\overline{V}(T) = \frac{1}{T} \int_0^T V(t)\mathrm{d}t$$

$\{S_n W_n\}$ と $\{S_n^2\}$ の算術平均を，それぞれ

$$\overline{SW}(T) = \frac{1}{n(T)} \sum_{n=1}^{n(T)} S_n W_n, \qquad \overline{S^2}(T) = \frac{1}{n(T)} \sum_{n=1}^{n(T)} S_n^2$$

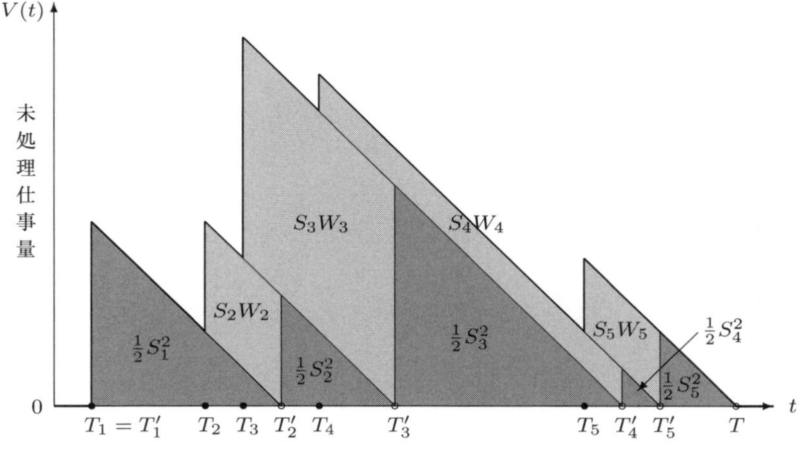

図 **1.5**　ブルメルの公式の図的解釈

と定義し，$T \to \infty$ のとき

$$\overline{V}(T) \to \mathbb{E}[V], \quad \overline{SW}(T) \to \mathbb{E}[SW], \quad \overline{S^2}(T) \to \mathbb{E}\big[S^2\big]$$

を仮定すると，1.3 節と同様にして，仮待ち時間，サービス時間，待ち時間との間の関係式

$$\mathbb{E}[V] = \lambda\left(\mathbb{E}[SW] + \tfrac{1}{2}\mathbb{E}\big[S^2\big]\right) \tag{1.17}$$

を得る．

この関係式を**ブルメルの公式** (Brumelle's formula) といい，$GI/G/1$ 待ち行列に対して成り立つ（問題 1.3）．特に，サービス規律が先着順の場合は確率変数 S_n と W_n は独立となるため

$$\mathbb{E}[V] = \rho\left(\mathbb{E}[W] + \frac{\mathbb{E}\big[S^2\big]}{2\mathbb{E}[S]}\right) \tag{1.18}$$

と表される．ただし，$\rho \equiv \lambda\mathbb{E}[S]$ である．式 (1.18) はリトルの法則を用いて

$$\mathbb{E}[V] = \mathbb{E}[Q]\mathbb{E}[S] + \rho\,\frac{\mathbb{E}\big[S^2\big]}{2\mathbb{E}[S]}$$

と書き直したとき，任意時点で到着した到着した客の待ち時間は，平均行列長分の客の平均総サービス時間 ($\mathbb{E}[Q] \times \mathbb{E}[S]$) とサービス中の客があった場合 (w.p. ρ) の平均残余サービス時間 ($\mathbb{E}\big[S^2\big]/2\mathbb{E}[S]$) の和に等しいことを示している．

演 習 問 題

問題 1.1 $\{A(t)\}_{t\geq 0}$ をポアソン過程とし，その第 n 番目の到着時刻を T_n $(n \geq 1)$ で表す．このとき，$t \geq 0, n \geq 1, k = 1, \ldots, n$ に対して

(1) $\mathbb{P}\{T_k \leq x \mid A(t) = n\} = \sum_{m=k}^{n} \binom{n}{m} \left(\frac{x}{t}\right)^m \left(1 - \frac{x}{t}\right)^{n-m}, \quad 0 \leq x \leq t$

(2) $\mathbb{E}[T_k \mid A(t) = n] = \frac{kt}{n+1}$

が成り立つことを証明せよ．

問題 1.2 $GI/G/1$ 待ち行列に対して，率保存則を用いて

$$\mathbb{P}\{V > 0\} = 1 - \lambda \mathbb{E}[S] \tag{1.19}$$

が成り立つことを証明せよ．

問題 1.3 一般化リトルの法則 $H = \lambda G$ を用いて，ブルメルの公式 (1.17) を証明せよ．

CHAPTER 2

出生死滅型待ち行列

2.1 $M/M/s$ 待ち行列

2.1.1 系内客数

系内客数過程 $\{N(t)\}_{t\geq 0}$ が出生死滅過程によって定式化できる待ち行列を総称して**出生死滅型待ち行列** (birth-death queues) とよぶ．出生死滅過程を一般化した連続時間マルコフ連鎖によって定式化される待ち行列を**マルコフ型待ち行列** (Markovian queues) とよび，出生死滅型待ち行列はそのサブクラスに相当する．出生死滅過程の定常分布に関する次の定理は，本章において重要な役割を果たす [*1)]．

定理 2.1　パラメータ $\{\lambda_i, \mu_i\}_{i\geq 0}$ をもつ出生死滅過程の定常分布 $\{\pi_i\}_{i\geq 0}$ は

$$G \equiv \sum_{i=0}^{\infty} \prod_{j=1}^{i} \frac{\lambda_{j-1}}{\mu_j} < \infty$$

であれば

$$\pi_i = \begin{cases} \dfrac{1}{G}, & i = 0 \\ \dfrac{1}{G} \displaystyle\prod_{j=1}^{i} \frac{\lambda_{j-1}}{\mu_j}, & i \geq 1 \end{cases} \tag{2.1}$$

で与えられる．

---

*1) 連続時間マルコフ連鎖と出生死滅過程の基礎については，付録 B を参照のこと．

$M/M/s$ 待ち行列は，出生死滅型待ち行列の中で最も基本的な待ち行列で，**アーラン C モデル** (Erlang C model) とよばれている．$N(t) = i \geq 1$ のとき，$M/M/s$ 待ち行列では同じサービス率 μ をもつ $\min(i, s)$ 個の窓口が稼働中であることに注意すると，系内客数過程 $\{N(t)\}$ は

$$\lambda_i = \lambda, \qquad \mu_i = \min(i, s)\mu = \begin{cases} i\mu, & 1 \leq i \leq s \\ s\mu, & i > s \end{cases} \tag{2.2}$$

をもつ出生死滅過程で定式化できる．式 (2.2) から，$M/M/s$ 待ち行列は状態 $N(t) = i \geq 1$ に依存してサービス率が可変な $M/M/1$ 待ち行列とみなすこともできる．一般に，出生死滅型待ち行列は $M(n)/M(n)/1$ $(n \in \mathbb{Z}_+)$ と表記される状態依存ポアソン到着と状態依存指数サービスをもつ単一窓口待ち行列と等価である．図 2.1 は $M/M/s$ 待ち行列に対する出生死滅過程の状態推移図を表している．

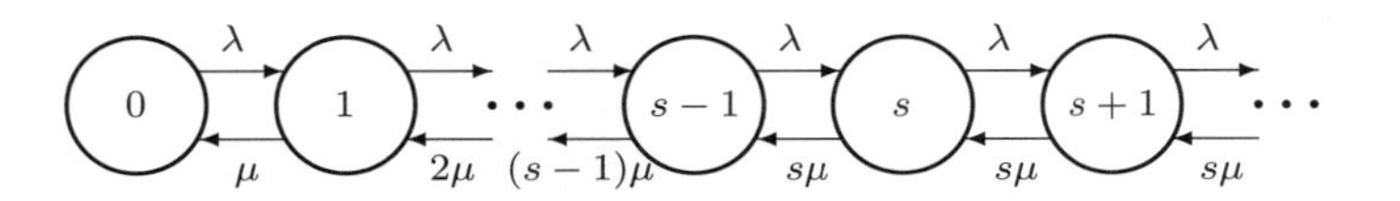

図 2.1　$M/M/s$ 待ち行列系内客数過程の状態推移図

到着率とサービス率の比を表す尺度として

$$a = \frac{\lambda}{\mu}, \qquad \rho = \frac{a}{s} = \frac{\lambda}{s\mu}$$

と定義する．通信トラヒック工学の分野では，a を**呼量** (offered load), ρ を**トラヒック密度** (traffic intensity) とよぶ．a はシステムへ持ち込まれる仕事の率を表し，ρ は窓口 1 個あたりの呼量を表す．明らかに，単一窓口 $s = 1$ の場合は両者は一致する．式 (2.1) より，$\rho < 1$ のとき

$$G = \sum_{i=0}^{s-1} \frac{a^i}{i!} + \frac{a^s}{s!} \sum_{i=s}^{\infty} \rho^{i-s} = \sum_{i=0}^{s-1} \frac{a^i}{i!} + \frac{a^s}{s!} \frac{1}{1-\rho} < \infty$$

となるため定常分布が存在する．

定理 2.2 $M/M/s$ 待ち行列の定常状態確率は，$\rho = \lambda/s\mu < 1$ のとき

$$\pi_i = \begin{cases} \dfrac{a^i}{i!}\pi_0, & i = 0, \ldots, s-1 \\ \dfrac{a^s}{s!}\rho^{i-s}\pi_0, & i \geq s \end{cases} \tag{2.3}$$

で与えられる．ただし

$$\pi_0 = \left[\sum_{i=0}^{s-1} \frac{a^i}{i!} + \frac{a^s}{s!}\frac{1}{1-\rho}\right]^{-1} \tag{2.4}$$

定常分布が存在するための条件 $\rho < 1$ は

$$\rho < 1 \Leftrightarrow \lambda/s\mu < 1 \Leftrightarrow s\mu > \lambda \Leftrightarrow \text{最大サービス率} > \text{到着率}$$

と書き直すことで直感的に理解することができる．また，$\rho \geq 1$ のときには，すべての $i \geq 0$ に対して $\pi_i \to 0$ となり，確率 1 で $N(\cdot)$ が発散することがわかる．

定常状態の $M/M/s$ 待ち行列において，s 人以上の客が系内にいる確率

$$C(s,a) = \sum_{i=s}^{\infty} \pi_i \tag{2.5}$$

は，PASTA の性質により客の到着時に待たなければいけない確率を表す．すなわち，$C(s,a)$ はサービスにおいて遅延を生ずる確率であり，**アーランの遅延公式** (Erlang's delay formula) あるいは**アーラン C 式** (Erlang C formula) とよばれる．通信トラヒック工学では重要な評価尺度として知られている．また，平均行列長を

$$\mathbb{E}[Q] = \mathbb{E}\big[(N-s)^+\big] = \sum_{i=s}^{\infty}(i-s)\pi_i \tag{2.6}$$

平均稼働窓口数を

$$\mathbb{E}[N_b] = \mathbb{E}[\min\{N,s\}] = \sum_{i=0}^{s-1} i\pi_i + sC(s,a) \tag{2.7}$$

平均系内客数を $\mathbb{E}[N]$ で表すと，$N = \min\{N,s\} + (N-s)^+$ より，$\mathbb{E}[N_b], \mathbb{E}[Q]$, $\mathbb{E}[N]$ との間には

$$\mathbb{E}[N] = \mathbb{E}[N_b] + \mathbb{E}[Q] \tag{2.8}$$

の関係がある．

定理 2.3

$$C(s,a) = \frac{a^s}{s!(1-\rho)}\,\pi_0 \tag{2.9}$$

証明　定理 2.2 で導かれた定常状態確率 π_i $(i \geq s)$ を $C(s,a)$ の定義式 (2.5) に代入すると

$$C(s,a) = \frac{a^s}{s!}\pi_0 \sum_{i=s}^{\infty} \rho^{i-s} = \frac{a^s}{s!}\pi_0 \sum_{j=0}^{\infty} \rho^j = \frac{a^s}{s!}\pi_0\,\frac{1}{1-\rho} = \frac{a^s}{s!(1-\rho)}\,\pi_0$$

を得る．　□

定理 2.4

$$\mathbb{E}[Q] = \frac{\rho}{1-\rho}\,C(s,a), \qquad \mathbb{E}[N_b] = a \tag{2.10}$$

証明　式 (2.6) より，$M/M/s$ 待ち行列の平均待ち行列長は

$$\begin{aligned}
\mathbb{E}[Q] &= \frac{a^s}{s!}\pi_0 \sum_{i=s}^{\infty}(i-s)\rho^{i-s} = \frac{a^s}{s!}\pi_0\rho \sum_{j=1}^{\infty} j\rho^{j-1} = \frac{a^s}{s!}\pi_0\rho \sum_{j=1}^{\infty} \frac{\mathrm{d}}{\mathrm{d}\rho}\rho^{j-1} \\
&= \frac{a^s}{s!}\pi_0\rho\,\frac{\mathrm{d}}{\mathrm{d}\rho}\sum_{j=1}^{\infty}\rho^j = \frac{a^s}{s!}\pi_0\rho\,\frac{\mathrm{d}}{\mathrm{d}\rho}\left(\frac{\rho}{1-\rho}\right) = \frac{a^s}{s!}\pi_0\,\frac{\rho}{(1-\rho)^2} \\
&= \frac{\rho}{1-\rho}\,C(s,a)
\end{aligned}$$

で与えられる．平均稼働窓口数についても，式 (2.7) より

$$\begin{aligned}
\mathbb{E}[N_b] &= \pi_0 \sum_{i=1}^{s-1} \frac{a^i}{(i-1)!} + \pi_0\,\frac{a^s}{(s-1)!(1-\rho)} \\
&= \pi_0 \left(\sum_{j=0}^{s-2} \frac{a^{j+1}}{j!} + \frac{a^s}{(s-1)!(1-\rho)} \right) \\
&= a\pi_0 \left(\sum_{j=0}^{s-1} \frac{a^j}{j!} - \frac{a^{s-1}}{(s-1)!} + \frac{a^{s-1}}{(s-1)!(1-\rho)} \right) \\
&= a\pi_0 \left(\sum_{j=0}^{s-1} \frac{a^j}{j!} + \frac{a^s}{s!}\,\frac{1}{1-\rho} \right) = a\pi_0\pi_0^{-1} = a
\end{aligned}$$

となる．　□

◇ $M/M/1$ 待ち行列

$s=1$ のとき，定理 2.1 より

$$\prod_{j=1}^{i} \frac{\lambda_{j-1}}{\mu_j} = \left(\frac{\lambda}{\mu}\right)^i = \rho^i, \quad i \geq 1$$

となるので，$\rho < 1$ のとき $G^{-1} = \pi_0 = 1 - \rho$ より

$$\pi_i = (1-\rho)\rho^i, \quad i \geq 0 \tag{2.11}$$

が導かれる．すなわち，$M/M/1$ 待ち行列に対する $\{N(t)\}$ の定常分布は，パラメータ ρ の幾何分布で与えられる．

十分に長い時間が経過した後の $M/M/1$ 待ち行列の行列長を Q とすると，$Q=(N-1)^+$ に注意して

$$\begin{aligned}\mathbb{E}[Q] &= \sum_{i=0}^{\infty}(i-1)^+\pi_i = (1-\rho)\sum_{i=1}^{\infty}(i-1)\rho^i \\ &= (1-\rho)\rho^2\sum_{j=1}^{\infty} j\rho^{j-1} = (1-\rho)\rho^2\sum_{j=1}^{\infty}\frac{\mathrm{d}}{\mathrm{d}\rho}\rho^j \\ &= (1-\rho)\rho^2\frac{\mathrm{d}}{\mathrm{d}\rho}\sum_{j=1}^{\infty}\rho^j = (1-\rho)\rho^2\frac{\mathrm{d}}{\mathrm{d}\rho}\frac{\rho}{1-\rho} \\ &= (1-\rho)\rho^2\frac{1}{(1-\rho)^2} = \frac{\rho^2}{1-\rho}\end{aligned} \tag{2.12}$$

を得る．同様にして，Q の分散は

$$\mathbb{V}[Q] = \sum_{i=1}^{\infty}(i-1)^2\pi_i - (\mathbb{E}[Q])^2 = \frac{\rho^2(1+\rho-\rho^2)}{(1-\rho)^2} \tag{2.13}$$

となる．式 (2.12) とリトルの法則より，平均待ち時間 $\mathbb{E}[W]$ は

$$\mathbb{E}[W] = \frac{\mathbb{E}[Q]}{\lambda} = \frac{\rho}{\mu(1-\rho)} \tag{2.14}$$

で与えられる．

式 (2.10), (2.12) より，ρ が 1 に近づくにつれて $\mathbb{E}[Q]$ は急速に増大することが読み取れる．s が小さいときにこの急増ぶりは特に顕著で，$M/M/1$ 待ち行列に対しては

$$\frac{\mathrm{d}}{\mathrm{d}\rho}\mathbb{E}[Q]\bigg|_{\rho=0.9} = 25\,\frac{\mathrm{d}}{\mathrm{d}\rho}\mathbb{E}[Q]\bigg|_{\rho=0.5}$$

となり，$\rho=0.5$ と $\rho=0.9$ では $\mathbb{E}[Q]$ の ρ に対する感度が 25 倍も違うことがわかる．この事実は，ほんのわずかの到着率の増加が $\rho=0.9$ では驚くほど大きな平均行列長の増加につながることを意味し，サービス施設を設計する際に窓口数に余裕をもたせて，ρ を $\mathbb{E}[Q]$ に対する感度が低い範囲に抑える必要があることを示唆している．

2.1.2　待ち時間

$M/M/s$ 待ち行列における列待ち時間を W で表す．このとき次の結果を得る．

定理 2.5　定常状態における $M/M/s$ 待ち行列の待ち時間分布は，$\rho<1$ のとき

$$\mathbb{P}\{W \le t\} = 1 - C(s,a)\mathrm{e}^{-(1-\rho)s\mu t},\quad t \ge 0 \tag{2.15}$$

で与えられる．

証明　客の到着時点での行列の長さを Q で表すことにする．このとき，全確率の公式から

$$\mathbb{P}\{W>t\,|\,W>0\} = \sum_{i=0}^{\infty}\mathbb{P}\{Q=i\,|\,W>0\}\mathbb{P}\{W>t\,|\,W>0, Q=i\}$$

が成り立つ．事象 $\{W>0,\ Q=i\}$ $(i\ge 0)$ という条件の下では，待ち時間 W が t より大きいのは，時間区間 $(0,t]$ の間にサービスを終了する人数が i 人以下である場合に限られる．$W>0$ よりすべての窓口が塞がっているので，この人数はパラメータ $\mu_s t = s\mu t$ のポアソン分布にしたがう確率変数である．すなわち

$$\mathbb{P}\{W>t\,|\,W>0, Q=i\} = \sum_{j=0}^{i}\mathrm{e}^{-s\mu t}\frac{(s\mu t)^j}{j!}$$

が成り立つ．また，条件付き確率の定義と PASTA の性質から

$$\mathbb{P}\{Q=i\,|\,W>0\} = \frac{\mathbb{P}\{Q=i,\ W>0\}}{\mathbb{P}\{W>0\}} = \frac{\pi_{s+i}}{C(s,a)} = (1-\rho)\rho^i,\quad i\ge 0$$

を得る．したがって，$M/M/s$ 待ち行列の待ち時間分布は

$$\begin{aligned}
\mathbb{P}\{W \le t\} &= 1 - \mathbb{P}\{W > t\} \\
&= 1 - \mathbb{P}\{W > 0\}\mathbb{P}\{W > t \,|\, W > 0\} \\
&= 1 - C(s,a)\sum_{i=0}^{\infty}(1-\rho)\rho^i \sum_{j=0}^{i} \mathrm{e}^{-s\mu t}\frac{(s\mu t)^j}{j!} \\
&= 1 - C(s,a)(1-\rho)\mathrm{e}^{-s\mu t}\sum_{j=0}^{\infty}\frac{(s\mu t)^j}{j!}\sum_{i=j}^{\infty}\rho^i \\
&= 1 - C(s,a)(1-\rho)\mathrm{e}^{-s\mu t}\sum_{j=0}^{\infty}\frac{(s\mu t)^j}{j!}\frac{\rho^j}{1-\rho} \\
&= 1 - C(s,a)\mathrm{e}^{-s\mu t}\sum_{j=0}^{\infty}\frac{(s\mu\rho t)^j}{j!} \\
&= 1 - C(s,a)\mathrm{e}^{-(1-\rho)s\mu t}, \quad t \ge 0
\end{aligned}$$

で与えられる．□

定理 2.5 より，待ち時間の平均と分散は

$$\mathbb{E}[W] = \frac{C(s,a)}{s\mu(1-\rho)}, \qquad \mathbb{V}[W] = \frac{2C(s,a)}{\{s\mu(1-\rho)\}^2} - (\mathbb{E}[W])^2 \tag{2.16}$$

で与えられる．また，定理 2.3 より

$$\mathbb{E}[Q] = \frac{\rho}{1-\rho}C(s,a) = \lambda\frac{C(s,a)}{s\mu(1-\rho)} = \lambda\mathbb{E}[W]$$

すなわち，リトルの法則が成り立つことが確かめられる．

2.1.3　$M/M/\infty$ 待ち行列

窓口数が無限個ある $M/M/s$ 待ち行列を考える．このとき，系内客数過程 $\{N(t)\}$ はパラメータ $\lambda_i = \lambda$, $\mu_i = i\mu$ $(i \ge 0)$ をもつ出生死滅過程で定式化できる．また，正規化定数 G は $G = \sum_{i=0}^{\infty}\frac{a^i}{i!} = \mathrm{e}^a < \infty$ となり無条件に収束する．したがって，定理 2.1 よりただちに次の定理を得る．

定理 2.6　$M/M/\infty$ 待ち行列の定常状態確率は，パラメータ a のポアソン分布

$$\pi_i = \frac{a^i}{i!}\,\mathrm{e}^{-a}, \quad i \ge 0 \tag{2.17}$$

で与えられる．

定理 2.7 $\pi_0(0) = 1$ のとき，サービス時間分布が一般分布 H にしたがう $M/G/\infty$ 待ち行列の状態確率は，$i \geq 0$, $t \geq 0$ に対して

$$\pi_i(t) = \frac{\bigl(aH_e(t)\bigr)^i}{i!} \exp\{-aH_e(t)\} \tag{2.18}$$

で与えられる．ただし，H_e は H の**平衡分布** (equilibrium distribution) とよばれ

$$H_e(t) = \mu \int_0^t \{1 - H(u)\}\mathrm{d}u, \quad t \geq 0 \tag{2.19}$$

と定義される．

証明　時間区間 $(0,t)$ に到着した任意の 1 人の客に着目する．この客の到着時刻 U は，ポアソン過程の到着時刻の一様性から区間 $(0,t)$ 上で一様分布する．$U = u$ $(u \in (0,t))$ が与えられたとき，この客が時刻 t でまだサービス中の確率は $\mathbb{P}\{S > t - u\} = 1 - H(t-u)$ で与えられるから，全確率の公式を用いて，この客が時刻 t でサービス中の確率は

$$p(t) = \frac{1}{t}\int_0^t \{1 - H(t-u)\}\mathrm{d}u = \frac{1}{t}\int_0^t \{1 - H(u)\}\mathrm{d}u$$

である．区間 $(0,t)$ 内に n 人の客が到着したと仮定すると，このうち i $(\leq n)$ 人が時刻 t でまだサービス中の確率は

$$\binom{n}{i}\bigl(p(t)\bigr)^i\bigl(1 - p(t)\bigr)^{n-i}, \quad i = 0, \ldots, n$$

となる．全確率の公式を用いて，時刻 t で i 人の客がサービス中である確率は

$$\begin{aligned}
\pi_i(t) &= \sum_{n=i}^{\infty} \frac{(\lambda t)^n}{n!}\mathrm{e}^{-\lambda t}\binom{n}{i}\bigl(p(t)\bigr)^i\bigl(1 - p(t)\bigr)^{n-i} \\
&= \frac{\bigl(p(t)\bigr)^i}{i!}\mathrm{e}^{-\lambda t}\sum_{n=i}^{\infty}\frac{(\lambda t)^n}{(n-i)!}\bigl(1 - p(t)\bigr)^{n-i} \\
&= \frac{\bigl(\lambda t p(t)\bigr)^i}{i!}\mathrm{e}^{-\lambda t}\sum_{k=0}^{\infty}\frac{\bigl(\lambda t\bigl(1 - p(t)\bigr)\bigr)^k}{k!} \\
&= \frac{\bigl(\lambda t p(t)\bigr)^i}{i!}\mathrm{e}^{-\lambda t p(t)} = \frac{\bigl(aH_e(t)\bigr)^i}{i!}\exp\{-aH_e(t)\}
\end{aligned}$$

となる．□

系 2.8 $\pi_0(0)=1$ のとき，$M/M/\infty$ 待ち行列の状態確率は，$i \geq 0,\ t \geq 0$ に対して

$$\pi_i(t)=\frac{\bigl(a(1-\mathrm{e}^{-\mu t})\bigr)^i}{i!}\exp\bigl\{-a(1-\mathrm{e}^{-\mu t})\bigr\} \tag{2.20}$$

で与えられる．

定理 2.7 の証明より，時刻 t までにサービスを終えて退去した客の数が k 人である確率は

$$\frac{\bigl(\lambda t(1-p(t))\bigr)^k}{k!}\mathrm{e}^{-\lambda t(1-p(t))}, \quad k \geq 0$$

で与えられる．また

$$\lambda t\bigl(1-p(t)\bigr)=\lambda\int_0^t H(u)\mathrm{d}u$$

より，$(t,t+h)$ 間に 1 人の客が退去する確率は $\lambda H(t)h+o(h)$ で与えられる．区間 $(t,t+h)$ の間に退去した客数は，区間 $(0,t)$ 間に退去した客数と独立であり，$\lim_{t\to\infty}\lambda H(t)h+o(h)=\lambda h+o(h)$ より，$M/G/\infty$ 待ち行列の退去過程は率 λ のポアソン過程であることが示された．

定理 2.7 において $t \to \infty$ とすると，$\lim_{t\to\infty} H_e(t)=1$ より

$$\lim_{t\to\infty}\pi_i(t)=\frac{a^i}{i!}\,\mathrm{e}^{-a}, \quad i \geq 0$$

を得る．すなわち，$M/G/\infty$ 待ち行列の定常分布はサービス時間の分布型に依らず，$M/M/\infty$ の結果と一致する．この性質を**頑健性** (robustness) という．

2.1.4 退去過程

時刻 t までの累積退去客数 $D(t)$ はいかなる確率過程にしたがうのであろうか？ネットワーク構造をもつ待ち行列システムにおいては，あるノードの退去過程が引き続きサービスを受けるノードへの到着過程になるため，退去過程の特性を調べておくことは非常に重要である．適用範囲を拡げるため，比較的緩い条件を満たす出生死滅過程で定式化できる待ち行列を対象として，次の定理を証明する．

定理 2.9 状態空間 $\mathcal{S}=\mathbb{Z}_+\equiv\{0,1,\ldots\}$ 上のパラメータ $\{\lambda_{i-1},\mu_i\}_{i\geq 1}$ をもつ出生死滅過程 $\{N(t)\}_{t\geq 0}$ に対して

1) $\lambda_i \equiv \lambda, \quad i \geq 0$

2) $G \equiv \sum_{i=0}^{\infty} \prod_{j=1}^{i} \frac{\lambda_{j-1}}{\mu_j} = \sum_{i=0}^{\infty} \frac{\lambda^i}{\prod_{j=1}^{i} \mu_j} < \infty$

3) 初期分布が定常分布

$$\pi_0 = G^{-1}, \qquad \pi_i = G^{-1} \frac{\lambda^i}{\prod_{j=1}^{i} \mu_j}, \quad i \geq 1$$

で与えられる．i.e., $\mathbb{P}\{N(0) = i\} = \pi_i \ (i \geq 0)$

を仮定する．区間 $(0, t]$ における死滅回数を $D(t)$ とし，結合確率

$$P_{i,j}(t) = \mathbb{P}\{N(t) = i,\ D(t) = j\}, \quad i, j \geq 0,\ t \geq 0$$

を定義する．このとき

$$P_{i,j}(t) = \pi_i \frac{(\lambda t)^j}{j!} \mathrm{e}^{-\lambda t}, \quad i, j \geq 0,\ t \geq 0 \tag{2.21}$$

で与えられる．

証明　$i, j \geq 1$ と微少時間 $h > 0$ に対して

$$P_{i,j}(t+h) = \lambda h P_{i-1,j} + \{1 - (\lambda + \mu_i)\} P_{i,j}(t) + \mu_{i+1} h P_{i+1,j-1}(t) + o(h)$$

となるので，これより微分差分方程式

$$\frac{\mathrm{d}P_{i,j}}{\mathrm{d}t} = \lambda P_{i-1,j}(t) - (\lambda + \mu_i) P_{i,j}(t) + \mu_{i+1} P_{i+1,j-1}(t) \tag{2.22}$$

を得る．$(i, j) = (0, 0)$ に対しては，同様にして

$$\frac{\mathrm{d}P_{0,0}}{\mathrm{d}t} = -\lambda P_{0,0}(t)$$

が導かれ，初期条件 $P_{0,0}(0) = \pi_0$ より $P_{0,0}(t) = \pi_0 \mathrm{e}^{-\lambda t}$ $(t \geq 0)$ が唯一の解として与えられる．i に関して帰納的に方程式 (2.22) を解くと，$i \geq 0$ に対して

$$P_{i,0}(t) = \pi_i \mathrm{e}^{-\lambda t}, \quad t \geq 0$$

が成り立つ．さらに，(i, j) に関する数学的帰納法により，式 (2.21) が微分差分方程式 (2.22) の解であることを示せる． □

$\{N(t)\}$ を待ち行列の系内客数過程とみなすとき，仮定 1) は客が到着率 λ でポアソン到着し，待合室容量に制限がないことを意味する．例えば，$M/M/s$ 待ち行列，$M/M/\infty$ 待ち行列，$M/M/s+M$ 待ち行列（2.5.2 項）などが該当する．また，仮定 2) は定常状態が存在することを意味している．仮定 3) からは，任意の $t \geq 0$, $i \geq 0$ に対して $\mathbb{P}\{N(t)=i\} = \pi_i$ が成り立つことが導かれる．死滅過程 $\{D(t)\}_{t\geq 0}$ はシステムからの退去過程を表している．このとき，式 (2.21) は系内客数過程と退去過程が独立で，退去過程が到着過程と同じパラメータ λ のポアソン過程になることを意味する．この定理は，$M/M/1$ 待ち行列に対して Burke (1956) が最初に証明したことから，**バークの退去定理** (Burke's departure theorem) とよばれる．

2.2　有限容量 $M/M/s$ 待ち行列

$M/M/s$ 待ち行列とまったく同様にして，有限 r の大きさの待合室をもつ $M/M/s/r$ 待ち行列に対する定常分布 $\{\pi_i; i=0,\dots,s+r\}$ を導出できる．正規化定数 G が有限和で表されるため

$$G = \sum_{i=0}^{s-1}\frac{a^i}{i!} + \frac{a^s}{s!}\sum_{i=s}^{s+r}\rho^{i-s} = \sum_{i=0}^{s-1}\frac{a^i}{i!} + \begin{cases} \dfrac{a^s}{s!}\,\dfrac{1-\rho^{r+1}}{1-\rho}, & \rho \neq 1 \\[2ex] \dfrac{s^s(r+1)}{s!}, & \rho = 1 \end{cases}$$

と無条件に収束し，$M/M/s/r$ 待ち行列に対しては常に定常分布が存在する．

定理 2.10　$M/M/s/r$ 待ち行列の定常状態確率は

$$\pi_i = \begin{cases} \dfrac{a^i}{i!}\,\pi_0, & i=0,\dots,s-1 \\[2ex] \dfrac{a^s}{s!}\,\rho^{i-s}\pi_0, & i=s,\dots,s+r \end{cases} \tag{2.23}$$

で与えられる．ただし

$$\pi_0 = \begin{cases} \left[\displaystyle\sum_{i=0}^{s-1}\frac{a^i}{i!} + \frac{a^s}{s!}\,\frac{1-\rho^{r+1}}{1-\rho}\right]^{-1}, & \rho \neq 1 \\[3ex] \left[\displaystyle\sum_{i=0}^{s-1}\frac{s^i}{i!} + \frac{s^s(r+1)}{s!}\right]^{-1}, & \rho = 1 \end{cases} \tag{2.24}$$

有限容量と対応する無限容量の待ち行列の定常分布の間の関係を調べておくことは，$M/M/s$ 待ち行列以外の待ち行列の解析においても重要である．このため，ある緩い条件を満たす出生死滅過程の打切り定常分布に関する補題を準備する．

状態空間 $\mathcal{S} = \mathbb{Z}_+ \equiv \{0, 1, \ldots\}$ 上のパラメータ $\{\lambda_{i-1}, \mu_i\}_{i\geq 1}$ をもつ出生死滅過程 $\{N(t)\}_{t\geq 0}$ に対して，定理 2.9 と同様の条件

1) $\lambda_i \equiv \lambda, \quad i \geq 0$

2) $G \equiv \displaystyle\sum_{i=0}^{\infty} \prod_{j=1}^{i} \frac{\lambda_{j-1}}{\mu_j} = \sum_{i=0}^{\infty} \frac{\lambda^i}{\prod_{j=1}^{i} \mu_j} < \infty$

を仮定する．また，この出生死滅過程を状態 $m\ (\geq 1)$ で打ち切った出生死滅過程を $\{N_m(t)\}_{t\geq 0}$ で表す．すなわち，$\{N_m(t)\}$ の状態空間は $\mathcal{S}_m = \{0, \ldots, m\}$ であり，出生率は $\lambda_i = \lambda \mathbf{1}_{\{0\leq i\leq m-1\}}$ で与えられる．$\{N_m(t)\}$ を $\{N(t)\}$ の**打切り出生死滅過程** (truncated BD process) とよぶ．これら 2 つの過程を識別しやすくするため，以後，$N(t) \equiv N_\infty(t)$ と表すことにする．条件 2) より $\{N_\infty(t)\}$ は定常分布をもつので，この分布 $\{\pi_i^{(\infty)}\}_{i\geq 0}$ にしたがう確率変数を $N_\infty \stackrel{\mathrm{d}}{=} \lim_{t\to\infty} N_\infty(t)$ とし，同様に $\{\pi_i^{(m)}\}_{i\in\mathcal{S}_m}$ と $N_m \stackrel{\mathrm{d}}{=} \lim_{t\to\infty} N_m(t)$ を定義する．このとき，次の補題が成り立つ．

補題 2.11　条件 1), 2) の下で，打切り出生死滅過程 $\{N_m(t)\}$ の定常分布は

$$\pi_i^{(m)} = \begin{cases} \dfrac{\pi_i^{(\infty)}}{1 - \dfrac{\lambda}{\mu_m} \displaystyle\sum_{j=m}^{\infty} \pi_j^{(\infty)} + \dfrac{1}{\mu_m} \displaystyle\sum_{j=m}^{\infty} (\mu_j - \mu_m)\pi_j^{(\infty)}}, & i = 0, \ldots, m-1 \\[2ex] \dfrac{\dfrac{1}{\mu_m} \displaystyle\sum_{j=m}^{\infty} (\mu_j - \lambda)\pi_j^{(\infty)}}{1 - \dfrac{\lambda}{\mu_m} \displaystyle\sum_{j=m}^{\infty} \pi_j^{(\infty)} + \dfrac{1}{\mu_m} \displaystyle\sum_{j=m}^{\infty} (\mu_j - \mu_m)\pi_j^{(\infty)}}, & i = m \end{cases} \tag{2.25}$$

で与えられる．

証明　$i = 0, \ldots, m-1$ に対しては，打切り出生死滅過程 $\{N_m(t)\}$ の定常状

態確率 $\{\pi_i^{(m)}\}$ は，$\{\pi_i^{(\infty)}\}$ に対するのと同じ再帰式

$$\pi_i^{(m)} = \frac{\lambda}{\mu_i}\pi_{i-1}^{(m)}$$

を満たすから，初期値として $\pi_0^{(m)} := \pi_0^{(\infty)}$ を選べば，この再帰式は数列 $\pi_i^{(m)} = \pi_i^{(\infty)}$ $(i = 0, \ldots, m-1)$ を生成する．これより

$$\mathbb{P}\{N_m = i \mid N_m < m\} = \mathbb{P}\{N_\infty = i \mid N_\infty < m\}, \quad i = 0, \ldots, m-1$$

が成り立つ．条件付き確率の定義から，この式は

$$\mathbb{P}\{N_m = i\} = \frac{\mathbb{P}\{N_m < m\}}{\mathbb{P}\{N_\infty < m\}}\mathbb{P}\{N_\infty = i\}, \quad i = 0, \ldots, m-1 \tag{2.26}$$

と書き換えられる．定常状態においては，平均出生率と平均死滅率は均衡しているので，$\{N_\infty\}$ に対しては

$$\lambda = \mathbb{E}[\mu_{N_\infty}] \tag{2.27}$$

$\{N_m\}$ に対しては

$$\lambda(1 - \pi_m^{(m)}) = \mathbb{E}[\mu_{N_m}] \tag{2.28}$$

が成り立つ．式 (2.26) から

$$\begin{aligned}
\mathbb{E}[\mu_{N_m}] = \sum_{i=0}^{m} \mu_i \pi_i^{(m)} &= \frac{\mathbb{P}\{N_m < m\}}{\mathbb{P}\{N_\infty < m\}} \sum_{i=0}^{m-1} \mu_i \pi_i^{(\infty)} + \mu_m \pi_m^{(m)} \\
&= \frac{\mathbb{P}\{N_m < m\}}{\mathbb{P}\{N_\infty < m\}} \left[\mathbb{E}[\mu_{N_\infty}] - \sum_{i=m}^{\infty} \mu_i \pi_i^{(\infty)}\right] + \mu_m \pi_m^{(m)}
\end{aligned}$$

となるので，式 (2.27) と (2.28) を用いてこの式を $\pi_m^{(m)}$ について解くと，$i = m$ に対する補題の結果を得る．ところで

$$\mathbb{P}\{N_m < m\} = 1 - \pi_m^{(m)} = \frac{\mathbb{P}\{N_\infty < m\}}{1 - \dfrac{\lambda}{\mu_m}\displaystyle\sum_{j=m}^{\infty} \pi_j^{(\infty)} + \dfrac{1}{\mu_m}\displaystyle\sum_{j=m}^{\infty} (\mu_j - \mu_m)\pi_j^{(\infty)}}$$

と書けるので，これを式 (2.26) に代入することで，$i = 0, \ldots, m-1$ に対する補題の結果を得る． □

定理 2.12　$M/M/s/r$ 待ち行列の定常状態確率を $\pi_i \equiv \pi_i^{(r)}$ とする．$\rho < 1$ のとき

$$\pi_i^{(r)} = \begin{cases} \dfrac{\pi_i^{(\infty)}}{1-\rho \sum\limits_{j=s+r}^{\infty} \pi_j^{(\infty)}}, & i = 0, \ldots, s+r-1 \\[2ex] \dfrac{(1-\rho) \sum\limits_{j=s+r}^{\infty} \pi_j^{(\infty)}}{1-\rho \sum\limits_{j=s+r}^{\infty} \pi_j^{(\infty)}}, & i = s+r \end{cases} \tag{2.29}$$

と表せる．

証明　補題 2.11 において $m = s + r$ とし，出生死滅過程のパラメータとして式 (2.2) を用いると，式 (2.25) の分母第 3 項が消えて与式を得る．□

客の到着時点において待合室に空きがないとき，到着客はシステム内に入ることを許されず失われる．この確率を**損失確率** (loss probability) という．QoS を保証するためには，損失確率をある一定値以下に抑える必要があり，損失確率はシステム設計上の 1 つの重要な性能評価指標である．PASTA の性質から，定常状態確率は客の到着時点の確率と一致し，$M/M/s/r$ 待ち行列の損失確率は

$$\pi_{s+r} = \frac{a^s}{s!}\rho^r \pi_0$$

となるので，システム内に入ることが許されたという条件の下で，到着客が系内に i 人の客を見出す確率は

$$\widetilde{\pi}_i = \frac{\pi_i}{1-\pi_{s+r}}, \quad i = 0, \ldots, s+r-1$$

で与えられる．また，定常状態における平均行列長は

$$\begin{aligned} \mathbb{E}[Q] &= \sum_{i=s}^{s+r} (i-s)\pi_i \\ &= \begin{cases} \dfrac{(s\rho)^s}{s!} \dfrac{\rho}{(1-\rho)^2} \Big\{ 1 - \big(1 + r(1-\rho)\big)\rho^r \Big\} \pi_0, & \rho \neq 1 \\ \dfrac{s^s}{2s!} r(r+1)\pi_0, & \rho = 1 \end{cases} \end{aligned} \tag{2.30}$$

となる．システムへの実効到着率が $\lambda(1-\pi_{s+r})$ であることを考慮してリトルの法則を用いると，平均待ち時間は

$$\mathbb{E}[W] = \frac{\mathbb{E}[Q]}{\lambda(1-\pi_{s+r})} \tag{2.31}$$

により求めることができる．

2.3　機械修理人モデル

到着する客が K $(> s)$ 人の有限の母集団から生成される場合を考える．例えば計算機システムにおいて，s 台の CPU が K 台の端末に接続している場合，端末から CPU へ送られるジョブを客，ジョブの演算処理をサービスと考えたときに，システム内の客は決して K を超えることはない．また，新たな客は空きの回線からしか生じない．例 1.2 で示した多重アクセス計算機システムは，$s=1$ の場合に相当する．このような有限母集団をもつ待ち行列には，他にも K 台の機械を s 人の修理人が管理する**機械修理人モデル** (machine repairman model) が知られている．すなわち，機械の故障を客の到着，修理人を窓口と考えればよい．以下では，機械修理人モデルの用語を用いて，$M/M/s/\cdot/K$ 待ち行列を特徴づける記号と仮定を導入する．

K 台ある機械は，いずれも修理直後から平均 $1/\nu$ の指数分布にしたがう時間が経過した後故障する．また，s 人の修理人は故障した機械を平均 $1/\mu$ の指数分布にしたがう時間で修理する．このとき，時刻 t における故障中（修理待ち）の機械の台数を $N(t)$ で表す．

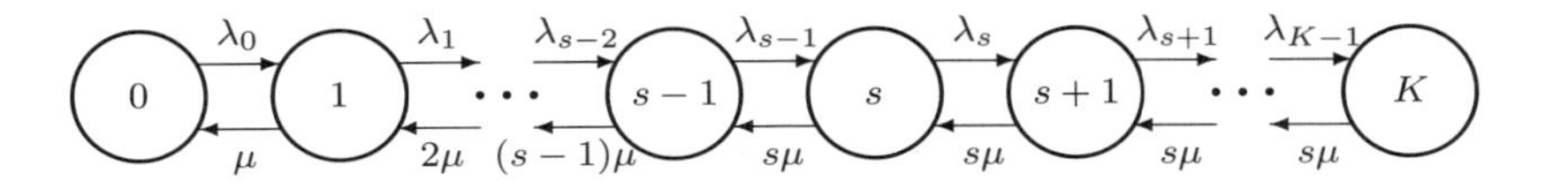

図 2.2　機械修理人モデルの状態推移図

図 2.2 は系内客数過程 $\{N(t)\}$ に対する状態推移図を示す．ここで

$$\lambda_i = (K-i)^+\nu = \begin{cases} (K-i)\nu, & i = 0, \dots, K-1 \\ 0, & i \geq K \end{cases} \tag{2.32}$$

は状態 i における到着率 λ_i を表し，$\mu_i = \min(i,s)\mu$ $(i \geq 1)$ は $M/M/s$ 待ち行列と同じサービス率を表している．

定理 2.13　$M/M/s/\cdot/K$ 待ち行列の定常状態確率は

$$\pi_i \equiv \pi_i(K) = \begin{cases} \binom{K}{i} r^i \pi_0, & i = 0, \dots, s-1 \\ \binom{K}{i} \dfrac{i!r^i}{s!s^{i-s}} \pi_0, & i = s, \dots, K \end{cases} \tag{2.33}$$

で与えられる．ただし，$r = \nu/\mu$ であり

$$\pi_0 \equiv \pi_0(K) = \left[\sum_{i=0}^{s-1} \binom{K}{i} r^i + \sum_{i=s}^{K} \binom{K}{i} \frac{i!r^i}{s!s^{i-s}} \right]^{-1} \tag{2.34}$$

証明　正規化定数 G は

$$\begin{aligned} G &= \sum_{i=0}^{K} \prod_{j=0}^{i} \frac{\lambda_{j-1}}{\mu_j} \\ &= \sum_{i=0}^{s-1} \prod_{j=0}^{i} \frac{(K-j+1)\nu}{j\mu} + \sum_{i=s}^{K} \prod_{j=0}^{i} \frac{(K-j+1)\nu}{\min(j,s)\mu} \\ &= \sum_{i=0}^{s-1} \frac{K(K-1)\cdots(K-i+1)}{1\cdot 2\cdots i} r^i + \sum_{i=s}^{K} \frac{K(K-1)\cdots(K-i+1)}{1\cdot 2\cdots s\cdot s^{i-s}} r^i \\ &= \sum_{i=0}^{s-1} \binom{K}{i} r^i + \sum_{i=s}^{K} \binom{K}{i} \frac{i!r^i}{s!s^{i-s}} \end{aligned}$$

で与えられる．この計算過程より，定理の結果はただちにしたがう．　□

定理 2.13 の結果は，到着分布に依らない頑健性をもつ．すなわち，各機械の平均故障時間が $1/\nu$ である $GI/M/s/\cdot/K$ 待ち行列に対しても全く同一の結果を得る．

系 2.14　$M/M/1/\cdot/K$ 待ち行列の定常状態確率は

$$\pi_i = \frac{\dfrac{r^i}{(K-i)!}}{\displaystyle\sum_{j=0}^{K} \frac{r^j}{(K-j)!}}, \quad i = 0, \ldots, K \tag{2.35}$$

で与えられる．

$M/M/s/\cdot/K$ 待ち行列の到着過程は状態依存のためにポアソン過程ではない．ポアソン到着過程をランダム到着とよぶのに対し，**準ランダム到着** (quasi-random arrival) とよばれる．したがって，PASTA の性質は成り立たず，定常状態確率 $\{\pi_i(K)\}$ は到着時点の状態確率とは一致しない．ある十分に長い区間 $(0, T)$ において，$N(t) = i$ $(t \in (0, T))$ のときに到着する条件付き平均客数は

$$\lambda_i T \pi_i(K), \quad i = 0, \ldots, K-1$$

で与えられる．このとき

$$\sum_{i=0}^{K-1} \lambda_i T \pi_i(K)$$

は $(0, T)$ 間に到着する平均客数を表す．したがって，それらの比

$$\widetilde{\pi}_i(K) \equiv \frac{\lambda_i T \pi_i(K)}{\sum_{j=0}^{K-1} \lambda_j T \pi_j(K)} = \frac{\lambda_i \pi_i(K)}{\sum_{j=0}^{K-1} \lambda_j \pi_j(K)} = \frac{(K-i)\pi_i(K)}{\sum_{j=0}^{K-1} (K-j)\pi_j(K)} \tag{2.36}$$

は到着時点において i 人（$i = 0, \ldots, K-1$）の客が系内にいる確率を表している．

定理 2.15

$$\widetilde{\pi}_i(K) = \pi_i(K-1), \quad i = 0, \ldots, K-1 \tag{2.37}$$

証明　定理 2.13 より

$$(K-i)\pi_i(K) = \begin{cases} K\dbinom{K-1}{i} r^i \pi_0(K), & i = 0, \ldots, s-1 \\[2ex] K\dbinom{K-1}{i} \dfrac{i!\,r^i}{s!\,s^{i-s}} \pi_0(K), & i = s, \ldots, K-1 \end{cases}$$

となるので

$$\widetilde{\pi}_i(K) = \begin{cases} \dfrac{1}{G}\dbinom{K-1}{i} r^i, & i = 0, \dots, s-1 \\[2ex] \dfrac{1}{G}\dbinom{K-1}{i} \dfrac{i! r^i}{s! s^{i-s}}, & i = s, \dots, K-1 \end{cases}$$

ただし，G は正規化条件 $\sum_{i=0}^{K-1} \widetilde{\pi}_i(K) = 1$ を満たすための正規化定数であり

$$G = \sum_{i=0}^{s-1} \binom{K-1}{i} r^i + \sum_{i=s}^{K-1} \binom{K-1}{i} \frac{i! r^i}{s! s^{i-s}} = \frac{1}{\pi_0(K-1)}$$

で与えられる．以上より

$$\widetilde{\pi}_i(K) = \pi_i(K-1), \quad i = 0, \dots, K-1$$

が成り立つ． □

定理 2.5 の証明の考え方と同様にして，$M/M/s/\cdot/K$ 待ち行列の待ち時間補分布は，Q_a によって客の到着時点での行列長を表すとき

$$\begin{aligned} \mathbb{P}\{W > t\} &= \sum_{i=0}^{K-s-1} \widetilde{\pi}_{s+i}(K) \mathbb{P}\{W > t \mid Q_a = i\} \\ &= \sum_{i=0}^{K-s-1} \pi_{s+i}(K-1) \mathrm{e}^{-s\mu t} \sum_{j=0}^{i} \frac{(s\mu t)^j}{j!} \end{aligned}$$

で与えられる．したがって，$M/M/s/\cdot/K$ 待ち行列の待ち時間分布は

$$\mathbb{P}\{W \le t\} = 1 - \sum_{i=0}^{K-s-1} \pi_{s+i}(K-1) \mathrm{e}^{-s\mu t} \sum_{j=0}^{i} \frac{(s\mu t)^j}{j!}, \quad t \ge 0 \tag{2.38}$$

で与えられる．

2.4 損失モデル

2.4.1 アーラン損失モデル

$M/M/s/0$ 待ち行列はアーラン損失モデル (Erlang loss model) あるいはアーラン B モデル (Erlang B model) ともよばれる．定理 2.10 において $r = 0$ とすることで，ただちに次の定理を得る．

定理 2.16 $M/M/s/0$ 待ち行列の定常状態確率は，打切りポアソン分布

$$\pi_i = \frac{\dfrac{a^i}{i!}}{\displaystyle\sum_{j=0}^{s} \frac{a^j}{j!}}, \quad i = 0, \ldots, s \tag{2.39}$$

で与えられる．

定理 2.16 の結果は，サービス時間分布に依らない頑健性をもつ．すなわち，平均サービス時間が $1/\mu$ である $M/G/s/0$ 待ち行列に対しても全く同一の結果を得る．

◇アーランの損失公式

定理 2.16 における確率

$$\pi_s = \frac{\dfrac{a^s}{s!}}{\displaystyle\sum_{j=0}^{s} \frac{a^j}{j!}} \equiv B(s,a) \tag{2.40}$$

は長時間平均の意味ですべての窓口が塞がっている時間の割合を示し，電話交換機の設計においては**ブロッキング確率** (blocking probability) とよばれる．また，PASTA の性質が成り立つことから，客が到着したときにすべての窓口が塞がっている**損失確率** (loss probability) と等価である．通信工学の分野では，$B(s,a)$ はアーランの**損失公式** (Erlang's loss formula) あるいはアーラン B **式** (Erlang B formula) とよばれ，電話交換機の通信品質を保証する最適な回線数を算出する際の重要な評価尺度になっている．

$B(s,a)$ は窓口数の階乗 $s!$ を含んでいるため，公衆網における通信制御装置などの 1000 を超える窓口数をもつシステムには適していない．このような場合には，次の再帰式が有効である（問題 2.1）．

$$\begin{cases} B(0,a) = 1 \\ B(s,a) = \dfrac{B(s-1,a)}{B(s-1,a) + s/a}, \quad s \geq 1 \end{cases} \tag{2.41}$$

また，アーランの損失公式 $B(s,a)$ とアーランの遅延公式 $C(s,a)$ との間には，次の関係式が成り立つ．

定理 2.17

$$C(s,a) = \frac{B(s,a)}{1-\rho+\rho B(s,a)} \tag{2.42}$$

証明　$M/M/s/r$ 待ち行列に関する定理 2.12 の式 (2.29) において $r=0, i=s$ とおくと，PASTA の性質により

$$B(s,a) = \frac{(1-\rho)C(s,a)}{1-\rho C(s,a)} \tag{2.43}$$

が導かれる．式 (2.43) より式 (2.42) はただちにしたがう．□

◇スループット

定常状態において占有されている平均窓口数

$$\lim_{t\to\infty} \mathbb{E}[N(t)] \equiv a_c$$

をスループット (throughput) あるいは運ばれた呼量 (carried load) とよぶ．定理 2.16 より

$$a_c = \sum_{i=1}^{s} i\pi_i = \frac{a\displaystyle\sum_{i=1}^{s}\frac{a^{i-1}}{(i-1)!}}{\displaystyle\sum_{j=0}^{s}\frac{a^j}{j!}} = a\bigl(1-B(s,a)\bigr)$$

となるので，次の関係式を得る．

$$B(s,a) = 1 - \frac{a_c}{a} \tag{2.44}$$

◇ 双 対 性

$M/M/s/0$ 待ち行列の到着率とサービス率を逆にした $M/M/1/0/s$ 待ち行列を考える．すなわち，故障率が μ である K 台の機械を修理率 λ で 1 人で修理する状況を考える．このとき，時刻 t において修理中の機械台数を $N^\circ(t)$，未修理の機械台数を $M^\circ(t)$ とする．系 2.14 において $K=s$, $r=a^{-1}$ とおくと，$i=0,\ldots,s$ に対して

$$\begin{aligned}\lim_{t\to\infty}\mathbb{P}\{N^\circ(t)=i\} &= \lim_{t\to\infty}\mathbb{P}\{M^\circ(t)=s-i\}\\ &= \frac{\dfrac{a^{-i}}{(s-i)!}}{\displaystyle\sum_{j=0}^{s}\frac{a^{-j}}{(s-j)!}} = \frac{\dfrac{a^{s-i}}{(s-i)!}}{\displaystyle\sum_{j=0}^{s}\frac{a^{s-j}}{(s-j)!}} = \frac{\dfrac{a^{s-i}}{(s-i)!}}{\displaystyle\sum_{j=0}^{s}\frac{a^{j}}{j!}}\end{aligned}$$

となる．したがって

$$\lim_{t\to\infty}\mathbb{P}\{M^\circ(t)=i\} = \frac{\dfrac{a^{i}}{i!}}{\displaystyle\sum_{j=0}^{s}\frac{a^{j}}{j!}}, \quad i=0,\ldots,s$$

が成り立つ．定理 2.16 の結果と比較することで，$M/M/s/0$ 待ち行列の系内客数過程 $\{N(t)\}$ の到着とサービス分布を逆にした $M/M/1/0/s$ 待ち行列の未修理機械台数過程 $\{M^\circ(t)\}$ は同じ定常分布をもつことがわかる．この**双対性** (duality) は，$M/G/s/0$ 待ち行列が頑健性をもつことから，$M/G/s/0$ 待ち行列とその到着とサービス分布を逆にした $GI/M/1/0/s$ 待ち行列との間にも成り立つ [*2)]．

2.4.2 エングセット損失モデル

$M/M/s/0/K$ 待ち行列は**エングセット損失モデル** (Engset loss model) とよばれる．エングセット損失モデルは，機械修理人モデルにおいて故障した機械が待つスペースがない場合に相当する．故障した機械台数を表す系内客数過程 $\{N(t)\}$ の状態推移図は図 2.3 に示される．ここで

$$\begin{aligned}\lambda_i &= (K-i)^+\nu, \quad i=0,\ldots,s-1\\ \mu_i &= i\mu, \qquad\qquad i=1,\ldots,s\end{aligned} \tag{2.45}$$

である．定理 2.13 と同様にして次の定理を得る．

定理 2.18 $M/M/s/0/K$ 待ち行列の定常状態確率は，打切り二項分布

---

*2) Kimura (1993) を参照のこと．

$$\pi_i \equiv \pi_i(K) = \frac{\binom{K}{i} r^i}{\sum_{j=0}^{s} \binom{K}{j} r^j}, \quad i = 0, \ldots, s \tag{2.46}$$

で与えられ，**エングセット分布** (Engset distribution) とよばれる．ただし，$r = \nu/\mu$ である．

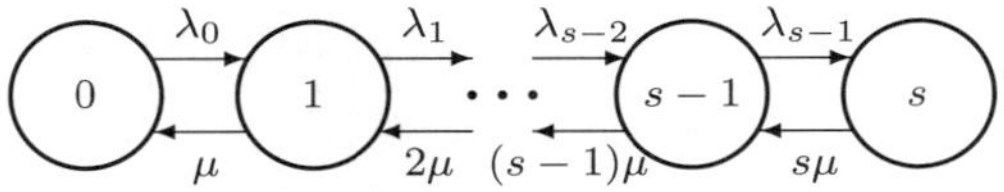

λ_0 λ_1 λ_{s-2} λ_{s-1}
0 1 ・・・ $s-1$ s
μ 2μ $(s-1)\mu$ $s\mu$

図 2.3 エングセット損失モデルの状態推移図

すべての窓口が稼働中であるブロッキング確率は

$$\pi_s(K) = \frac{\binom{K}{s} r^s}{\sum_{j=0}^{s} \binom{K}{j} r^j} \equiv E_K(s, r) \tag{2.47}$$

と表され，$E_K(s,r)$ を**エングセットのブロッキング確率** (Engset blocking probability) という．$K\nu \equiv \lambda$ という定数に固定し，極限 $K \to \infty$ とすると，ポアソンの小数の法則を用いて

$$\lim_{K\to\infty} \binom{K}{i} r^i = \frac{1}{i!} \left(\frac{\lambda}{\mu}\right)^i$$

となるので，エングセット分布は $M/M/s/0$ 待ち行列に対する打切りポアソン分布に収束し

$$\lim_{K\to\infty} E_K(s, r) = B(s, a)$$

が成り立つ．また，式 (2.41) と類似の次の再帰式が成り立つ（問題 2.1）．

$$\begin{cases} E_K(0, r) = 1 \\ E_K(s, r) = \dfrac{E_K(s-1, r)}{E_K(s-1, r) + \dfrac{s}{(K-s+1)r}}, \quad s \geq 1 \end{cases} \tag{2.48}$$

故障していない機械の平均台数は $K-\mathbb{E}[N]$ 台であるので，$M/M/s/0/K$ の呼量 a は，$M/M/s$ の場合の $a=s\rho$ に対応させて

$$a=(K-\mathbb{E}[N])r=r\sum_{i=0}^{s}(K-i)\pi_i(K)=rK\frac{\displaystyle\sum_{i=0}^{s}\binom{K-1}{i}r^i}{\displaystyle\sum_{j=0}^{s}\binom{K}{j}r^j} \tag{2.49}$$

で与えられる．スループットあるいは運ばれた呼量 $a_c=\mathbb{E}[N]$ は

$$a_c=\sum_{i=1}^{s}i\pi_i(K)=rK\frac{\displaystyle\sum_{i=0}^{s-1}\binom{K-1}{i}r^i}{\displaystyle\sum_{j=0}^{s}\binom{K}{j}r^j} \tag{2.50}$$

となるから，$M/M/s/0/K$ 待ち行列における損失確率，すなわち，待合室がないために故障した機械がただちに修理を受けられず放置される確率は，a および a_c に対する式 (2.49), (2.50) から

$$1-\frac{a_c}{a}=\frac{\displaystyle\binom{K-1}{s}r^s}{\displaystyle\sum_{j=0}^{s}\binom{K-1}{j}r^j}=E_{K-1}(s,r) \tag{2.51}$$

で与えられる．$E_{K-1}(s,r)$ を**エングセットの損失確率** (Engset loss probability) といい，式 (2.51) を**エングセットの損失公式** (Engset's loss formula) という．

$M/M/s/0/K$ 待ち行列の到着時点において i 人の客が系内にいる確率を $\widetilde{\pi}_i(K)$ $(i=0,\ldots,s)$ で表すと，式 (2.36) の導出と同様にして

$$\widetilde{\pi}_i(K)=\frac{(K-i)\pi_i(K)}{\displaystyle\sum_{j=0}^{s}(K-j)\pi_j(K)},\quad i=0,\ldots,s$$

を得る．定理 2.18 より，定理 2.15 と本質的に等価な結果

$$\widetilde{\pi}_i(K)=\pi_i(K-1),\quad i=0,\ldots,s \tag{2.52}$$

が導かれる．$\widetilde{\pi}_s(K)=\pi_s(K-1)=E_{K-1}(s,r)$ より，エングセットの損失公式 (2.51) がただちに得られる．

2.5　途中放棄モデル

2.5.1　$M/M/s/r+M$ 待ち行列

行列に並んでいる客が，途中でサービスを受けるのを諦めて列から離脱し，サービスを放棄してしまう現象をリネージング (reneging) という．$M/M/s/r$ 待ち行列において，諦めてしまうまでの時間がパラメータ $\theta > 0$ の指数分布にしたがうと仮定すると，出生死滅型待ち行列としてモデル化できる．この途中放棄モデルは，ケンドールの表記法では $M/M/s/r+M$ と表される．ここで，記号「$+M$」が離脱までの時間が指数分布であることを示している．$M/M/s/r+M$ 待ち行列は，例 1.5 で示したコールセンターの基本的なモデルとして知られ，s はオペレータの人数，$s+r$ はコールセンターの回線数に相当する．$M/M/s/r$ 待ち行列と同様にして，系内客数過程 $\{N(t)\}$ はパラメータ

$$\lambda_i = \lambda, \quad \mu_i = \begin{cases} i\mu, & 1 \le i \le s-1 \\ s\mu + (i-s)\theta, & s \le i \le s+r \end{cases} \tag{2.53}$$

によって特徴づけられる．定理 2.1 より次の定理を得る．

定理 2.19　$M/M/s/r+M$ 待ち行列の定常状態確率は

$$\pi_i = \begin{cases} \dfrac{a^i}{i!}\pi_0, & i = 0, \ldots, s-1 \\ \dfrac{a^s}{s!} \dfrac{\lambda^{i-s}}{\prod_{j=1}^{i-s}(s\mu + j\theta)}\pi_0, & i = s, \ldots, s+r \end{cases} \tag{2.54}$$

で与えられる．ただし

$$\pi_0 = \left(\sum_{i=0}^{s-1} \frac{a^i}{i!} + \frac{a^s}{s!} \sum_{k=0}^{r} \frac{\lambda^k}{\prod_{j=1}^{k}(s\mu + j\theta)} \right)^{-1} \tag{2.55}$$

系 2.20　$\theta = \mu$ のとき，$M/M/s/r+M$ 待ち行列は $M/M/s+r/0$ 待ち行列と等価である．

PASTA の性質から，定常状態確率は客の到着時点の確率と一致するため，$M/M/s/r+M$ 待ち行列の損失確率は

$$\pi_{s+r} = \frac{a^s}{s!} \frac{\lambda^r}{\prod_{j=1}^{r} (s\mu + j\theta)} \pi_0 \tag{2.56}$$

で与えられる．また，システムに入ることを許された到着客が系内に i 人の客を見出す確率は，$M/M/s/r$ 待ち行列と同様にして

$$\widetilde{\pi}_i = \frac{\pi_i}{1-\pi_{s+r}}, \quad i = 0, \ldots, s+r-1$$

で与えられる．

システムに入ることを許された到着客の待ち時間を W で表す．このとき

$$\mathbb{P}\{W=0\} = \sum_{i=0}^{s-1} \widetilde{\pi}_i = \frac{\pi_0}{1-\pi_{s+r}} \sum_{i=0}^{s-1} \frac{a^i}{i!} \tag{2.57}$$

となるので，待ち確率 $\mathbb{P}\{W>0\} = 1 - \mathbb{P}\{W=0\}$ は

$$\mathbb{P}\{W>0\} = \frac{\dfrac{a^s}{s!} \displaystyle\sum_{k=0}^{r-1} \frac{\lambda^k}{\prod_{j=1}^{k}(s\mu + j\theta)}}{\displaystyle\sum_{i=0}^{s-1} \frac{a^i}{i!} + \frac{a^s}{s!} \sum_{k=0}^{r-1} \frac{\lambda^k}{\prod_{j=1}^{k}(s\mu + j\theta)}} \tag{2.58}$$

で与えられる．

システムに入ることを許された客が途中放棄する確率を求めることにしよう．行列の先頭から第 k 番目に位置する客が，$j-1$ $(j=1,\ldots,k)$ 人の客が退去した後に離脱する確率を $\gamma_{k,j}$ とおくと

$$\gamma_{k,j} = \frac{\theta}{s\mu + (k-j+1)\theta}$$

となるので，この客が最終的にサービスを受けることができる確率 Γ_k は

$$\begin{aligned}\Gamma_k &= (1-\gamma_{k,1})(1-\gamma_{k,2})\cdots(1-\gamma_{k,k}) \\ &= \frac{s\mu + (k-1)\theta}{s\mu + k\theta} \frac{s\mu + (k-2)\theta}{s\mu + (k-1)\theta} \cdots \frac{s\mu}{s\mu + \theta} = \frac{s\mu}{s\mu + k\theta}\end{aligned}$$

で与えられる．システムに入ることを許された客が，最終的にサービスを完了する事象を $\mathcal{S}$ で表し，$\mathcal{A} = \mathcal{S}^c$ で途中放棄する事象を表すことにする．このとき

$$\begin{aligned}\mathbb{P}(\mathcal{S}) &= \sum_{i=0}^{s-1}\widetilde{\pi}_i + \sum_{k=0}^{r-1}\widetilde{\pi}_{s+k}\Gamma_{k+1} = \mathbb{P}\{W=0\} + \sum_{k=0}^{r-1}\widetilde{\pi}_{s+k}\,\frac{s\mu}{s\mu+(k+1)\theta} \\ &= \frac{\pi_0}{1-\pi_{s+r}}\left(\sum_{i=0}^{s-1}\frac{a^i}{i!} + \frac{a^s}{s!}\sum_{k=0}^{r-1}\frac{\lambda^k}{\prod_{j=1}^{k+1}(s\mu+j\theta)}\right) \qquad (2.59)\end{aligned}$$

となる．したがって，システムに入ることを許された客が途中放棄する確率は $\mathbb{P}(\mathcal{A}) = 1 - \mathbb{P}(\mathcal{S})$ で与えられる．

2.5.2 アーラン A モデル

$M/M/s/r+M$ 待ち行列において $r \to \infty$ のとき，$M/M/s+M$ 待ち行列はアーラン A モデル (Erlang A model) とよばれる．定常分布が存在するための必要十分条件は

$$G = \sum_{i=0}^{s-1}\frac{a^i}{i!} + \frac{a^s}{s!}\sum_{k=0}^{\infty}\frac{\lambda^k}{\prod_{j=1}^{k}(s\mu+j\theta)} < \infty$$

であるが，$\lambda^k/\prod_{j=1}^{k}(s\mu+j\theta) \le \rho^k$ より，$\rho < 1$ は定常分布が存在するための1つの十分条件となる．明らかに，$\theta \to 0$ かつ $\rho < 1$ のとき，$M/M/s+M$ 待ち行列は $M/M/s$ 待ち行列（アーラン C モデル）と一致する．また，$\theta \to \infty$ のとき，$M/M/s/0$ 待ち行列（アーラン B モデル）と一致する．さらに，$\theta = \mu$ のときは $M/M/\infty$ 待ち行列（2.1.3 項）と等価である．

$M/M/s+M$ 待ち行列の特性量は，$M/M/s/r+M$ 待ち行列において $r \to \infty$ とすることで求められる．特に，待ち確率は

$$A(s,a) \equiv \mathbb{P}\{W>0\} = \frac{\dfrac{a^s}{s!}\displaystyle\sum_{k=0}^{\infty}\frac{\lambda^k}{\prod_{j=1}^{k}(s\mu+j\theta)}}{\displaystyle\sum_{i=0}^{s-1}\frac{a^i}{i!} + \frac{a^s}{s!}\sum_{k=0}^{\infty}\frac{\lambda^k}{\prod_{j=1}^{k}(s\mu+j\theta)}} \qquad (2.60)$$

で与えられ，アーラン A 式 (Erlang A formula) とよばれる．$\rho < 1$ のとき

$$\lim_{\theta\to 0} A(s,a) = C(s,a) \qquad (2.61)$$

が成り立ち，$\prod_{j=1}^{0}(s\mu+j\theta) = 1$ より

$$\lim_{\theta\to\infty} A(s,a) = B(s,a) \qquad (2.62)$$

が成り立つ．

関数 $J(x,y)$ を

$$J(x,y) \equiv 1 + \sum_{k=1}^{\infty} \frac{y^k}{\prod_{j=1}^{k}(x+j)}, \quad x>0,\ y \geq 0 \tag{2.63}$$

と定義すると，正規化定数 G は

$$\begin{aligned} G &= \sum_{i=0}^{s-1} \frac{a^i}{i!} + \frac{a^s}{s!} \sum_{k=0}^{\infty} \frac{\lambda^k}{\prod_{j=1}^{k}(s\mu + j\theta)} \\ &= \frac{a^s}{s!}\left[\frac{1}{B(s,a)} + \sum_{k=1}^{\infty} \frac{(\lambda/\theta)^k}{\prod_{j=1}^{k}(s\mu/\theta + j)}\right] = \frac{a^s}{s!}\left[\frac{1}{B(s,a)} + J\left(\tfrac{s\mu}{\theta}, \tfrac{\lambda}{\theta}\right) - 1\right] \end{aligned}$$

と表せるので

$$\pi_0 = G^{-1} = \frac{B(s,a)}{1 + B(s,a)\Big(J\left(\frac{s\mu}{\theta}, \frac{\lambda}{\theta}\right) - 1\Big)} \frac{s!}{a^s} \tag{2.64}$$

で与えられる．定理 2.19 において $r \to \infty$ とし，関数 J を用いて書き直すことで次の定理を得る．

定理 2.21　$M/M/s+M$ 待ち行列の定常状態確率は

$$\pi_i = \begin{cases} \dfrac{s!}{i!a^{s-i}}\,\pi_s, & i = 0, \ldots, s-1 \\[2ex] \dfrac{\lambda^{i-s}}{\prod_{j=1}^{i-s}(s\mu + j\theta)}\pi_s, & i \geq s \end{cases} \tag{2.65}$$

で与えられる．ただし

$$\pi_s = \frac{B(s,a)}{1 + B(s,a)\Big(J\left(\frac{s\mu}{\theta}, \frac{\lambda}{\theta}\right) - 1\Big)} \tag{2.66}$$

である．また，アーラン A 式は

$$A(s,a) = \frac{B(s,a)J\left(\frac{s\mu}{\theta}, \frac{\lambda}{\theta}\right)}{1 + B(s,a)\Big(J\left(\frac{s\mu}{\theta}, \frac{\lambda}{\theta}\right) - 1\Big)} \tag{2.67}$$

で与えられる．

関数 $J(x,y)$ に関しては次の性質が知られている.

補題 2.22 (Palm (1957))

1) $J(x,y)=\dfrac{x\mathrm{e}^y}{y^x}\displaystyle\int_0^y t^{x-1}\mathrm{e}^{-t}\mathrm{d}t,\quad x>0,\ y\geq 0$

2) $\dfrac{\partial}{\partial y}J(x,y)=\dfrac{x}{y}+\left(1-\dfrac{x}{y}\right)J(x,y)$

定理 2.21 と補題 2.22 より，待ち客の途中放棄確率に関する次の結果を得る.

定理 2.23　$M/M/s+M$ 待ち行列において途中放棄する事象を $\mathcal{A}$ とすると

$$\mathbb{P}(\mathcal{A}\mid W>0)=\frac{1}{\rho J\left(\frac{s\mu}{\theta},\frac{\lambda}{\theta}\right)}+1-\frac{1}{\rho} \tag{2.68}$$

が成り立つ.

証明　式 (2.59) と PASTA の性質より

$$\begin{aligned}
\mathbb{P}(\mathcal{A}\mid W>0)&=\frac{\mathbb{P}(\mathcal{A}\cap\{W>0\})}{\mathbb{P}\{W>0\}}=\frac{1-\mathbb{P}(\mathcal{S}\cap\{W>0\})}{\mathbb{P}\{W>0\}}\\
&=\frac{1}{\mathbb{P}\{W>0\}}\sum_{k=0}^{\infty}\pi_{s+k}\left(1-\frac{s\mu}{s\mu+(k+1)\theta}\right)\\
&=\frac{1}{J\left(\frac{s\mu}{\theta},\frac{\lambda}{\theta}\right)}\sum_{k=0}^{\infty}\frac{\lambda^k}{\prod_{j=1}^{k}(s\mu+j\theta)}\frac{(k+1)\theta}{s\mu+(k+1)\theta}\\
&=\frac{1}{J\left(\frac{s\mu}{\theta},\frac{\lambda}{\theta}\right)}\sum_{k=0}^{\infty}\frac{(k+1)(\lambda/\theta)^k}{\prod_{j=1}^{k+1}(s\mu/\theta+j)}=\frac{1}{J\left(\frac{s\mu}{\theta},\frac{\lambda}{\theta}\right)}\frac{\partial}{\partial y}\left[J\left(\tfrac{s\mu}{\theta},y\right)\right]_{y=\frac{\lambda}{\theta}}\\
&=\frac{1}{J\left(\frac{s\mu}{\theta},\frac{\lambda}{\theta}\right)}\left[\frac{1}{\rho}+\left(1-\frac{1}{\rho}\right)J\left(\tfrac{s\mu}{\theta},\tfrac{\lambda}{\theta}\right)\right]=\frac{1}{\rho J\left(\frac{s\mu}{\theta},\frac{\lambda}{\theta}\right)}+1-\frac{1}{\rho}
\end{aligned}$$

となり，定理が証明された．ここで

$$\sum_{k=0}^{\infty}\frac{(k+1)y^k}{\prod_{j=1}^{k+1}(x+j)}=\frac{\partial}{\partial y}\left[\sum_{k=1}^{\infty}\frac{y^k}{\prod_{j=1}^{k}(x+j)}\right]=\frac{\partial}{\partial y}\left[J(x,y)-1\right]=\frac{\partial J}{\partial y}$$

を用いた. □

系 2.24 $M/M/s+M$ 待ち行列においてサービスを完了する事象を $\mathcal{S}$ とすると

$$\mathbb{P}(\mathcal{S}) = \frac{1}{\rho}\left[1 + \frac{\rho\bigl(1 - B(s,a)\bigr) - 1}{1 + B(s,a)\left(J\bigl(\frac{s\mu}{\theta}, \frac{\lambda}{\theta}\bigr) - 1\right)}\right] \tag{2.69}$$

が成り立つ.

アーラン A 式 (2.67), 定理 2.23, 系 2.24 に現れる項 $J\bigl(\frac{s\mu}{\theta}, \frac{\lambda}{\theta}\bigr)$ を計算するには, 無限級数による定義式 (2.63) よりも, 補題 2.22 の 1) で示された**第 1 種不完全ガンマ関数** (lower incomplete gamma function)

$$\gamma(x,y) \equiv \int_0^y t^{x-1}\mathrm{e}^{-t}\mathrm{d}t$$

を含む表現を用いた方が, 数学ソフトウェアを利用できるため効率的である.

演 習 問 題

問題 2.1 $B(s,a)$ と $E_K(s,r)$ に対する再帰式 (2.41), (2.48) を証明せよ.

問題 2.2 リトルの法則を用いて, 不等式

$$B(s,a) \geq \left(1 - \frac{1}{\rho}\right)^+ \tag{2.70}$$

を証明せよ.

問題 2.3 $M/M/s+M$ 待ち行列に対して

$$\mathbb{P}(\mathcal{A}) = \theta\mathbb{E}[W] \tag{2.71}$$

を証明せよ.

CHAPTER 3

$M/G/1$ 待ち行列

3.1 系内客数

客の到着過程は，前章までと同様に，到着率 λ (> 0) のポアソン過程であると仮定する．システムは時刻 $t = 0$ で稼働を始め，到着客は単一の窓口で先着順にサービスを受ける．到着過程とサービス過程は独立であると仮定する．第 n 番目の客のサービス時間 S_n $(n \geq 1)$ は互いに独立で同一の一般分布 $H(t) = \mathbb{P}\{S_n \leq t\}$ $(t \geq 0)$ にしたがう．分布 H は有限の平均 $\mathbb{E}[S_n] = 1/\mu$ と分散 $\mathbb{V}[S_n] = \sigma_s^2$ をもち，$H(0) = 0$ を仮定する．サービス時間分布のばらつきを表す尺度として，$c_s = \mu\sigma_s$ とおく．c_s は分布 H の**変動係数** (coefficient of variation) とよばれる．

第 n 番目の客のシステムからの退去時刻を T_n^d で表す．先着順サービス規律を仮定しているので，明らかに $T_1^d < T_2^d < T_3^d < \cdots$ である．$A(t)$ $(A(0) = 0)$ を時間区間 $(0, t]$ 内の客の累積到着数とすると

$$A_n \equiv A(T_n^d) - A(T_{n-1}^d), \quad n \geq 1$$

は，第 n 番目の客のサービス中に到着した客数を表す．A_n は n に依らないので，ある客のサービス中に到着した客数 $A \stackrel{\mathrm{d}}{=} A_n$ が i 人である確率を $a_i = \mathbb{P}\{A = i\}$ $(i = 0, 1, \ldots)$ とおくと，全確率の公式を用いて

$$a_i = \int_0^\infty \frac{(\lambda t)^i}{i!} \mathrm{e}^{-\lambda t} \mathrm{d}H(t), \quad i \geq 0 \tag{3.1}$$

となる．確率分布 $\{a_i\}$ より，ある客のサービス中の平均到着客数は

$$\mathbb{E}[A]=\int_0^\infty \lambda t\sum_{i=1}^\infty \frac{(\lambda t)^{i-1}}{(i-1)!}\mathrm{e}^{-\lambda t}\mathrm{d}H(t)=\lambda\int_0^\infty t\mathrm{d}H(t)=\frac{\lambda}{\mu}=\rho \tag{3.2}$$

で与えられる.

3.1.1　埋め込みマルコフ連鎖

サービス時間分布 H は，指数分布以外では無記憶性をもたないため，系内客数過程 $\{N(t)\}_{t\geq 0}$ は一般に出生死滅過程ではない．また，任意時点間の系内客数の変化において，最後に観測された系内客数に加えてその観測時点における残余サービス時間が影響するため，連続時間確率過程 $\{N(t)\}$ はマルコフ性をもたないことがわかる．このため，$M/G/1$ 待ち行列を解析するにあたっては，マルコフ性が成り立つ特別な時点の系内客数に着目する.

サービス終了直後の時点での系内客数を $X_n=N(T_n^d+)$ とおくと

$$X_n=(X_{n-1}-1)^+ + A_n, \quad n\geq 1 \tag{3.3}$$

が成り立つ．$\{A_n\}_{n\geq 1}$ は独立で同一の分布にしたがう確率変数列であるから，X_n の推移は直前の状態 X_{n-1} のみに依存し，X_{n-2} 以前の状態には直接依存しない．すなわち，$\{X_n\}_{n\geq 1}$ は，退去時点列 $\{T_n^d\}_{n\geq 1}$ において系内客数過程 $\{N(t)\}_{t\geq 0}$ に埋め込まれたマルコフ連鎖であり，**埋め込みマルコフ連鎖** (embedded MC) とよばれる *1).

マルコフ連鎖 $\{X_n\}$ の状態空間を $\mathcal{S}=\{0,1,\ldots\}$，推移確率を $p_{ij}=\mathbb{P}\{X_n=j\mid X_{n-1}=i\}$ で表す *2)．関係式 (3.3) より

$$p_{ij}=\mathbb{P}\{A=j-(i-1)^+\}=\begin{cases} a_j, & i=0\\ a_{j-i+1}, & i\geq 1, j\geq i-1\\ 0, & \text{その他}\end{cases} \tag{3.4}$$

と表されるから，推移確率行列 $P=(p_{ij})$ は

---

*1) “embedded Markov chain” の訳語としては隠れマルコフ連鎖が一般的であるが，マルコフ過程の写像過程である “hidden Markov model” との混同を避けるため，本書では本来の意味に即して埋め込みマルコフ連鎖を採用した.

*2) 離散時間マルコフ連鎖の基礎については，付録 A を参照のこと.

$$P = \begin{pmatrix} a_0 & a_1 & a_2 & a_3 & \cdots \\ a_0 & a_1 & a_2 & a_3 & \cdots \\ 0 & a_0 & a_1 & a_2 & \cdots \\ 0 & 0 & a_0 & a_1 & \cdots \\ \vdots & \ddots & \ddots & \ddots & \ddots \end{pmatrix}$$

で与えられる．マルコフ連鎖 $\{X_n\}$ は既約で非周期的であるので，命題 A.13 より定常状態確率

$$\lim_{n\to\infty} \mathbb{P}\{X_n = i\} = \pi_i, \quad i \geq 0$$

は，もし存在すれば一意に定まり，定常分布 $\boldsymbol{\pi} = (\pi_0\ \pi_1\ \pi_2\ \cdots)$ は定常方程式 $\boldsymbol{\pi} = \boldsymbol{\pi}P$ の解として与えられる．フィンチの公式と PASTA より，定常分布 $\boldsymbol{\pi}$ は退去時点および任意時点の定常状態確率と一致する．定常方程式は

$$\pi_i = a_i\pi_0 + \sum_{j=1}^{i+1} a_{i+1-j}\pi_j, \quad i \geq 0 \tag{3.5}$$

と書き下せるので，次の再帰式を満たす．

$$\pi_i = \frac{1}{a_0}\left(\pi_{i-1} - \sum_{j=1}^{i-1} a_{i-j}\pi_j - a_{i-1}\pi_0\right), \quad i \geq 1 \tag{3.6}$$

したがって，適当な初期値 $\pi_0 > 0$ (e.g., $\pi_0 = 1$) を設定し，再帰式 (3.6) を用いて逐次的に π_i $(i \geq 1)$ を定め，条件 $\sum_{i=0}^{\infty} \pi_i = 1$ を満たすように正規化することで定常分布 $\boldsymbol{\pi}$ を数値的に求めることができる．

3.1.2　ポラチェック・ヒンチンの公式

解析的な方法としては**確率母関数** (probability generating function; PGF) を用いる方法が知られている．確率分布 $\{\pi_i\}$ と $\{a_i\}$ の PGF を，$z \in \mathbb{C}$ $(|z| < 1)$ に対して

$$P(z) = \mathbb{E}\big[z^X\big] = \sum_{i=0}^{\infty} \pi_i z^i, \qquad \gamma(z) = \mathbb{E}\big[z^A\big] = \sum_{i=0}^{\infty} a_i z^i$$

により定義する．ただし，$X \stackrel{\mathrm{d}}{=} \lim_{n\to\infty} X_n$ である．このとき，サービス中の到着客数分布 (3.1) を用いて

$$\gamma(z) = \int_0^\infty \sum_{i=0}^\infty \frac{(\lambda z t)^i}{i!} \mathrm{e}^{-\lambda t} \mathrm{d}H(t) = \int_0^\infty \mathrm{e}^{-\lambda(1-z)t} \mathrm{d}H(t) = H^*\bigl(\lambda(1-z)\bigr)$$

を得る．ただし，$H^* \equiv H^*(\theta) = \mathbb{E}\bigl[\mathrm{e}^{-\theta S}\bigr]$ $(\theta \in \mathbb{C}, \mathrm{Re}(\theta) > 0)$ は H のラプラス・スチルチェス変換 (Laplace-Stieltjes transform; LST) である．また，再帰式 (3.6) の両辺に z^i を乗じて和をとると

$$\begin{aligned} P(z) &= \pi_0 \gamma(z) + \frac{1}{z} \sum_{i=0}^\infty \sum_{j=1}^{i+1} z^{i+1-j} a_{i+1-j} z^j \pi_j \\ &= \pi_0 \gamma(z) + \frac{1}{z} \sum_{j=1}^\infty z^j \pi_j \sum_{i=j-1}^\infty z^{i-(j-1)} a_{i-(j-1)} \\ &= \pi_0 \gamma(z) + \frac{1}{z} \left(P(z) - \pi_0\right) \gamma(z) \end{aligned}$$

を得る．したがって，$\gamma(z) - z \neq 0$ のとき

$$P(z) = \frac{(1-z)\gamma(z)}{\gamma(z) - z} \pi_0, \quad |z| < 1$$

が導かれる．$\lim_{z \to 1} P(z) = \sum_{i=0}^\infty \pi_i = 1$ より

$$1 = \pi_0 \lim_{z \to 1} \frac{(1-z)\gamma(z)}{\gamma(z) - z} = \pi_0 \lim_{z \to 1} \frac{-\gamma(z) + (1-z)\gamma'(z)}{\gamma'(z) - 1} = \frac{\pi_0}{1 - \gamma'(1)}$$

であり，したがって $\pi_0 = 1 - \gamma'(1) = 1 + \lambda H^{*\prime}(0) = 1 - \rho$ となる．以上をまとめて次の定理を得る．

定理 3.1 $\rho < 1$ のとき，$M/G/1$ 待ち行列の定常状態確率の PGF は

$$P(z) = \frac{(1-\rho)(1-z)H^*\bigl(\lambda(1-z)\bigr)}{H^*\bigl(\lambda(1-z)\bigr) - z}, \quad |z| < 1 \tag{3.7}$$

で与えられる．

式 (3.7) をポラチェック・ヒンチンの公式 (Pollaczeck-Khinchine formula) という．

例 3.1 — $M/M/1$

$$H^*(\theta) = \int_0^\infty \mathrm{e}^{-\theta t} \mu \mathrm{e}^{-\mu t} \mathrm{d}t = \frac{\mu}{\mu + \theta}, \quad \mathrm{Re}(\theta) > 0$$

$$P(z) = \frac{1-\rho}{1-\rho z} = (1-\rho) \sum_{i=0}^\infty (\rho z)^i = \sum_{i=0}^\infty (1-\rho)\rho^i z^i$$

より $M/M/1$ 待ち行列の定常状態確率は

$$\pi_i = (1-\rho)\rho^i, \quad i \geq 0 \tag{3.8}$$

で与えられる.

例 3.2 — $M/D/1$

$$H^*(\theta) = \int_0^\infty \mathrm{e}^{-\theta t}\delta(t-\mu^{-1})\mathrm{d}t = \mathrm{e}^{-\theta/\mu}, \quad \mathrm{Re}(\theta) > 0$$

$$P(z) = \frac{(1-\rho)(1-z)}{1-z\mathrm{e}^{\rho(1-z)}} = (1-\rho)(1-z)\sum_{i=0}^\infty z^i \mathrm{e}^{i\rho}\mathrm{e}^{-i\rho z}$$

より $M/D/1$ 待ち行列の定常状態確率は, $i \geq 0$ に対して

$$\pi_i = (1-\rho)\sum_{j=0}^i (-1)^{i-j}\mathrm{e}^{j\rho}\left\{\frac{(j\rho)^{i-j}}{(i-j)!} + (1-\delta_{ij})\frac{(j\rho)^{i-j-1}}{(i-j-1)!}\right\} \tag{3.9}$$

で与えられる.

例 3.3 — $M/E_k/1$

$$H^*(\theta) = \left(\frac{k\mu}{k\mu+\theta}\right)^k = \left(1+\frac{\theta}{k\mu}\right)^{-k}, \quad \mathrm{Re}(\theta) > 0$$

$$P(z) = \frac{(1-\rho)(z-1)}{z\left(1+\dfrac{\rho(1-z)}{k}\right)^k - 1}$$

k の値が小さいときは部分分数展開による解法も可能だが, ここでは

$$\xi = \frac{k+\rho}{k}, \qquad \eta = \frac{\rho}{k+\rho} = 1-\xi^{-1}$$

とおき, $P(z)$ を次のように書き換える.

$$P(z) = \frac{(1-\rho)(1-z)}{1-z\{\xi(1-\eta z)\}^k} = (1-\rho)(1-z)\sum_{j=0}^\infty \xi^{kj}(1-\eta z)^{kj}z^j$$

これより $M/E_k/1$ 待ち行列の定常状態確率は, $i \geq 0$ に対して

$$\pi_i = (1-\rho)\sum_{j=0}^i (-1)^{i-j}\xi^{kj}\eta^{i-j-1}\left[\binom{kj}{i-j}\eta + \binom{kj}{i-j-1}\right] \tag{3.10}$$

で与えられる.

定理 3.2

$$\mathbb{E}[X] = \frac{1+c_s^2}{2}\frac{\rho^2}{1-\rho} + \rho, \qquad \mathbb{E}[Q] = \frac{1+c_s^2}{2}\frac{\rho^2}{1-\rho} \tag{3.11}$$

証明　ポラチェック・ヒンチンの公式 (3.7)

$$P(z) = \frac{(1-\rho)(1-z)\gamma(z)}{\gamma(z)-z}, \quad |z|<1$$

の両辺に $\gamma(z)-z$ を乗じ，z で 2 回微分すると

$$\begin{aligned}\big(\gamma(z)-z\big)P''(z) + 2\big(\gamma'(z)-1\big)P'(z) + \gamma''(z)P(z)&\\ = (1-\rho)\big((1-z)\gamma''(z) - 2\gamma'(z)\big)&\end{aligned}$$

であるから，$z \to 1$ とすると

$$P'(1) = \frac{\gamma''(1)}{2\big(1-\gamma'(1)\big)} + \frac{(1-\rho)\gamma'(1)}{1-\gamma'(1)}$$

を得る．一方，$\gamma'(1) = \lambda\mathbb{E}[S] = \rho$, $\gamma''(1) = \lambda^2\mathbb{E}\big[S^2\big] = \rho^2(1+c_s^2)$ であるので，系内客数の期待値 $\mathbb{E}[X]$ を得る．また，関係式 $Q = (X-1)^+$ より

$$\begin{aligned}\mathbb{E}[Q] &= \mathbb{E}\big[(X-1)\mathbf{1}_{\{X\ge1\}}\big] = \mathbb{E}\big[X\mathbf{1}_{\{X\ge1\}}\big] - \mathbb{E}\big[\mathbf{1}_{\{X\ge1\}}\big]\\ &= \mathbb{E}[X] - \mathbb{P}\{X\ge1\} = \mathbb{E}[X] - (1-\pi_0) = \mathbb{E}[X] - \rho\end{aligned}$$

となるので，待ち客数の期待値 $\mathbb{E}[Q]$ が得られる．□

3.2 待ち時間

$\rho<1$ を仮定し，定常状態における $M/G/1$ 待ち行列の待ち時間を W で表す．また，待ち時間分布 $W(t) = \mathbb{P}\{W \le t\}$ $(t \ge 0)$ の LST を $W^*(\theta) = \mathbb{E}\big[\mathrm{e}^{-\theta W}\big]$ $(\mathrm{Re}(\theta)>0)$ とおく．分布版リトルの法則より $X \overset{\mathrm{d}}{=} A(W+S)$ が成り立つので，W と S が独立であることを考慮すると

$$\begin{aligned}P(z) &= \mathbb{E}\big[z^X\big] = \mathbb{E}\big[z^{A(W+S)}\big] = \int_0^\infty \sum_{i=0}^\infty \frac{(\lambda z t)^i}{i!}\mathrm{e}^{-\lambda t}\mathrm{d}(W\star H)(t)\\ &= \int_0^\infty \mathrm{e}^{-\lambda(1-z)t}\mathrm{d}(W\star H)(t) = W^*\big(\lambda(1-z)\big)H^*\big(\lambda(1-z)\big)\end{aligned}$$

を得る．ポラチェック・ヒンチンの公式 (3.7) から

$$W^*\bigl(\lambda(1-z)\bigr) = \frac{(1-\rho)(1-z)}{H^*\bigl(\lambda(1-z)\bigr) - z}$$

となるので，$\theta \equiv \lambda(1-z)$ とおくと次の定理を得る．

定理 3.3　$\rho < 1$ のとき，$M/G/1$ 待ち行列の定常状態における待ち時間分布の LST は

$$W^*(\theta) = \frac{(1-\rho)\theta}{\theta - \lambda\bigl(1 - H^*(\theta)\bigr)}, \quad \mathrm{Re}(\theta) > 0 \tag{3.12}$$

で与えられる．

H の平衡分布 H_e の LST

$$H_e^*(\theta) = \int_0^\infty \mathrm{e}^{-\theta t} \mathrm{d}H_e(t) = \frac{\mu}{\theta}\bigl(1 - H^*(\theta)\bigr) \tag{3.13}$$

を用いると，式 (3.12) より

$$W^*(\theta) = \frac{1-\rho}{1-\rho H_e^*(\theta)} = (1-\rho)\sum_{n=0}^{\infty} \rho^n \bigl(H_e^*(\theta)\bigr)^n$$

となる．この式を解析的にラプラス逆変換することで明示的な表現

$$W(t) = (1-\rho)\sum_{n=0}^{\infty} \rho^n H_e^{n\star}(t), \quad t \geq 0 \tag{3.14}$$

が導かれる [*3]．ただし，$H_e^{n\star}(t)$ は $H_e(t)$ の n 重畳み込みを表し

$$H_e^{n\star}(t) = \begin{cases} 1, & n = 0 \\ \displaystyle\int_0^t H_e^{(n-1)\star}(t-u)\mathrm{d}H_e(u), & n \geq 1 \end{cases}$$

と定義される．式 (3.14) は，待ち時間分布に対するポラチェック・ヒンチンの公式とよばれる．

式 (3.12) の両辺に $\theta - \lambda\bigl(1 - H^*(\theta)\bigr)$ を乗じ，θ で 2 回微分すると

$$\lambda H^{*\prime\prime}(\theta)W^*(\theta) + 2\bigl(1 + \lambda H^{*\prime}(\theta)\bigr)W^{*\prime}(\theta) + \bigl\{\theta - \lambda\bigl(1 - H^*(\theta)\bigr)W^{*\prime\prime}(\theta)\bigr\} = 0$$

[*3] 待ち時間分布の明示的な表現を与えているが，畳み込み積分の無限級数形であり，分布関数を直接計算するには不向きである．定理 3.3 で与えられる LST を数値的に逆変換する方が効率的である．数値的ラプラス逆変換の詳細については木村 (2011a), pp. 84–90 を参照のこと．

であるから，$\theta \to 0$ とすると

$$\lambda H^{*\prime\prime}(0) + 2\big(1 + \lambda H^{*\prime}(0)\big)W^{*\prime}(0) = 0$$

となるので，$H^{*\prime\prime}(0) = \mathbb{E}\big[S^2\big]$, $W^{*\prime}(0) = -\mathbb{E}[W]$ を代入すると

$$\mathbb{E}[W] = \frac{\lambda \mathbb{E}\big[S^2\big]}{2(1-\rho)} = \frac{1+c_s^2}{2}\frac{\rho}{\mu(1-\rho)}$$

を得る．同様にして分散も計算できる（問題 3.2）．

定理 3.4 $\rho < 1$ のとき，$M/G/1$ 待ち行列の定常状態における待ち時間の平均と分散は

$$\mathbb{E}[W] = \frac{1+c_s^2}{2}\frac{\rho}{\mu(1-\rho)}, \qquad \mathbb{V}[W] = \frac{\lambda \mathbb{E}\big[S^3\big]}{3(1-\rho)} + (\mathbb{E}[W])^2$$

で与えられる．

$M/G/1$ 待ち行列と $M/M/1$ 待ち行列の平均待ち時間を，それぞれ，$EW(G)$ と $EW(M)$ とすると，関係式

$$EW(G) = \frac{1+c_s^2}{2}EW(M) \tag{3.15}$$

を得る．この関係式は，$M/G/s$ 待ち行列の平均待ち時間に対する近似において有用である（4. 2 節）．

例 3.4 $M/M/1$ 待ち行列に対して

$$W^*(\theta) = \frac{(1-\rho)(\theta+\mu)}{\theta+\mu(1-\rho)} = 1 - \rho + \frac{\mu\rho(1-\rho)}{\theta+\mu(1-\rho)}$$

となることから，解析的にラプラス逆変換を行うと

$$W(t) = 1 - \rho e^{-\mu(1-\rho)t}, \quad t \geq 0$$

を得る．この結果は，$M/M/s$ 待ち行列に対する待ち時間分布 (2.15) の特別な場合 (i.e., $s = 1$) に相当する．

3.3 稼 働 期 間

システムが空のときに客が到着し，サービスを開始してから再びシステムが空になるまでの時間を**稼働期間** (busy period) という．定常状態の $M/G/1$ 待ち行列の稼働期間の長さを確率変数 B で表す．最初に到着した客のサービス中に到着した客は，それぞれに独立な稼働期間を開始すると考え，第 n 番目の稼働期間の長さを B_n $(n \geq 1)$ で表すと，$\{B_n\}_{n\geq 1}$ は互いに独立で B と同じ分布にしたがう．このとき関係式

$$B \stackrel{\mathrm{d}}{=} S_1 + \sum_{n=1}^{A_1} B_n \tag{3.16}$$

を得る．稼働期間分布の LST を $B^*(\theta) = \mathbb{E}\bigl[\mathrm{e}^{-\theta B}\bigr]$ $(\mathrm{Re}(\theta) > 0)$ で表すと，次の定理を得る．

定理 3.5　$\rho < 1$ のとき，$M/G/1$ 待ち行列の定常状態における稼働期間分布の LST $B^*(\theta)$ は，関数方程式

$$B^*(\theta) = H^*\left(\theta + \lambda\bigl(1 - B^*(\theta)\bigr)\right), \quad \mathrm{Re}(\theta) > 0 \tag{3.17}$$

の唯一の解である [*4]．

証明　関係式 (3.16) の両辺の LST をとると

$$\begin{aligned}
B^*(\theta) &= \mathbb{E}\left[\mathbb{E}\left[\exp\left\{-\theta\left(S_1 + \sum_{n=1}^{A_1} B_n\right)\right\}\middle| S_1\right]\right] \\
&= \int_0^\infty \mathrm{e}^{-\theta t}\mathbb{E}\left[\mathrm{e}^{-\theta\sum_{n=1}^{A_1} B_n}\right]\mathrm{d}H(t) \\
&= \int_0^\infty \mathrm{e}^{-\theta t}\left(\sum_{i=0}^{\infty}\mathbb{E}\left[\mathrm{e}^{-\theta\sum_{n=1}^{i} B_n}\right]\frac{(\lambda t)^i}{i!}\mathrm{e}^{-\lambda t}\right)\mathrm{d}H(t) \\
&= \int_0^\infty \mathrm{e}^{-\theta t}\left(\sum_{i=0}^{\infty}\bigl(B^*(\theta)\bigr)^i\frac{(\lambda t)^i}{i!}\mathrm{e}^{-\lambda t}\right)\mathrm{d}H(t)
\end{aligned}$$

[*4] この関数方程式をタカーチの方程式 (Takács' equation) という．

$$= \int_0^\infty \mathrm{e}^{-\theta t}\mathrm{e}^{-\lambda(1-B^*(\theta))t}\mathrm{d}H(t)$$
$$= H^*\bigl(\theta + \lambda(1 - B^*(\theta))\bigr), \quad \mathrm{Re}(\theta) > 0$$

を得る．$x \in (0,1]$ に対して

$$f(x) \equiv H^*\bigl(\theta + \lambda(1-x)\bigr) - x = \mathbb{E}\bigl[\mathrm{e}^{-(\theta+\lambda(1-x))S}\bigr] - x$$

と定義すると，$f''(x) = \lambda^2\mathbb{E}\bigl[S^2\mathrm{e}^{-(\theta+\lambda(1-x))S}\bigr] > 0$ より，$f(x)$ は x に関して凸関数であり，$f(0) = H^*(\theta+\lambda) > 0$, $f(1) = H^*(\theta) - 1 < 0$ かつ $x \in (0,1]$ に対して

$$f'(x) = \lambda\mathbb{E}\bigl[S\mathrm{e}^{-(\theta+\lambda(1-x))S}\bigr] - 1 < \lambda\mathbb{E}[S] - 1 = \rho - 1 < 0$$

より，方程式 $f(x) = 0$ には唯一の解 $x \in (0,1]$ が存在することが示された．□

タカーチの方程式 (3.17) の両辺を θ で 1 回微分し，$\theta \to 0$ とすると

$$B^{*\prime}(0) = (1 - \lambda B^{*\prime}(0))H^{*\prime}(0)$$

となる．したがって，$\mathbb{E}[B] = (1 + \lambda\mathbb{E}[B])\mathbb{E}[S]$ より

$$\mathbb{E}[B] = \frac{\mathbb{E}[S]}{1-\rho} = \frac{1}{\mu(1-\rho)} \tag{3.18}$$

を得る．同様に，方程式 (3.17) の両辺を θ で 2 回微分して $\theta \to 0$ とすると

$$\mathbb{E}\bigl[B^2\bigr] = (1 + \lambda\mathbb{E}[B])^2\mathbb{E}\bigl[S^2\bigr] + \lambda\mathbb{E}\bigl[B^2\bigr]\mathbb{E}[S]$$

より，$\mathbb{E}\bigl[B^2\bigr] = \mathbb{E}\bigl[S^2\bigr]/(1-\rho)^3$ となるので

$$\mathbb{V}[B] = \frac{\mathbb{V}[S] + \rho\mathbb{E}[S]^2}{(1-\rho)^3} = \frac{c_s^2 + \rho}{\mu^2(1-\rho)^3} \tag{3.19}$$

を得る．

◇タカーチの方程式の数値解法と近似解

任意のサービス時間分布 H に対するタカーチの方程式 (3.17) の解 $B^*(\theta)$ ($\theta \in \mathbb{C}$, $\mathrm{Re}(\theta) > 0$) を求める方法として，再帰式

$$\begin{cases} B_0^*(\theta) = 1 \\ B_n^*(\theta) = H^*\bigl(\theta + \lambda(1 - B_{n-1}^*(\theta))\bigr), \quad n \geq 1 \end{cases} \tag{3.20}$$

が便利である．$\rho < 1$ のとき，この逐次解法は唯一の不動点 $B^*_\infty(\theta) = B^*(\theta)$ をもつことが知られている [*5)]．また，Kimura (1981) は拡散近似（第5章）を用いて，$B^*(\theta)$ の近似解

$$B^*(\theta) \approx \exp\left\{-\frac{b+\sqrt{b^2+2a\theta}}{a}\right\}, \quad \mathrm{Re}(\theta) > 0 \tag{3.21}$$

を与えている．ただし

$$a = \lambda + \mu c_s^2, \qquad b = \lambda - \mu$$

である．近似解 (3.21) を再帰式 (3.20) の初期解 $B^*_0(\theta)$ として用いることで，不動点への収束を早めることが可能になる．

3.4 有限容量 $M/G/1$ 待ち行列

待合室の大きさが $r < \infty$ である $M/G/1/r$ 待ち行列を考える．$r = \infty$ の場合と同様に，退去直後の時点での系内客数 $X_n^{(r)} = N(T_n^d)$ は

$$X_n^{(r)} = \min\left\{(X_{n-1}^{(r)} - 1)^+ + A_n, r\right\}, \quad n \geq 1 \tag{3.22}$$

を満たす．客の退去直後には系内客数が $r+1$ 以上に成り得ないことを考慮すると，$\{X_n^{(r)}\}_{n\geq 1}$ は状態空間 $\mathcal{S} = \{0, 1, \ldots, r\}$ 上の離散時間（斉次的）マルコフ連鎖となる．マルコフ連鎖 $\{X_n^{(r)}\}$ の推移確率 $p_{ij} = \mathbb{P}\{X_n^{(r)} = j \mid X_{n-1}^{(r)} = i\}$ は，$r \geq 1$ のとき

$$p_{ij} = \begin{cases} a_j, & i = 0, \quad j = 0, \ldots, r-1 \\ \bar{a}_j, & i = 0, \quad j = r \\ a_{j-i+1}, & i = 1, \ldots, r, \quad j = i-1, \ldots, r-1 \\ \bar{a}_{j-i+1}, & i = 1, \ldots, r, \quad j = r \\ 0, & \text{その他} \end{cases}$$

で与えられる．ただし，$\bar{a}_j = \sum_{i=j}^{\infty} a_i \ (j = 1, \ldots, r)$ である．したがって，$r \geq 1$ のとき，推移確率行列 $P = (p_{ij})$ は

---

*5) 詳細については Feller (1966), p. 418 を参照のこと．

$$P = \begin{pmatrix} a_0 & a_1 & a_2 & \cdots & a_{r-1} & \bar{a}_r \\ a_0 & a_1 & a_2 & \cdots & a_{r-1} & \bar{a}_r \\ 0 & a_0 & a_1 & \cdots & a_{r-2} & \bar{a}_{r-1} \\ 0 & 0 & a_0 & \cdots & a_{r-3} & \bar{a}_{r-2} \\ \vdots & \ddots & \ddots & \ddots & \vdots & \vdots \\ 0 & \cdots & \cdots & 0 & a_0 & \bar{a}_1 \end{pmatrix}$$

と表せる．

マルコフ連鎖 $\{X_n^{(r)}\}$ は既約で非周期的であるので，命題 A.13 より，定常状態確率

$$\lim_{n\to\infty} \mathbb{P}\{X_n^{(r)} = i\} = \pi_i^{(r)}, \quad i = 0, 1, \ldots, r$$

は一意に定まり，定常方程式 (A.4) より再帰式

$$\pi_i^{(r)} = \frac{1}{a_0}\left(\pi_{i-1}^{(r)} - \sum_{j=1}^{i-1} a_{i-j}\pi_j^{(r)} - a_{i-1}\pi_0^{(r)}\right) \tag{3.23}$$

を得る．したがって，適当な初期値 $\pi_0^{(r)}$ から再帰的に $\pi_i^{(r)}$ $(i = 1, \ldots, r)$ を求め，正規化

$$\pi_i^{(r)} := \frac{\pi_i^{(r)}}{\sum_{i=0}^{r} \pi_i^{(r)}}, \quad i = 0, 1, \ldots, r$$

により計算することができる．

定理 3.6 $M/G/1/r$ 待ち行列の到着（任意）時点における定常状態確率 $\widetilde{\pi}_i^{(r)}$ $(i = 0, \ldots, r+1)$ は

$$\widetilde{\pi}_i^{(r)} = \begin{cases} \dfrac{\pi_i^{(r)}}{\pi_0^{(r)} + \rho}, & i = 0, \ldots, r \\ 1 - \dfrac{1}{\pi_0^{(r)} + \rho}, & i = r + 1 \end{cases} \tag{3.24}$$

で与えられる [*6]．ただし，$\pi_i^{(r)}$ $(i = 0, \ldots, r)$ は退去時点における定常状態確率である．

*6) 式 (3.24) を Cooper-Gebhardt の関係式という．

証明　PASTA の性質により，損失確率は $\widetilde{\pi}_{r+1}^{(r)}$ で与えられる．また，フィンチの公式 (1.15) より，システムに入ることを許された客が到着直前に見出す条件付き系内客数分布は，退去直後の系内客数分布に等しいため

$$\pi_i^{(r)} = \frac{\widetilde{\pi}_i^{(r)}}{1-\widetilde{\pi}_{r+1}^{(r)}}, \quad i = 0, 1, \ldots, r$$

が成り立つので，到着時点の客数分布は

$$\widetilde{\pi}_i^{(r)} = \left(1-\widetilde{\pi}_{r+1}^{(r)}\right)\pi_i^{(r)}, \quad i = 0, 1, \ldots, r \tag{3.25}$$

と表せる．一方，実効到着率が $\lambda\bigl(1-\widetilde{\pi}_{r+1}^{(r)}\bigr)$，平均サービス時間が $1/\mu$ であるので，リトルの法則からシステムの利用率は $\rho\bigl(1-\widetilde{\pi}_{r+1}^{(r)}\bigr)$ で与えられる．したがって，任意時点で系が空である確率は $1-\rho\bigl(1-\widetilde{\pi}_{r+1}^{(r)}\bigr)$ となり，PASTA の性質から式 (3.25) で $i=0$ とおいた式に等しくなければならない．すなわち

$$1-\rho\left(1-\widetilde{\pi}_{r+1}^{(r)}\right) = \left(1-\widetilde{\pi}_{r+1}^{(r)}\right)\pi_0^{(r)}$$

が成り立つ．これよりただちに $\widetilde{\pi}_{r+1}^{(r)}$ を得るので，式 (3.25) より $i=0,\ldots,r$ に対する結果がしたがう．　□

Cooper-Gebhardt の関係式 (3.24) は，退去時点と到着（任意）時点の定常状態確率の間の関係を示しているに過ぎないため，$\{\widetilde{\pi}_i^{(r)}\}$ を求めるには，まず $\{\pi_i^{(r)}\}$ を計算する必要がある．Riordan (1962) は補助変数法を用いて，より直接的に $\{\widetilde{\pi}_i^{(r)}\}$ を計算する方法を示した [*7]．

定理 3.7　$M/G/1/r$ 待ち行列の到着（任意）時点における定常状態確率 $\widetilde{\pi}_i^{(r)}$ $(i=0,\ldots,r+1)$ は

$$\widetilde{\pi}_i^{(r)} = \begin{cases} c_i\widetilde{\pi}_0^{(r)}, & i = 0, \ldots, r \\ \left(\rho-(1-\rho)\displaystyle\sum_{j=1}^{r} c_j\right)\widetilde{\pi}_0^{(r)}, & i = r+1 \end{cases} \tag{3.26}$$

で与えられる．ただし

$$\widetilde{\pi}_0^{(r)} = \left[1+\rho\sum_{i=0}^{r} c_i\right]^{-1} \tag{3.27}$$

---

*7)　証明については藤木・雁部 (1980), pp. 308–311 を参照のこと．

であり，$\{c_i\}_{i\geq 0}$ は母関数

$$C(z) \equiv \sum_{i=0}^{\infty} c_i z^i = \frac{P(z)}{1-\rho} = \frac{(1-z)\gamma(z)}{\gamma(z)-z}, \quad |z| \leq 1 \tag{3.28}$$

によって定義される数列である．

母関数の数値的逆変換に関しては安定した解法が知られているため *8)，到着（任意）時点の定常状態確率 $\{\widetilde{\pi}_i^{(r)}\}$ を求めるには，母関数 $C(z)$ を直接数値的に逆変換した方が効率的である．

$M/G/1/r$ 待ち行列に対しても，定理 2.12 と類似の次の結果が成立する．

定理 3.8　$\rho < 1$ のとき，$M/G/1/r$ 待ち行列の到着（任意）時点における定常状態確率 $\widetilde{\pi}_i^{(r)}$ $(i = 0, \ldots, r+1)$ は

$$\widetilde{\pi}_i^{(r)} = \begin{cases} \dfrac{\pi_i^{(\infty)}}{1 - \rho \displaystyle\sum_{j=r+1}^{\infty} \pi_j^{(\infty)}}, & i = 0, \ldots, r \\[2em] \dfrac{(1-\rho) \displaystyle\sum_{j=r+1}^{\infty} \pi_j^{(\infty)}}{1 - \rho \displaystyle\sum_{j=r+1}^{\infty} \pi_j^{(\infty)}}, & i = r+1 \end{cases} \tag{3.29}$$

と表せる．

証明　$M/G/1/r$ 待ち行列の退去直後の定常状態確率 $\{\pi_i^{(r)}\}$ は再帰式 (3.23) を満たすから，$\rho < 1$ のとき，初期値として $\pi_0^{(r)} := \pi_0^{(\infty)}$ を選べば，この再帰式から生成される数列に関して $\pi_i^{(r)} = \pi_i^{(\infty)}$ $(i = 0, \ldots, r)$ となる．さらに，$q \equiv \sum_{j=0}^{r} \pi_j^{(r)} = \sum_{j=0}^{r} \pi_j^{(\infty)} > 0$ とおくと，$\{\pi_i^{(r)}\}$ と $\{\pi_i^{(\infty)}\}$ との間に

$$\pi_i^{(r)} = \frac{1}{q}\,\pi_i^{(\infty)}, \quad i = 0, 1, \ldots, r$$

が成り立つ．この関係式を定理 3.6 に用いることで，$i = 0, \ldots, r$ に対して

$$\widetilde{\pi}_i^{(r)} = \frac{\pi_i^{(r)} q}{\pi_0^{(r)} q + \rho q} = \frac{\pi_i^{(\infty)}}{\pi_0^{(\infty)} + \rho \displaystyle\sum_{j=0}^{r} \pi_j^{(\infty)}}$$

---

*8)　母関数の数値的逆変換法については木村 (2011a), pp. 96–97 を参照のこと．

$i = r+1$ に対して

$$\widetilde{\pi}_{r+1}^{(r)} = 1 - \frac{q}{\pi_0^{(r)} q + \rho q} = 1 - \frac{\sum_{j=0}^{r} \pi_j^{(\infty)}}{\pi_0^{(\infty)} + \rho \sum_{j=0}^{r} \pi_j^{(\infty)}}$$

を得る．これらの式に

$$\pi_0^{(\infty)} = 1 - \rho, \quad \sum_{j=0}^{r} \pi_j^{(\infty)} = 1 - \sum_{j=r+1}^{\infty} \pi_j^{(\infty)}$$

を代入することで定理の結果を得る *9)． □

3.5 $GI/M/1$ 待ち行列

この節では，3.1 節で用いた埋め込みマルコフ連鎖法を適用することで，$GI/M/1$ 待ち行列を解析する．その目的は，$M/G/1$ 待ち行列に対する方法論との共通性を示すことだけではなく，第 5 章への準備も兼ねている．

$GI/M/1$ 待ち行列における到着過程は一般の再生過程である．すなわち，到着時間間隔 $U_n = T_n - T_{n-1}$ ($T_0 \equiv 0$) は互いに独立で同一の一般分布 $F(t) = \mathbb{P}\{U_n \le t\}$ ($t \ge 0$) にしたがう．分布 F は有限の平均 $\mathbb{E}[U_n] = 1/\lambda$ と分散 $\mathbb{V}[U_n] = \sigma_a^2$ をもち，$F(0) = 0$ を仮定する．また，到着分布の変動係数を $c_a = \lambda\sigma_a$ とおく．到着客は先着順にサービスを受ける．第 n 番目の客のサービス時間 S_n は，平均 $1/\mu$ の指数分布にしたがうと仮定する．これまでと同様に，トラヒック密度を $\rho = \lambda/\mu$ とおく．

1.3 節で定義したように，$D(t)$ を時間区間 $(0,t]$ 内の累積退去客数とすると

$$D_n \equiv D(T_n) - D(T_{n-1})$$

は，U_n の間にサービスを終えてシステムを退去した客数を表す．第 n 番目の客の到着時点 T_n 直前の系内客数を $Y_n = N(T_n-)$ とおくと，Y_n と D_n の間には次の簡単な関係式

---

*9) 有限容量の場合の定常状態確率が，無限容量に対するのと同じ再帰式によって状態 0 から逐次計算できる場合は，定理 3.6 を用いなくても，補題 2.11 と同様の方法で直接的に証明できる．

$$Y_n = Y_{n-1} + 1 - D_n, \quad n \geq 1 \tag{3.30}$$

が成り立つ．しかし，D_n は $Y_{n-1}+1$ を超えることができないため，D_n と Y_{n-1} は独立ではない．窓口が稼働中のときは退去時間間隔は指数分布にしたがうため，U_n の間にシステムが空にならなければ，確率変数 D_n はこの期間中にポアソン過程にしたがって退去する仮想的な退去数 D'_n と等価である．このことから，退去数列 $\{D'_n\}_{n\geq 1}$ を用いて

$$Y'_n = (Y'_{n-1} + 1 - D'_n)^+$$

によって生成される確率変数列 $\{Y'_n\}_{n\geq 1}$ もまた $\{Y_n\}$ と等価になり，D'_n と Y'_{n-1} は独立である．したがって，$\{Y_n\}_{n\geq 1}$ は到着時点列 $\{T_n\}$ において系内客数過程 $\{N(t)\}$ に埋め込まれたマルコフ連鎖であることがわかる． D'_n は n に依らないので，$D' \stackrel{\mathrm{d}}{=} D'_n$ が i 人である確率を $d_i = \mathbb{P}\{D' = i\}$ $(i = 0, 1, \ldots)$ とおくと，式 (3.1) と同様にして

$$d_i = \int_0^\infty \frac{(\mu t)^i}{i!} \mathrm{e}^{-\mu t} \mathrm{d}F(t), \quad i \geq 0 \tag{3.31}$$

で与えられる．確率分布 $\{d_i\}$ より，客の到着間の平均退去客数は

$$\mathbb{E}[D] = \int_0^\infty \mu t \sum_{i=1}^\infty \frac{(\mu t)^{i-1}}{(i-1)!} \mathrm{e}^{-\mu t} \mathrm{d}F(t) = \mu \int_0^\infty t \mathrm{d}F(t) = \frac{\mu}{\lambda} = \frac{1}{\rho} \tag{3.32}$$

で与えられる．

埋め込みマルコフ連鎖 $\{Y_n\}$ の状態空間を $\mathcal{S} = \{0, 1, \ldots\}$，推移確率を $p_{ij} = \mathbb{P}\{Y_n = j \mid Y_{n-1} = i\}$ で表すと，以上の議論から

$$p_{ij} = \begin{cases} \mathbb{P}\{D_n \geq i+1\}, & j = 0 \\ \mathbb{P}\{D_n = i+1-j\}, & 1 \leq j \leq i+1 \\ 0, & j > i+1 \end{cases}$$

$$= \begin{cases} \bar{d}_{i+1}, & j = 0 \\ d_{i+1-j}, & 1 \leq j \leq i+1 \\ 0, & j > i+1 \end{cases} \tag{3.33}$$

となる．ただし，$\bar{d}_i = \mathbb{P}\{D \geq i\} = \sum_{j=i}^\infty d_j$ $(i \geq 1)$ である．推移確率行列 $P = (p_{ij})$ は

$$P = \begin{pmatrix} \bar{d}_1 & d_0 & 0 & 0 & \cdots \\ \bar{d}_2 & d_1 & d_0 & 0 & \cdots \\ \bar{d}_3 & d_2 & d_1 & d_0 & \cdots \\ \bar{d}_4 & d_3 & d_2 & d_1 & \cdots \\ \vdots & \ddots & \ddots & \ddots & \ddots \end{pmatrix}$$

と表される．P は既約で非周期的であるから，命題 A.13 より定常分布は存在すれば一意に定まる．

定理 3.9　$GI/M/1$ 待ち行列の到着時点の定常状態確率は，$\rho < 1$ のとき

$$\widetilde{\pi}_i = (1-\zeta)\zeta^i, \quad i \geq 0 \tag{3.34}$$

で与えられる．ただし，ζ は方程式

$$z = F^*\big(\mu(1-z)\big), \quad z \in (0,1) \tag{3.35}$$

の唯一の根であり，$F^*(\theta) = \mathbb{E}\big[\mathrm{e}^{-\theta U}\big]$ $(\theta \in \mathbb{C},\ \mathrm{Re}(\theta) > 0)$ は到着分布 F の LST である．

証明　到着時点における定常分布 $\widetilde{\boldsymbol{\pi}} = (\widetilde{\pi}_0\ \widetilde{\pi}_1\ \ \widetilde{\pi}_2\ \cdots)$ に対する定常方程式 $\widetilde{\boldsymbol{\pi}} = \widetilde{\boldsymbol{\pi}}P$ を書き下すと

$$\widetilde{\pi}_0 = \sum_{j=0}^{\infty} \bar{d}_{j+1}\widetilde{\pi}_j \tag{3.36}$$

$$\widetilde{\pi}_i = \sum_{j=0}^{\infty} d_j \widetilde{\pi}_{j+i-1}, \quad i \geq 1 \tag{3.37}$$

となる．この方程式の解の形を，ある定数 $\zeta \in (0,1)$ に対して

$$\widetilde{\pi}_i = (1-\zeta)\zeta^i, \quad i \geq 0$$

と仮定し，確率分布 $\{d_i\}$ の PGF を $\varphi(z) = \mathbb{E}\big[z^D\big]$ $(|z| < 1,\ z \in \mathbb{C})$ とおくと，式 (3.37) は $\zeta = \varphi(\zeta)$ と等価である．一方，式 (3.36) の右辺に $\widetilde{\pi}_i = (1-\zeta)\zeta^i$ を代入すると

$$
\begin{aligned}
\sum_{j=0}^{\infty}\bar{d}_{j+1}\widetilde{\pi}_j &= (1-\zeta)\sum_{j=0}^{\infty}\sum_{i=j+1}^{\infty} d_i\zeta^j = (1-\zeta)\sum_{i=1}^{\infty} d_i\sum_{j=0}^{i-1}\zeta^j \\
&= \sum_{i=1}^{\infty} d_i(1-\zeta^i) = \sum_{i=0}^{\infty} d_i(1-\zeta^i) = 1-\varphi(\zeta)
\end{aligned}
$$

となるため，$\zeta=\varphi(\zeta)$ であれば式 (3.36) の左辺と一致し，$\widetilde{\pi}_i=(1-\zeta)\zeta^i$ は式 (3.36), (3.37) の両方を満たす解となることが示された．式 (3.31) より

$$
\begin{aligned}
\varphi(z) &= \int_0^{\infty}\sum_{i=0}^{\infty}\frac{(\mu zt)^i}{i!}\mathrm{e}^{-\mu t}\mathrm{d}F(t) = \int_0^{\infty}\mathrm{e}^{-\mu(1-z)t}\mathrm{d}F(t) \\
&= \mathbb{E}\big[\mathrm{e}^{-\mu(1-z)U}\big] = F^*\big(\mu(1-z)\big)
\end{aligned}
$$

と表すことができるので，ζ は方程式 (3.35) の根であることも示された．この根の唯一性については

$$
\varphi'(z)=\mathbb{E}\big[\mu U\mathrm{e}^{-\mu(1-z)U}\big]>0, \qquad \varphi''(z)=\mathbb{E}\big[(\mu U)^2\mathrm{e}^{-\mu(1-z)U}\big]>0
$$

より $\varphi(z)$ は z に関して単調増加凸関数であり，$\varphi(0)=d_0>0$, $\varphi(1)=1$ より，$\varphi'(1)>1$ であることが方程式 $z=\varphi(z)$ が $z\in(0,1)$ に唯一の根をもつための必要十分条件である．$\varphi'(1)=\mu\mathbb{E}[U]=\mu/\lambda=1/\rho$ より，この条件は $\rho<1$ に他ならず，よって定理は証明された． □

定理 3.10 $GI/M/1$ 待ち行列の任意時点の定常状態確率は，$\rho<1$ のとき

$$
\pi_i = \begin{cases} 1-\rho, & i=0 \\ \rho(1-\zeta)\zeta^{i-1}, & i\geq 1 \end{cases} \tag{3.38}
$$

で与えられる．ただし，ζ は方程式 $z=F^*\big(\mu(1-z)\big)$ の $z\in(0,1)$ における唯一の根である．

証明 ある十分に長い区間 $(0,T)$ において，$N(t)=i-1$ $(t\in(0,T),\ i\geq 1)$ のときに到着する条件付き平均到着回数は $\lambda T\widetilde{\pi}_{i-1}$ となる．客の到着時に N は $i-1$ から i へ上向きにジャンプする．したがって，単位時間あたりの上昇率は $\lambda\widetilde{\pi}_{i-1}$ で与えられる．一方，区間 $(0,T)$ の間に $N(t)=i\geq 1$ を観測する時間は平均 $\pi_i T$ である．$N=i$ である期間にサービス中の客は率 μ でサービスを

終え，N は i から $i-1$ へ下向きにジャンプする．このようなジャンプが起きる平均回数は $\mu\pi_i T$ となるので，単位時間あたりの下降率は $\mu\pi_i$ となる．長時間平均の意味では，上昇率と下降率は平衡がとれていなければならないので

$$\lambda\widetilde{\pi}_{i-1} = \mu\pi_i, \quad i \geq 1$$

が成り立つ．これより，$i \geq 1$ に対して $\pi_i = \rho\widetilde{\pi}_{i-1} = \rho(1-\zeta)\zeta^{i-1}$ が成り立ち，π_0 は正規化条件 $\sum_{i=0}^{\infty} \pi_i = 1$ より導かれる． □

$M/M/s$ 待ち行列に対する定理 2.5 の証明と同様にして，次の定理を得る．

定理 3.11 定常状態における $GI/M/1$ 待ち行列の待ち時間分布は，$\rho < 1$ のとき

$$\mathbb{P}\{W \leq t\} = 1 - \zeta \mathrm{e}^{-\mu(1-\zeta)t}, \quad t \geq 0 \tag{3.39}$$

で与えられる．

式 (3.39) より，$GI/M/1$ 待ち行列の待ち時間の平均と分散は

$$\mathbb{E}[W] = \frac{\zeta}{\mu(1-\zeta)}, \qquad \mathbb{V}[W] = \frac{\zeta(2-\zeta)}{\{\mu(1-\zeta)\}^2}$$

と導かれる．

演 習 問 題

問題 3.1 サービス時間分布が 2 次の超指数分布 (H_2)

$$H(t) = 1 - p_1\mathrm{e}^{-\mu_1 t} - p_2\mathrm{e}^{-\mu_2 t}, \quad t \geq 0,\ p_1, p_2 \geq 0,\ p_1 + p_2 = 1$$

で与えられるとき，ポラチェック・ヒンチンの公式を用いて $M/H_2/1$ 待ち行列の定常状態確率を求めよ．

問題 3.2 $M/G/1$ 待ち行列の定常状態における待ち時間の分散が

$$\mathbb{V}[W] = \frac{\lambda\mathbb{E}[S^3]}{3(1-\rho)} + (\mathbb{E}[W])^2$$

となることを示せ．

問題 3.3 一般の $GI/G/1$ 待ち行列の定常状態における待ち時間と仮待ち時間を確率変数 W と V で表し，それらの LST を，$\theta \in \mathbb{C}$ ($\mathrm{Re}(\theta) > 0$) に対して，$W^*(\theta) = \mathbb{E}\big[\mathrm{e}^{-\theta W}\big]$, $V^*(\theta) = \mathbb{E}\big[\mathrm{e}^{-\theta V}\big]$ とする．このとき，次の問いに答えよ．

(1) 率保存則を用いて，関係式

$$V^*(\theta) = 1 - \rho + \rho W^*(\theta) H_e^*(\theta) \tag{3.40}$$

が成り立つことを証明せよ．ただし，$H_e^*(\theta)$ はサービス時間分布 H の平衡分布 H_e の LST であり，式 (3.13) で与えられる．

(2) 式 (3.40) より，ブルメルの公式 (1.18) を導け．

(3) 式 (3.40) より，式 (3.12) で与えられる $M/G/1$ 待ち行列の待ち時間分布の LST を導け．

CHAPTER 4

$M/G/s$ 待ち行列

前章で扱った $M/G/1$ 待ち行列の場合，サービス終了直後の系内客数に着目することで，系内客数過程 $\{N(t)\}_{t\geq 0}$ の埋め込みマルコフ連鎖を用いた解析が可能であった．しかし，$M/G/s$ 待ち行列 $(s \geq 2)$ の場合は，無記憶性のある $M/M/s$ 待ち行列を除いて，系内客数の情報に加えて任意時点における各窓口での経過サービス時間あるいは残余サービス時間などについての客の情報が必要となる．これらの情報を与える変数を**補助変数** (supplementary variable) という．補助変数として，例えば，時刻 t における窓口 i での残余サービス時間 $V_i(t)$ $(i = 1, \ldots, s)$ を用いると，システムの状態は多変数過程

$$\{N(t), V_1(t), \ldots, V_s(t)\}, \quad t \geq 0$$

によって記述する必要がある．サービス時間が一定の $M/D/s$ 待ち行列の場合，ある時刻にサービス中の客は一定サービス時間後にはすべて退去するため，補助変数を用いることなしに解析が可能であるが，マルコフ性を見出せない一般サービス時間分布の場合は，明示的な解を得ることは困難である．このため，$M/G/s$ 待ち行列に対しては，これまで数多くの発見的な近似解が提案されてきた (Kimura (1994, 2011b))．

本章では，まず $M/D/s$ 待ち行列に対して厳密解を与える．この古典的な結果は，それ自体が有用であると同時に，$M/G/s$ 待ち行列の近似においても重要な役割を果たす．$M/G/\infty$ 待ち行列がサービス時間分布に関して頑健性をもつように，$M/G/s$ 待ち行列についても様々な漸近的性質が知られている．これらの性質との整合性の観点から，定常状態における平均待ち時間の近似と任意（到着）時点における定常状態確率の近似を体系的に紹介する．

4.1 $M/D/s$ 待ち行列

客は到着率 $\lambda\ (>0)$ のポアソン過程にしたがって到着すると仮定する．到着客は $s\ (\geq 1)$ 個の窓口のいずれかで，先着順に一定時間 $D \equiv 1/\mu$ のサービスを受ける．式 (3.1) より，サービス中に i 人の客が到着する確率 a_i は

$$a_i = \int_0^\infty \frac{(\lambda t)^i}{i!} \mathrm{e}^{-\lambda t} \delta(t - D) \mathrm{d}t = \frac{a^i}{i!} \mathrm{e}^{-a}, \quad i \geq 0$$

で与えられる．ただし，$\delta(\cdot)$ はディラックのデルタ関数 (Dirac delta function) であり，$a = \lambda/\mu = \lambda D$ である．以下では $\rho = \lambda D/s < 1$ を仮定する．系内客数過程を $\{N(t)\}_{t\geq 0}$，その状態確率を $\pi_i(t) = \mathbb{P}\{N(t) = i\}\ (i \geq 0)$ と表す．時刻 t でサービス中の客は，時刻 $t+D$ にはすべて退去していることに注意すると，時刻 $t+D$ にシステム内にいる客は，時間区間 $(t, t+D]$ に到着した客か，あるいは時刻 t ですでにサービスを待っていた客に他ならない．したがって，$N(t)$ に関して条件付けすることで

$$\pi_i(t + D) = a_i \sum_{j=0}^{s} \pi_j(t) + \sum_{j=s+1}^{s+i} a_{i+s-j} \pi_j(t), \quad i \geq 0,\ t \geq 0 \tag{4.1}$$

を得る．$\rho < 1$ のとき，式 (4.1) の両辺で $t \to \infty$ とすることで，定常状態確率 $\pi_i \equiv \lim_{t\to\infty} \pi_i(t)$ が方程式

$$\pi_i = a_i \sum_{j=0}^{s} \pi_j + \sum_{j=1}^{i} a_{i-j} \pi_{s+j}, \quad i \geq 0 \tag{4.2}$$

を満たすことがわかる．確率分布 $\{\pi_i\}$ の PGF を

$$P(z) = \mathbb{E}\big[z^N\big] = \sum_{i=0}^{\infty} \pi_i z^i, \quad z \in \mathbb{C},\ |z| < 1$$

と定義する．このとき，Crommelin (1932) による次の定理が成り立つ．

定理 4.1　$\rho < 1$ のとき，$M/D/s$ 待ち行列の定常状態確率の PGF は

$$P(z) = \frac{(s-a)(z-1)}{z^s \mathrm{e}^{a(1-z)} - 1} \prod_{i=1}^{s-1} \frac{z - z_i}{1 - z_i} \tag{4.3}$$

で与えられる．ただし，z_i $(i = 1, \ldots, s-1)$ は超越方程式

$$z^s \mathrm{e}^{a(1-z)} - 1 = 0, \quad |z| \le 1 \tag{4.4}$$

の $z = 1$ 以外の $s - 1$ 個の根である．

証明　$z \in \mathbb{C}$ $(|z| < 1), i \ge 0$ に対して

$$P_i(z) = \sum_{j=0}^{i} \pi_j z^j, \qquad P_i = \lim_{z \to 1} P_i(z) = \sum_{j=0}^{i} \pi_j$$

とおく．このとき，式 (4.2) より

$$P(z) = \frac{P_{s-1} z^s - P_{s-1}(z)}{z^s \mathrm{e}^{a(1-z)} - 1}, \quad |z| < 1 \tag{4.5}$$

を得る．PGF に対する正規化条件 $\lim_{z \to 1} P(z) = 1$ より，ロピタルの定理 (l'Hôpital's rule) を用いて関係式

$$s - a = \sum_{j=0}^{s-1} (s - j)\pi_j = \sum_{j=0}^{s-1} P_j \tag{4.6}$$

が導かれる．$0 \le \pi_i \le 1$ より，PGF $P(z)$ は単位円内 $|z| < 1$ で正則かつ有界な関数であり，式 (4.5) 右辺の分母の零点は分子の s 個の零点と一致する必要がある．したがって，分母の零点を与える超越方程式 (4.4) の s 個の根を $z_0 = 1$, z_i $(i = 1, \ldots, s-1)$ とおくと，K を定数として

$$P_{s-1} z^s - P_{s-1}(z) = K \prod_{i=0}^{s-1} (z - z_i) \tag{4.7}$$

と表せる．両辺の z^s の係数を比較することで，$K = P_{s-1}$ となる．さらに，式 (4.7) の両辺を z で微分して $z \to 1$ とし，式 (4.6) を用いると

$$K = \frac{s - a}{\prod_{i=1}^{s-1} (1 - z_i)}$$

と定まるので，定理が証明された．□

系 4.2

$$\pi_0 = P(0) = (-1)^{s-1}(s - a) \prod_{i=1}^{s-1} \frac{z_i}{1 - z_i} \tag{4.8}$$

$s=1$ のときは，式 (4.3) は例 3.2 で示したポラチェック・ヒンチンの公式による結果と一致することに注意しよう．式 (4.3) より，$\rho<1$ のとき，$M/D/s$ 待ち行列の平均系内客数は

$$\mathbb{E}[N]=\lim_{z\to 1}P'(z)=\frac{s-(s-a)^2}{2(s-a)}+\sum_{i=1}^{s-1}\frac{1}{1-z_i} \tag{4.9}$$

で与えられる．リトルの法則を用いて，平均待ち時間は

$$\mathbb{E}[W]=\frac{1}{\lambda}(\mathbb{E}[N]-a)=\frac{D}{a}\left\{\frac{a^2-s(s-1)}{2(s-a)}+\sum_{i=1}^{s-1}\frac{1}{1-z_i}\right\} \tag{4.10}$$

となる．

定理 4.3 定常状態における $M/D/s$ 待ち行列の行列長を Q で表す．$\rho<1$ のとき，Q の PGF は

$$Q(z)\equiv\mathbb{E}\left[z^Q\right]=\frac{(s-a)(z-1)}{z^s-\mathrm{e}^{-a(1-z)}}\prod_{i=1}^{s-1}\frac{z-z_i}{1-z_i} \tag{4.11}$$

で与えられる．

証明 $Q=(N-s)^+$ を用いて

$$\begin{aligned}Q(z)&=\sum_{i=0}^{s-1}\pi_i+\sum_{i=s}^{\infty}\pi_i z^{i-s}=z^{-s}\left\{P(z)+P_{s-1}z^s-P_{s-1}(z)\right\}\\&=z^{-s}\left\{P(z)+(s-a)(z-1)\prod_{i=1}^{s-1}\frac{z-z_i}{1-z_i}\right\}\end{aligned}$$

より与式を得る． □

系 4.4

$$\mathbb{P}\{Q=0\}=Q(0)=(-1)^{s-1}(s-a)\mathrm{e}^a\prod_{i=1}^{s-1}\frac{z_i}{1-z_i}=\mathrm{e}^a\pi_0 \tag{4.12}$$

Pollaczek (1930a) は，ある分配サービス規律を用いて，根 $\{z_i\}$ を含まない公式

$$\mathbb{P}\{Q=0\}=\exp\left\{-\sum_{i=1}^{\infty}\frac{1}{i}\sum_{j=is+1}^{\infty}\frac{(ia)^j}{j!}\mathrm{e}^{-a}\right\} \tag{4.13}$$

を導出している．

◇超越方程式の数値解法

超越方程式 (4.4) の単位円周上もしくは内部にある $z = 1$ 以外の $s-1$ 個の根を求めるために $y = \rho z$ とおくと，この問題は超越方程式

$$y\mathrm{e}^{-y} = \rho\mathrm{e}^{-\rho}\exp(2\pi\mathrm{i}k/s), \quad k = 1, \ldots, s-1, \quad \mathrm{i} = \sqrt{-1}$$

の根 $\{y_k\}$ を求める問題に帰着される．極座標 $y = r\mathrm{e}^{\mathrm{i}\theta}$ を代入して，実部と虚部を分離すると，(r, θ) に関する 2 元連立方程式

$$\begin{cases} r\mathrm{e}^{-r\cos\theta} = \rho\mathrm{e}^{-\rho} \\ \theta - r\sin\theta = \dfrac{2\pi k}{s} \end{cases} \tag{4.14}$$

が得られる．$k = 1, \ldots, s-1$ に対して，この連立方程式 (4.14) を反復法で解いて得られる根 y_k から $z_k = y_k/\rho$ が計算できる．

定理 4.5　$\rho < 1$ のとき，$M/D/s$ 待ち行列の定常状態において

$$\mathbb{P}\{W = 0\} = (s-a)\prod_{i=1}^{s-1}\frac{1}{1-z_i} \tag{4.15}$$

が成り立つ．

証明　PASTA の性質から

$$\mathbb{P}\{W = 0\} = \sum_{i=0}^{s-1}\pi_i = P_{s-1} = \frac{s-a}{\prod_{i=1}^{s-1}(1-z_i)} \tag{4.16}$$

となる．□

系 4.6

$$\pi_s = (s-a)\left\{(-1)^{s-1}\mathrm{e}^a\prod_{i=1}^{s-1}\frac{z_i}{1-z_i} - \prod_{i=1}^{s-1}\frac{1}{1-z_i}\right\}$$

$\mathbb{P}\{W = 0\}$ と平均待ち時間に対して，Pollaczek (1930b) は根 $\{z_i\}$ を含まない公式 *1)

---

*1) Crommelin (1934) が根を含む公式との等価性を証明したため，クロメリン・ポラチェックの公式 (Crommelin-Pollaczek formula) とよばれる．

$$\mathbb{P}\{W=0\}=\exp\left\{-\sum_{i=1}^{\infty}\frac{1}{i}\sum_{j=is}^{\infty}\frac{(ia)^j}{j!}\mathrm{e}^{-ia}\right\} \tag{4.17}$$

$$\mathbb{E}[W]=D\sum_{i=1}^{\infty}\mathrm{e}^{-ia}\sum_{j=is+1}^{\infty}\left\{\frac{(ia)^{j-1}}{(j-1)!}-\frac{s}{a}\frac{(ia)^j}{j!}\right\} \tag{4.18}$$

を導出した．超越方程式の根を含まないことでコーディングが容易な反面，無限級数の収束の遅いことが報告されている．

定理 4.7 $\rho<1$のとき, $M/D/s$待ち行列の待ち時間分布のLSTは, $\mathrm{Re}(\theta)>0$に対して

$$W^*(\theta)=\mathbb{E}\left[\mathrm{e}^{-\theta W}\right]=\frac{(s-a)\lambda^{s-1}\theta}{\lambda^s\mathrm{e}^{-D\theta}-(\lambda-\theta)^s}\prod_{i=1}^{s-1}\left(1-\frac{\theta}{\lambda(1-z_i)}\right) \tag{4.19}$$

で与えられる．

証明 Q と W の間の分布版リトルの法則 $\mathbb{E}\left[z^Q\right]=\mathbb{E}\left[\mathrm{e}^{-\lambda(1-z)W}\right]$ を式 (4.11) に適用し，$W^*(\theta)=Q(1-\theta/\lambda)$ $(\mathrm{Re}(\theta)>0)$ により与式を得る． □

Crommelin (1932) は待ち時間分布 $W(t)=\mathbb{P}\{W\le t\}$ に対する明示的な公式を導出している．

定理 4.8 $\rho<1$ のとき，$M/D/s$ 待ち行列の待ち時間分布は

$$W(t)=\sum_{i=0}^{s-1}\pi_i\sum_{j=0}^{k}\frac{\{-\lambda(t-jD)\}^{(j+1)s-1-i}}{((j+1)s-1-i)!}\mathrm{e}^{\lambda(t-jD)},\quad kD\le t<(k+1)D \tag{4.20}$$

で与えられる．

4.2 平均待ち時間の近似

4.2.1 漸近的性質

定常状態を想定し，$\rho=\lambda/s\mu<1$ を仮定する．これまでと同様に，$M/G/s$ 待ち行列の定常状態における任意時点での系内客数を確率変数 N で表し，その状態確率を $\pi_i=\mathbb{P}\{N=i\}$ $(i\ge 0)$ とする．定常状態における行列長を

$Q=(N-s)^+$，待ち時間を W で表す．これらの特性量の分布を求めることは難しいが，システムへの負荷が非常に軽いとき (i.e., $\rho \to 0$) と，逆に非常に重いとき (i.e., $\rho \to 1$) については，特性量の漸近的な挙動に関する極限定理が知られている．軽負荷時の $M/G/s$ 待ち行列に対しては，次の極限定理が成り立つ．

定理 4.9 (Burman and Smith (1983))

$$\lim_{\lambda\to 0}\frac{\pi_i}{\lambda\pi_{i-1}}=\frac{1}{i\mu},\quad i=1,\ldots,s \tag{4.21}$$

$$\lim_{\lambda\to 0}\frac{\pi_{s+1}}{\lambda\pi_s}=a(s) \tag{4.22}$$

$$\lim_{\lambda\to 0}\frac{\mathbb{E}[W]}{\mathbb{P}\{W>0\}}=a(s) \tag{4.23}$$

ただし

$$a(s)=\int_0^\infty\{1-H_e(t)\}^s\mathrm{d}t,\quad s\geq 1 \tag{4.24}$$

定理 4.10 (Miyazawa (1986))

$$\lim_{\lambda\to 0}\frac{\rho\pi_{s-1}-\pi_s}{\lambda\pi_s}=a(s)-\frac{1}{s\mu} \tag{4.25}$$

一方，重負荷時の $GI/G/s$ 待ち行列に対しては，次の極限定理が成り立つ．

定理 4.11 (Köllerström (1974))

$$\lim_{\rho\to 1}\mathbb{P}\{W\leq t\}\approx 1-\exp\left\{-\frac{2\lambda(1-\rho)}{c_a^2+\rho^2c_s^2}\,t\right\},\quad t\gg 0 \tag{4.26}$$

$$\lim_{\rho\to 1}(1-\rho)\mathbb{E}[W]=\frac{c_a^2+c_s^2}{2s\mu} \tag{4.27}$$

ただし，c_a, c_s (≥ 0) は，それぞれ，到着時間間隔分布とサービス時間分布の変動係数を表す．

以下では，$M/G/s$ 待ち行列のサービス時間分布の一般性を明示するために，$W\equiv W(G)$ と表し，式 (3.15) と同様に，平均待ち時間を $\mathbb{E}[W(G)]\equiv EW(G)$ と表す．また，$M/G/s$ 待ち行列と $M/M/s$ 待ち行列に対する平均待ち時間の比

$$R(G)=\frac{EW(G)}{EW(M)}$$

を導入する．平均待ち時間 $EW(G)$ は，軽・重負荷時には自明な振る舞い

$$\lim_{\rho\to 0} EW(G) = 0, \qquad \lim_{\rho\to 1} EW(G) = +\infty$$

しか示さないが，$R(G)$ については自明でない漸近的性質をもつ．

定理 4.12

$$R(G)\Big|_{s=1} = \tfrac{1}{2}(1+c_s^2), \qquad \lim_{\rho\to 0} R(G) = s\mu a(s)$$

$$\lim_{s\to\infty} R(G) = 1, \qquad \lim_{\rho\to 1} R(G) = \tfrac{1}{2}(1+c_s^2)$$

証明　$s=1$ のときは式 (3.15) よりただちにしたがう．$s\to\infty$ に対しては，$M/G/\infty$ 待ち行列の頑健性（2.1.3 項）よりしたがう．また，式 (4.21) より

$$\mathbb{P}\{W(G)>0\} \approx s\mu EW(M), \quad \lambda\to 0$$

が成り立つので，式 (4.23) より

$$a(s) = \lim_{\rho\to 0}\frac{EW(G)}{\mathbb{P}\{W>0\}} = \frac{1}{s\mu}\lim_{\rho\to 0} R(G)$$

となり，$\rho\to 0$ に対する結果を得る．さらに，式 (4.27) より

$$\lim_{\rho\to 1} R(G) = \lim_{\rho\to 1}\frac{(1-\rho)EW(G)}{(1-\rho)EW(M)} = \tfrac{1}{2}(1+c_s^2)$$

が導かれる． □

軽負荷時の $M/G/s$ 待ち行列の挙動を示す関数 $a(s)$ $(s\geq 1)$ は，以下の性質をもつ．

補題 4.13

$$a(1) = \frac{1+c_s^2}{2\mu}, \qquad \lim_{s\to\infty} s\mu a(s) = 1$$

証明　$s=1$ に対しては，式 (2.19) より

$$\begin{aligned} a(1) &= \int_0^\infty \{1-H_e(t)\}\mathrm{d}t = \int_0^\infty t\mathrm{d}H_e(t) = \mu\int_0^\infty t\{1-H(t)\}\mathrm{d}t \\ &= \mu\int_0^\infty t\int_t^\infty h(u)\mathrm{d}u\mathrm{d}t = \mu\int_0^\infty h(u)\int_0^u t\mathrm{d}t\mathrm{d}u = \frac{\mu}{2}\mathbb{E}[S^2] = \frac{1+c_s^2}{2\mu} \end{aligned}$$

となる．また，$H(0)=0$ のとき，有界収束定理により

$$\lim_{s\to\infty} s\mu a(s) = \lim_{s\to\infty} \mu \int_0^\infty \left\{1 - H_e\left(\tfrac{t}{s}\right)\right\}^s \mathrm{d}t$$
$$= \mu \int_0^\infty \lim_{s\to\infty} \left\{1 - \frac{\mu t}{s} + o(\tfrac{1}{s})\right\}^s \mathrm{d}t = \int_0^\infty \mu \mathrm{e}^{-\mu t}\mathrm{d}t = 1$$

が成り立ち，与式が示された． □

補題 4.14

$$a(s) = \begin{cases} \dfrac{1}{s\mu}, & H\text{：指数分布のとき} \\ \dfrac{1}{(s+1)\mu}, & H\text{：一定分布のとき} \end{cases}$$

$EW(G)$ を近似する際に，関数 $a(s)$ の積分計算は近似の明示性・簡便性という点から障害になる．Kimura (1986a) は $a(s)$ の **2 モーメント近似** (two-moment approximation)

$$a(s) \approx \frac{1}{\mu}\left(s + \frac{1-c_s^2}{1+c_s^2}\right)^{-1} \tag{4.28}$$

を提案している．近似式 (4.28) は補題 4.13, 4.14 の結果と整合し，数値検証により，特に $c_s^2 \in [0,2]$ のときに高い近似精度をもつことが確かめられている．さらに，Kimura (1986a) は変動係数に応じた適当な分布のあてはめによる近似も提案している．具体的には，$c_s^2 \le 1$ に対してはずらし**指数分布** (shifted exponential distribution; M^d)

$$H(t) = \begin{cases} 1 - \mathrm{e}^{-\upsilon(t-d)}, & t \ge d \\ 0, & t < d \end{cases} \tag{4.29}$$

を用いる．ただし，平均と変動係数のマッチングから，パラメータ (υ, d) は

$$\upsilon = \frac{\mu}{c_s}, \qquad d = \frac{1-c_s}{\mu} > 0$$

で与えられる．このとき

$$a(s) = \frac{c_s^{s+1}}{s\mu} + \frac{1-c_s^{s+1}}{(s+1)\mu} \tag{4.30}$$

と明示的に表され，補題 4.14 の結果の**内挿近似** (interpolation approximation) に相当する．$c_s^2 > 1$ に対しては 2 次の超指数分布 (H_2) をあてはめることで，$a(s)$ に対する明示的な表現を得ることができる（問題 4.2）．

4.2.2 代表的な近似

$M/G/s$ 待ち行列の平均待ち時間 $EW(G)$ に対する近似は，次の 2 種類に大別できる．

(i) 定常状態確率 $\{\pi_i\}_{i\geq 0}$ に対する近似の副産物として得られる近似
(ii) 既知の厳密解を極限定理などとの整合性を満たすように組合せ・修正することで得られる近似

(ii) の近似を得るためのアプローチは，**システム内挿** (systems interpolation) とよばれる [*2]．(i) に属する近似解は，有限容量の場合などへの拡張が比較的容易で柔軟性がある反面，厳密解が既知である $EW(D)$ との整合性を満たさず，精度的には (ii) に及ばないことが多い．一方，(ii) に属する近似解は整合度を高めることで (i) よりは安定した近似精度を有しているが，発見的な導出法に依存しているために拡張が難しいことが知られている．平均待ち時間 $EW(G)$ だけに着目すれば，(i) の近似解が (ii) で得られた近似解と結果的に一致する場合もある．

$EW(G)$ に対しては，これまでに非常に数多くの近似とその修正・改良版が提案されているが，本書では上記種別 (i) と (ii) に属する各 3 種類の代表的な近似について紹介する．種別 (i) に属する近似としては，Hokstad (1978), Tijms et al. (1981), Miyazawa (1986) による近似が知られている．すなわち

- Hokstad (1978) の近似：

$$EW^{(\mathrm{H})}(G) = \tfrac{1}{2}(1+c_s^2)EW(M)$$

- Tijms et al. (1981) (Case A) の近似：

$$EW^{(\mathrm{T})}(G) = \left\{\frac{\rho}{2}(1+c_s^2) + (1-\rho)s\mu a(s)\right\} EW(M)$$

- Miyazawa (1986) (Case 2) の近似：

$$EW^{(\mathrm{M})}(G) = \frac{s\mu a(s)}{\rho s\mu a(s) + 1 - \rho}\left\{\frac{\rho}{2}(1+c_s^2) + 1 - \rho\right\} EW(M)$$

---

*2) システム内挿近似の詳細については Kimura (1994) を参照のこと．

である．これらのうち，Hokstad (1978) の近似は，(ii) のアプローチによってより早い時期に得られた Lee and Longton (1957) の近似と一致するが，有限容量への拡張（4.4 節）を考慮して，(i) に分類することとした．また，Tijms et al. (1981) と Miyazawa (1986) はともに 3 種類の異なった近似を提案しているが，Hokstad (1978) の近似と等価であったり，計算が複雑な近似については除外した．

種別 (ii) に属する近似としては，Björklund and Elldin (1964), Boxma et al. (1979), Kimura (1986a) による近似が知られている．すなわち

- Björklund and Elldin (1964) の近似：

$$EW^{(\mathrm{E})}(G) = c_s^2 EW(M) + (1 - c_s^2) EW(D)$$

- Boxma et al. (1979) の近似：

$$EW^{(\mathrm{B})}(G) = \frac{1 + c_s^2}{\dfrac{2b(s)}{EW(M)} + \dfrac{1 - b(s)}{EW(D)}}$$

ただし，$b(1) = 1$,

$$b(s) = \frac{s+1}{s-1}\left\{\frac{1 + c_s^2}{(s+1)\mu a(s)} - 1\right\}, \quad s \geq 2$$

- Kimura (1986a) の近似：

$$EW^{(\mathrm{K})}(G) = \frac{1 + c_s^2}{\dfrac{2c_s^2}{EW(M)} + \dfrac{1 - c_s^2}{EW(D)}}$$

である．ここで，$EW(D)$ は $M/D/s$ 待ち行列の平均待ち時間を表し，式 (4.10) あるいは式 (4.18) によって計算する．明らかに，$c_s^2 = 0$ のとき Björklund and Elldin (1964) と Kimura (1986a) の近似は $EW(D)$ と整合している．また，補題 4.14 より Boxma et al. (1979) の近似も $EW(D)$ と整合することが確かめられる．Björklund and Elldin (1964) の近似は $EW(M)$ と $EW(D)$ の内挿近似に相当し，その単純さゆえに多くの研究者によって「再発見」され，Page (1972) の近似式とよばれることもある．Boxma et al. (1979) と Kimura (1986a) の近似は，$EW(M)$ と $EW(D)$ の**重み付き調和平均** (weighted harmonic mean) に相当する．

関数 $a(s)$ の存在が近似の簡便性に大きく影響するように，種別 (ii) の近似に現れる $EW(D)$ もまた使いやすさに大きく影響する．特に，式 (4.10) によって $EW(D)$ を計算する場合，超越方程式の複素根の計算が必要となる．また，二重無限級数表現をもつ式 (4.18) は収束が遅いことが知られている．このため，(ii) に属する近似をより使いやすいものにするには，$EW(D)$ についても精度の高い近似が望まれる．$M/D/s$ 待ち行列に対する Tijms et al. (1981) と Miyazawa (1986) の近似もその候補となりうるが，$EW(D)$ についてはさらに高い精度をもつ近似が知られている．すなわち

- Cosmetatos (1975) の近似：

$$EW^{(\mathrm{C})}(D) = \tfrac{1}{2}\{1 + f(s,\rho)\}EW(M)$$

ただし

$$f(s,\rho) = \frac{(1-\rho)(s-1)(\sqrt{4+5s}-2)}{16s\rho}$$

- Kimura (1994) の近似：

$$EW^{(\mathrm{K})}(D) = \tfrac{1}{2}\{1 + f(s,\rho)g(s,\rho)\}EW(M)$$

ただし

$$g(s,\rho) = 1 - \exp\left\{-\frac{s-1}{(s+1)f(s,\rho)}\right\}$$

である．Kimura (1994) の近似は Cosmetatos (1975) の近似に修正係数 $g(s,\rho)$ を乗じた形をしているが，g の定義の中に元の近似解の一部である f を取り込む複雑な構造をもち，このことが後述するように $\rho \to 0$, $s \to \infty$ のときの解の安定性に寄与している．

表 4.1 は，これら近似を平均待ち時間比 $R(G) = EW(G)/EW(M)$ の形式でまとめたものである．種別 (i) に属する 3 種類の近似は $EW(D)$ と整合しないので，$EW(D)$ に対しては近似解を与えるにとどまる．表 4.1 の $R(D)$ の列ではこれらの近似も表示している．表 4.1 の右端列では，定理 4.12 で示された s および ρ に関する漸近的性質との整合性をチェックしている．チェック済みボックス ☑ は整合性があることを意味する．

表 4.1　$M/G/s$ 待ち行列の平均待ち時間に対する近似のまとめ

開発者	記号	$R(G)$	$R(D)$	$s=1$	$s\to\infty$	$\rho\to 1$	$\rho\to 0$
Hokstad (1978)	$R^{(\mathrm{H})}(\cdot)$	$\frac{1}{2}(1+c_s^2)$	$\frac{1}{2}$	☑	□	☑	□
Tijms et al. (1981), Case A	$R^{(\mathrm{T})}(\cdot)$	$\frac{\rho}{2}(1+c_s^2)+(1-\rho)s\mu a(s)$	$\frac{1}{2}\left\{1+\frac{(1-\rho)(s-1)}{s+1}\right\}$	☑	□	☑	☑
Miyazawa (1986), Case 2	$R^{(\mathrm{M})}(\cdot)$	$\frac{\frac{\rho}{2}(1+c_s^2)+1-\rho}{\rho s\mu a(s)+1-\rho}s\mu a(s)$	$\frac{1}{2}\left\{1+\frac{(1-\rho)(s-1)}{s+1-\rho}\right\}$	☑	□	☑	☑
Björklund and Elldin (1964)	$R^{(\mathrm{E})}(G)$	$c_s^2+(1-c_s^2)R(D)$	—	☑	☑	☑	□
Boxma et al. (1979)	$R^{(\mathrm{B})}(G)$	$\frac{(1+c_s^2)R(D)}{2b(s)R(D)+1-b(s)}$	—	☑	☑	☑	☑
Kimura (1986a)	$R^{(\mathrm{K})}(G)$	$\frac{(1+c_s^2)R(D)}{2c_s^2R(D)+1-c_s^2}$	—	☑	☑	☑	□
Cosmetatos (1975)	$R^{(\mathrm{C})}(D)$	—	$\frac{1}{2}\{1+f(s,\rho)\}$	☑	□	☑	□
Kimura (1994)	$R^{(\mathrm{K})}(D)$	—	$\frac{1}{2}\{1+f(s,\rho)g(s,\rho)\}$	☑	☑	☑	☑

ただし，$a(s)=\int_0^\infty \{1-H_e(t)\}^s\,\mathrm{d}t,\quad s\geq 1$

$$b(s)=\begin{cases}1, & s=1\\ \dfrac{s+1}{s-1}\left\{\dfrac{1+c_s^2}{(s+1)\mu a(s)}-1\right\}, & s\geq 2\end{cases}$$

$$\begin{cases}f(s,\rho)=\dfrac{(1-\rho)(s-1)(\sqrt{4+5s}-2)}{16s\rho}\\ g(s,\rho)=1-\exp\left\{-\dfrac{s-1}{(s+1)f(s,\rho)}\right\}\end{cases}$$

定理 4.12 で示された漸近的性質に関して，すべての近似が $s=1$ と $\rho \to 1$ では厳密解と整合していることがわかる．また，$s \to \infty$ のとき，種別 (i) に属する 3 種類の近似すべてが厳密解と整合しないのに対して，(ii) に属する近似はすべて整合しているのは対照的である．さらに，すべての漸近的性質に整合し，$EW(D)$ とも整合しているのは Boxma et al. (1979) の近似のみであることがわかる．漸近的性質との整合性が所与の (s, ρ) に対する近似精度に直結している訳ではないが，極端な状況でも安心して使える保証を与えていると考えられる．また，補題 4.13 で示された漸近的性質 $\lim_{s\to\infty} s\mu a(s) = 1$ より，$\lim_{s\to\infty} b(s) = c_s^2$ が成り立つので，窓口数 s がある大きさ以上 (e.g., $s \geq 10$) では，Boxma et al. (1979) の近似は Kimura (1986a) の近似とほとんど差がないことが多くの数値実験により実証されている．例えば，Begin and Brandwajn (2013) は，極端なサービス時間分布を想定する 4 種類のストレス・テストの結果として，Boxma et al. (1979) と Kimura (1986a) の近似を推奨している．

$EW(D)$ に対する Cosmetatos (1975) の近似は

$$\lim_{s\to\infty} R^{(C)}(D) = \infty, \qquad \lim_{\rho\to 0} R^{(C)}(D) = \infty$$

となり，厳密解

$$\lim_{s\to\infty} R(D) = 1, \qquad \lim_{\rho\to 0} R(D) = \frac{s}{s+1} < 1$$

と整合しない．ただ，$s \to \infty$ あるいは $\rho \to 0$ といった状況では $EW(D) \approx 0$ であり，これまでその誤差については，実用上問題視されなかった．しかし，$R(D)$ を $R(G)$ に対する近似に使用し整合性を維持するためには，$R^{(C)}(D)$ の発散は修正されるべき課題であり，その 1 つの解答が Kimura (1994) の近似 $R^{(K)}(D)$ である．$R^{(K)}(D)$ は Kimura (1991) で提案された $EW(D)$ に対する高精度近似の簡約版に相当するが，定理 4.12 で示されたすべての漸近的性質と整合しており，実用上はこれで十分である．

以上より，定理 4.12 で示された漸近的性質をすべて満たす近似としては，$R^{(K)}(D)$ を $R^{(B)}(G)$ とを組合わせることで得られる**分布依存近似** (distribution-dependent approximation)

$$EW(G) \approx \frac{1+c_s^2}{2b(s) + \dfrac{1-b(s)}{R^{(K)}(D)}} EW(M) \tag{4.31}$$

が推奨され, 積分項 $a(s)$ を含まないという簡便性を重視するのであれば, $R^{(\mathrm{K})}(D)$ を $R^{(\mathrm{K})}(G)$ とを組合わせた 2 モーメント近似

$$EW(G) \approx \frac{1+c_s^2}{2c_s^2 + \dfrac{1-c_s^2}{R^{(\mathrm{K})}(D)}} EW(M) \tag{4.32}$$

が推奨される.

4.3 定常状態確率の近似

4.3.1 代表的な近似

定常状態確率 $\{\pi_i\}_{i\geq 0}$ の代表的な近似として，補助変数法に基づく Hokstad (1978) の近似，更新過程 (regenerative process) の考え方に基づく Tijms et al. (1981) の近似，そして無限容量と有限容量に対する定常状態確率間の関係式に基づく Kimura (1996a) の近似を紹介する．すなわち，$\rho < 1$ のとき

- Hokstad (1978) の近似：

  $i = 0, \ldots, s-1$ に対しては

$$\pi_i^{(\mathrm{H})} = \frac{a^i}{i!}\pi_0^{(\mathrm{H})}, \qquad \pi_0^{(\mathrm{H})} = \left[\sum_{i=0}^{s-1}\frac{a^i}{i!} + \frac{a^s}{s!}\frac{1}{1-\rho}\right]^{-1}$$

  $i \geq s$ に対しては，母関数

$$\Pi^{(\mathrm{H})}(z) \equiv \sum_{i=s}^{\infty}\pi_i^{(\mathrm{H})} z^{i-s} = \frac{1-\gamma(z)}{\gamma(z)-z}\pi_{s-1}^{(\mathrm{H})}, \quad |z| \leq 1$$

  で与えられる．ただし，$M/G/1$ 待ち行列で用いた記号の自然な拡張として

$$\gamma(z) = H^*\bigl(\lambda(1-z)/s\bigr), \quad |z| \leq 1$$

  と定義する（3.1.2 項）.

- Tijms et al. (1981) (Case A) の近似：

$$\pi_i^{(\mathrm{T})} = \begin{cases} \dfrac{a^i}{i!}\pi_0^{(\mathrm{T})}, & i = 1, \ldots, s-1 \\ \lambda\alpha_{i-s}\pi_{s-1}^{(\mathrm{T})} + \lambda\displaystyle\sum_{j=s}^{i}\beta_{i-j}\pi_j^{(\mathrm{T})}, & i \geq s \end{cases}$$

ただし，$\pi_0^{(\mathrm{T})}$ は正規化条件 $\sum_{i=0}^{\infty} \pi_i^{(\mathrm{T})} = 1$ によって決定され (定理 4.19)，再帰式の係数 $\{\alpha_i, \beta_i\}_{i \geq 0}$ は次式で与えられる．

$$\alpha_i = \int_0^{\infty} \{1 - H_e(t)\}^{s-1} \{1 - H(t)\} \mathrm{e}^{-\lambda t} \frac{(\lambda t)^i}{i!} \mathrm{d}t$$

$$\beta_i = \int_0^{\infty} \{1 - H(st)\} \mathrm{e}^{-\lambda t} \frac{(\lambda t)^i}{i!} \mathrm{d}t$$

- Kimura (1996a) の近似：

$$\pi_i^{(\mathrm{K})} = \begin{cases} \dfrac{a^i}{i!} \pi_0^{(\mathrm{K})}, & i = 1, \ldots, s-1 \\ \dfrac{a^s}{s!} \dfrac{1-\zeta}{1-\rho} \zeta^{i-s} \pi_0^{(\mathrm{K})}, & i \geq s \end{cases}$$

ただし

$$\pi_0^{(\mathrm{K})} = \left[\sum_{i=0}^{s-1} \frac{a^i}{i!} + \frac{a^s}{s!} \frac{1}{1-\rho} \right]^{-1}, \qquad \zeta = \frac{\rho R(G)}{1 - \rho + \rho R(G)}$$

Hokstad (1978) の近似は母関数表示されているので，$\{\pi_i\}$ を求めるためには，何らかの数値的逆変換を行う必要がある．一方，Tijms et al. (1981) の近似は再帰式で与えられるため，積分表現をもつ係数 $\{\alpha_i, \beta_i\}$ を解析的もしくは数値的に決定し，$M/G/1$ 待ち行列の場合と同様に，適当な初期値 $\pi_0 > 0$ から逐次的に π_i を定め，条件 $\sum_{i=0}^{\infty} \pi_i = 1$ を満たすように正規化する手順が必要となる．これらの近似と比べると，Kimura (1996a) の近似は明示的な式で与えられているため，$R(G)$ に対する適切な近似を用いることで容易に計算可能であるという特徴をもっている．

Hokstad (1978) と Tijms et al. (1981) の近似の間には密接な関係がある．Tijms et al. (1981) は Hokstad (1978) と等価な近似 Case B を導いている．その結果から，Hokstad (1978) の近似は次のように表すことができる．

定理 4.15 (Tijms et al. (1981))

$$\pi_i^{(\mathrm{H})} = \begin{cases} \dfrac{a^i}{i!} \pi_0^{(\mathrm{H})}, & i = 1, \ldots, s-1 \\ \lambda \beta_{i-s} \pi_{s-1}^{(\mathrm{H})} + \lambda \displaystyle\sum_{j=s}^{i} \beta_{i-j} \pi_j^{(\mathrm{H})}, & i \geq s \end{cases} \tag{4.33}$$

明らかに，$\alpha_i = \beta_i$ $(i \geq 0)$ のとき Hokstad (1978) と Tijms et al. (1981) の近似は一致するので，ただちに次の 2 つの系を得る．

系 4.16 $s = 1$ のとき，$\pi_i^{(\mathrm{H})} = \pi_i^{(\mathrm{T})}$ $(i \geq 0)$ である．

系 4.17 $\mathcal{H} = \{H : \{1 - H_e(t)\}^s = 1 - H_e(st),\, t \geq 0\}$ とする．このとき，$H \in \mathcal{H}$ に対して，$\pi_i^{(\mathrm{H})} = \pi_i^{(\mathrm{T})}$ $(i \geq 0)$ である．

例 4.1 $\nu \in [0, 1]$ に対して，指数分布と原点における確率質量 (probability mass) を，それぞれ，確率 ν と $1 - \nu$ で混合した分布を一般化指数分布 (generalized exponential distribution) とよび，記号 M_ν で表す．平均 μ^{-1}，変動係数 $c_s^2 \geq 1$ をもつサービス時間分布 H が M_ν にしたがうならば

$$H(t) = 1 - \nu \mathrm{e}^{-\nu\mu t}, \qquad \nu = \frac{2}{1 + c_s^2} \leq 1 \tag{4.34}$$

で与えられる．このとき，$H \in \mathcal{H}$ である．

Hokstad (1978) の近似は次のように表すこともできる．

定理 4.18

$$\pi_i^{(\mathrm{H})} = \begin{cases} \dfrac{a^i}{i!}\, \pi_0^{(\mathrm{H})}, & i = 1, \ldots, s-1 \\ \big(h_{i-s} - h_{i-s-1}\big)\pi_{s-1}^{(\mathrm{H})}, & i \geq s \end{cases} \tag{4.35}$$

ただし，$h_{-1} = 1$, $\{h_i\}_{i \geq 0}$ は母関数

$$H(z) \equiv \sum_{i=0}^{\infty} h_i z^i = \frac{1}{\gamma(z) - z}, \quad |z| \leq 1 \tag{4.36}$$

によって定義される数列である．

証明 $h_{-1} = 1$ とおくことで

$$\Pi^{(\mathrm{H})}(z) = (1 - z)H(z) - 1 = \sum_{i=0}^{\infty}(h_i - h_{i-1})z^i \tag{4.37}$$

となるので与式がしたがう． □

$\{\pi_i^{(\mathrm{T})}\}_{i \geq s}$ に対する再帰式より，母関数

$$\Pi^{(\mathrm{T})} \equiv \sum_{i=s}^{\infty} \pi_i^{(\mathrm{T})} z^{i-s} = \frac{\lambda\alpha(z)}{1-\lambda\beta(z)} \pi_{s-1}^{(\mathrm{T})}$$

が導かれる．ただし，$|z| \le 1$ に対して

$$\alpha(z) = \sum_{i=0}^{\infty} \alpha_i z^i = \int_0^{\infty} \{1 - H_e(t)\}^{s-1} \{1 - H(t)\} \mathrm{e}^{-\lambda(1-z)t} \mathrm{d}t$$

$$\beta(z) = \sum_{i=0}^{\infty} \beta_i z^i = \int_0^{\infty} \{1 - H(st)\} \mathrm{e}^{-\lambda(1-z)t} \mathrm{d}t$$

である．このとき，LST の基本的性質から

$$\beta(z) = \frac{1-\gamma(z)}{\lambda(1-z)}, \quad |z| \le 1$$

が成り立つので，$\Pi^{(\mathrm{T})}(z)$ は

$$\Pi^{(\mathrm{T})}(z) = \frac{1-\gamma(z)}{\gamma(z)-z} \frac{\alpha(z)}{\beta(z)} \pi_{s-1}^{(\mathrm{T})} \tag{4.38}$$

と書き換えられる．Kimura (2000) は，Tijms et al. (1981) の近似も定理 4.18 と類似の表現をもつことを証明した．

定理 4.19

$$\pi_i^{(\mathrm{T})} = \begin{cases} \dfrac{a^i}{i!} \pi_0^{(\mathrm{T})}, & i = 1, \ldots, s-1 \\ \left(t_{i-s} - t_{i-s-1}\right) \pi_{s-1}^{(\mathrm{T})}, & i \ge s \end{cases} \tag{4.39}$$

ただし

$$\pi_0^{(\mathrm{T})} = \left[\sum_{i=0}^{s-1} \frac{a^i}{i!} + \frac{a^s}{s!} \frac{1}{1-\rho} \right]^{-1} \tag{4.40}$$

であり，$t_{-1} = 0$, $\{t_i\}_{i \ge 0}$ は母関数

$$T(z) \equiv \sum_{i=0}^{\infty} t_i z^i = \frac{\lambda\alpha(z)}{\gamma(z)-z}, \quad |z| \le 1$$

によって定義される数列である．

証明　関数 $H(z)$ に対応させて，$\Pi^{(\mathrm{T})}(z) = \big((1-z)V(z) - 1\big)\pi_{s-1}^{(\mathrm{T})}$ を満たすように関数 $V(z)$ を定義すると，式 (4.38) より

$$V(z) = \frac{1}{1-z}\left[1 + \frac{\alpha(z)}{\beta(z)}\frac{1-\gamma(z)}{\gamma(z)-z}\right] = \frac{1}{1-z} + \frac{\lambda\alpha(z)}{\gamma(z)-z} = \sum_{i=0}^{\infty}(1+t_i)z^i$$

となる．$\{\pi_i^{(\mathrm{H})}\}$ における $\{h_i; i \geq -1\}$ は，$\{\pi_i^{(\mathrm{T})}\}$ における $\{1+t_i; i \geq -1\}$ に対応するので，式 (4.39) が導かれる．$\pi_0^{(\mathrm{T})}$ は正規化条件

$$\begin{aligned}1 &= \pi_0^{(\mathrm{T})}\sum_{i=0}^{s-1}\frac{a^i}{i!} + \Pi^{(\mathrm{T})}(1) = \pi_0^{(\mathrm{T})}\left[\sum_{i=0}^{s-1}\frac{a^i}{i!} + \frac{\lambda\alpha(1)}{1-\lambda\beta(1)}\frac{a^{s-1}}{(s-1)!}\right]\\ &= \pi_0^{(\mathrm{T})}\left[\sum_{i=0}^{s-1}\frac{a^i}{i!} + \frac{a^s}{s!}\frac{s\mu\alpha(1)}{1-\lambda\beta(1)}\right]\end{aligned}$$

から導かれるが，$\alpha(z)$, $\beta(z)$ の定義から

$$\begin{aligned}\beta(1) &= \int_0^\infty \{1-H(st)\}\mathrm{d}t = \frac{1}{s\mu}\\ \alpha(1) &= \int_0^\infty \{1-H_e(t)\}^{s-1}\{1-H(t)\}\mathrm{d}t\\ &= -\frac{1}{s\mu}\int_0^\infty \frac{\mathrm{d}}{\mathrm{d}t}\left[\{1-H_e(t)\}^s\right]\mathrm{d}t = -\frac{1}{s\mu}\left[\{1-H_e(t)\}^s\right]_0^\infty = \frac{1}{s\mu}\end{aligned}$$

より与式を得る． □

定理 4.18 および定理 4.19 における母関数によって定まる数列を用いた表現は，有限容量 $M/G/s$ 待ち行列の定常状態確率の近似においても有用である．また，これらの母関数は，$M/G/1$ 待ち行列の解析においても示したように，数値的に安定したアルゴリズムで逆変換できる．

系 4.20　$M/G/s$ 待ち行列の待ち確率 $\mathbb{P}\{W > 0\}$ に対する Hokstad (1978), Tijms et al. (1981), Kimura (1996a) の近似は，すべてアーラン C 式 $C(s,a)$ と一致する．

証明　これらの近似では，系が空である確率がすべて $M/M/s$ 待ち行列の厳密解 $\pi_0 \equiv \pi_0(M)$ と一致しているので

$$\pi_i^{(\mathrm{H})} = \pi_i^{(\mathrm{K})} = \pi_i(M) \equiv \frac{a^i}{i!}\pi_0(M), \quad i = 0, \ldots, s-1$$

が成り立つ．したがって，PASTA の性質から，これらの近似では待ち確率はアーラン C 式 (2.5)，すなわち，$C(s,a)$ と一致する． □

定理 4.21　$M/G/1$ 待ち行列に対して，Hokstad (1978) と Tijms et al. (1981) の近似は厳密解を与える．

証明　$\psi_i \equiv \pi_i/\pi_0$ とおくと，ポラチェック・ヒンチンの公式 (3.7) より

$$\Psi(z) = \sum_{i=0}^{\infty} \psi_i z^i = \frac{(1-z)\gamma(z)}{\gamma(z)-z}, \quad |z| \le 1$$

で与えられる．$s=1$ のとき，$\alpha(z) = \beta(z)$ となるので

$$\Psi(z) = 1 + z(1-z)T(z), \quad |z| \le 1$$

すなわち，$\psi_i = t_{i-1} - t_{i-2}$ $(i \ge 1)$ が成り立つ．したがって，定理 4.19 より，Tijms et al. (1981) の近似は厳密解と一致し，系 4.16 より題意が成り立つ．□

定理 4.22　$M/G/s$ 待ち行列に対する Kimura (1996a) の近似は，軽負荷時の極限に関する定理 4.9 および定理 4.10 の漸近的性質 (4.21), (4.22), (4.23), (4.25) をすべて満たす．

証明　性質 (4.21) については自明である．その他の漸近的性質については，定理 4.12 で示された漸近的性質 $\lim_{\rho\to 0} R(G) = s\mu a(s)$ を用いて

$$\lim_{\lambda\to 0} \frac{\pi_{s+1}^{(\mathrm{K})}}{\lambda \pi_s^{(\mathrm{K})}} = \lim_{\lambda\to 0} \frac{\zeta}{\lambda} = \frac{1}{s\mu} \lim_{\rho\to 0} R(G) = a(s)$$

$$\lim_{\lambda\to 0} \frac{\mathbb{E}[W]}{\mathbb{P}\{W>0\}} = \lim_{\lambda\to 0} \frac{R(G)EW(M)}{C(s,a)} = \lim_{\rho\to 0} \frac{R(G)}{s\mu(1-\rho)} = a(s)$$

$$\lim_{\lambda\to 0} \frac{\rho\pi_{s-1}^{(\mathrm{K})} - \pi_s^{(\mathrm{K})}}{\lambda \pi_s^{(\mathrm{K})}} = \lim_{\lambda\to 0} \frac{\zeta-\rho}{\lambda(1-\zeta)} = \frac{1}{s\mu} \lim_{\rho\to 0} (R(G)-1) = a(s) - \frac{1}{s\mu}$$

と示すことができる．□

表 4.2 は，$M/G/s$ 待ち行列の定常状態確率に対する 3 種類の近似について，$M/G/1$ 待ち行列に対する厳密解および軽負荷時の漸近的性質との整合性をまとめたものである．軽負荷時の漸近的性質については式番号で示している．また，チェック済みボックス ☑ は整合性があることを意味する．

表 4.2　$M/G/s$ 待ち行列の定常状態確率に対する近似の整合度比較

開発者	記号	$M/G/1$	(4.21)	(4.22)	(4.23)	(4.25)
Hokstad (1978)	$\pi_i^{(\mathrm{H})}$	☑	☑	□	□	□
Tijms et al. (1981), Case A	$\pi_i^{(\mathrm{T})}$	☑	☑	☑	☑	□
Kimura (1996a)	$\pi_i^{(\mathrm{K})}$	□	☑	☑	☑	☑

4.3.2　待ち時間分布

定常状態における待ち行列長 Q と待ち時間 W との間の分布版リトルの法則

$$\mathbb{E}\big[z^Q\big] = \mathbb{E}\big[\mathrm{e}^{-\lambda(1-z)W}\big], \quad |z| \le 1$$

を用いて，待ち時間分布の LST は

$$W^*(\theta) \equiv \mathbb{E}\big[\mathrm{e}^{-\theta W}\big] = \mathbb{E}\big[z^Q\big]\Big|_{z=1-\theta/\lambda}, \quad \mathrm{Re}(\theta) > 0 \tag{4.41}$$

によって導出できる．系 4.20 で示したように，前項の定常状態確率に対する 3 種類の近似については，$\pi_i^{(\mathrm{X})} = \pi_i(M)$ $(i = 0, \ldots, s-1,\ \mathrm{X} = \mathrm{H}, \mathrm{T}, \mathrm{K})$ であったから，関係式

$$\mathbb{E}\big[z^Q\big] = 1 - C(s,a) + \Pi^{(\mathrm{X})}(z), \qquad \pi_{s-1}^{(\mathrm{X})} = \frac{1-\rho}{\rho}C(s,a)$$

が成り立つ．以上より，$\rho < 1$ のとき，$\theta \in \mathbb{C}$ $(\mathrm{Re}(\theta) > 0)$ に対して，待ち時間分布の LST に対する各種近似は次のように与えられる．

- Hokstad (1978) の近似：

$$W^{*(\mathrm{H})}(\theta) = 1 - C(s,a) + C(s,a)\frac{1-\rho}{\rho}\,\frac{\lambda\big(1 - H^*(\theta/s)\big)}{\theta - \lambda\big(1 - H^*(\theta/s)\big)} \tag{4.42}$$

- Tijms et al. (1981) (Case A) の近似：

$$\begin{aligned} W^{*(\mathrm{T})}(\theta) &= 1 - C(s,a) \\ &\quad + C(s,a)(1-\rho)\theta\,\frac{1 - \theta\int_0^\infty \{1 - H_e(t)\}^s \mathrm{e}^{-\theta t}\mathrm{d}t}{\theta - \lambda\big(1 - H^*(\theta/s)\big)} \end{aligned} \tag{4.43}$$

- Kimura (1996a) の近似：

$$W^{*(\mathrm{K})}(\theta) = 1 - C(s,a) + C(s,a)\frac{\lambda(\zeta^{-1}-1)}{\theta + \lambda(\zeta^{-1}-1)}$$

となるので，ζ の定義と解析的逆変換により

$$W^{(\mathrm{K})}(t) = 1 - C(s,a)\exp\left\{-\frac{s\mu(1-\rho)t}{R(G)}\right\}, \quad t \geq 0 \tag{4.44}$$

4.3.3 漸近的減衰率

Kimura (1996a) の近似は

$$\pi_i^{(\mathrm{K})} = \begin{cases} \dfrac{a^i}{i!}\left[\displaystyle\sum_{j=0}^{s-1}\frac{a^j}{j!} + \frac{a^s}{s!(1-\rho)}\right]^{-1}, & i = 0,\ldots,s-1 \\ C(s,a)(1-\zeta)\zeta^{i-s}, & i \geq s \end{cases} \tag{4.45}$$

と書き換えられる．これは $\pi_i^{(\mathrm{K})}$ $(i \geq s)$ が幾何的に減衰することを意味している．減衰パラメータ ζ の決め方は一意ではない．Kimura (1996a) においては 4.2.2 項で示した平均待ち時間 $EW(G)$ との一致を目的として

$$\zeta = \frac{\rho R(G)}{1 - \rho + \rho R(G)}$$

と定めている．このとき，式 (4.44) より

$$EW^{(\mathrm{K})} \equiv \int_0^\infty \{1 - W^{(\mathrm{K})}(t)\}\mathrm{d}t = \frac{C(s,a)}{s\mu(1-\rho)}R(G) = EW(G)$$

が確かめられる．

しかし，$M/G/s$ 待ち行列をモデルとする設計問題において希少事象を扱う場合は，定常状態確率の裾の挙動が解の精度に大きく影響する [*3]．情報通信における最適バッファ設計問題（4.5 節）では，損失確率に対して 10^{-10} オーダーの設計が要求されることも珍しくないため，Kimura (1996b) では ζ を漸近的に正確な**減衰率** (decay rate) と一致させている．$M/G/s$ 待ち行列の漸近的減衰率に関して次の結果が知られている．

[*3] $PH/PH/s$ 待ち行列に対する減衰率の詳細については Takahashi (1981) を参照のこと．

定理 4.23 方程式

$$\gamma(z) - z = 0, \quad z > 1 \tag{4.46}$$

を満たす最小根を ξ (> 1) とし，$\zeta \equiv \xi^{-1}$ (< 1) と定義する．$M/PH/s$ 待ち行列に対して

$$\lim_{n\to\infty} \zeta^{-n}\pi_n = K$$

を満たす定数 $K > 0$ が存在する．

漸近的減衰率 ζ は母関数 $\sum_{i=s}^{\infty} \pi_i z^{i-s}$ の分母の零点によって定まることに注意すると，次の結果は明らかである．

系 4.24 $M/G/s$ 待ち行列の定常状態確率に対する Hokstad (1978) と Tijms et al. (1981) の近似は，漸近的に正確な減衰率をもつ．

例 **4.2** — $M/M_\nu/s$

$H(0) = 1 - \nu \neq 0$ より

$$H^*(\theta) = \frac{\nu^2\mu}{\nu\mu + \theta} + 1 - \nu$$

を得る．方程式 (4.46) に代入して得られる 2 次方程式

$$(z-1)\{\rho z - \rho - (1-\rho)\nu\} = 0$$

の $z > 1$ 満たす解を用いて

$$\zeta = \frac{1}{\xi} = \frac{\rho}{\rho + (1-\rho)\nu}$$

を得る．$\nu = 1$ とおくと，$M/M/s$ に対する解 $\zeta = \rho$ が導かれる．

例 **4.3** — $M/E_2/s$

$$H^*(\theta) = \left(\frac{2\mu}{2\mu + \theta}\right)^2 = \left(1 + \frac{\theta}{2\mu}\right)^{-2}$$

を方程式 (4.46) に代入して得られる 3 次方程式

$$(z-1)\{\rho^2 z^2 - \rho(4+\rho)z + 4\} = 0$$

の $z>1$ を満たす最小解を用いて

$$\zeta = \frac{1}{\xi} = \frac{2\rho}{4+\rho-\sqrt{\rho(8+\rho)}}$$

を得る.

4.4 有限容量 $M/G/s$ 待ち行列に対する近似

待合室の大きさが $r<\infty$ である $M/G/s/r$ 待ち行列を考える. $s=1$ の場合はすでに 3.4 節で解析し, 厳密解を得ている (定理 3.7). 以下では, 特に断らない限り前節と同じ記号を用いて, 無限容量の $M/G/s$ 待ち行列に対する近似を有限容量の場合に拡張した Hokstad (1978), Tijms and van Hoorn (1982), Kimura (1996a) の近似を紹介する.

- Hokstad (1978) の近似:

$$\pi_i^{(\mathrm{H})} = \begin{cases} \dfrac{a^i}{i!}\pi_0^{(\mathrm{H})}, & i=1,\ldots,s-1 \\ \bigl(h_{i-s}-h_{i-s-1}\bigr)\pi_{s-1}^{(\mathrm{H})}, & i=s,\ldots,s+r-1 \\ \bigl(1-(1-\rho)h_{r-1}\bigr)\pi_{s-1}^{(\mathrm{H})}, & i=s+r \end{cases}$$

ただし

$$\pi_0^{(\mathrm{H})} = \left[\sum_{i=0}^{s-1}\frac{a^i}{i!}+\frac{a^s}{s!}h_{r-1}\right]^{-1}$$

- Tijms and van Hoorn (1982) の近似:

$$\pi_i^{(\mathrm{T})} = \begin{cases} \dfrac{a^i}{i!}\pi_0^{(\mathrm{T})}, & i=1,\ldots,s-1 \\ \lambda\alpha_{i-s}\pi_{s-1}^{(\mathrm{T})}+\lambda\displaystyle\sum_{j=s}^{i}\beta_{i-j}\pi_j^{(\mathrm{T})}, & i=s,\ldots,s+r-1 \\ \rho\pi_{s-1}^{(\mathrm{T})}-(1-\rho)\displaystyle\sum_{j=s}^{s+r-1}\pi_j^{(\mathrm{T})}, & i=s+r \end{cases}$$

ただし, $\pi_0^{(\mathrm{T})}$ は正規化条件 $\sum_{i=0}^{\infty}\pi_i^{(\mathrm{T})}=1$ によって決定される.

定理 4.19 と同様に，Kimura (2000) は，Tijms and van Hoorn (1982) の近似が母関数に基づく数列を用いて表現できることを証明した．

定理 4.25

$$\pi_i^{(\mathrm{T})} = \begin{cases} \dfrac{a^i}{i!}\pi_0^{(\mathrm{T})}, & i = 1, \ldots, s-1 \\ \bigl(t_{i-s} - t_{i-s-1}\bigr)\pi_{s-1}^{(\mathrm{T})}, & i = s, \ldots, s+r-1 \\ \bigl(\rho - (1-\rho)h_{r-1}\bigr)\pi_{s-1}^{(\mathrm{T})}, & i = s+r \end{cases}$$

ただし

$$\pi_0^{(\mathrm{T})} = \left[\sum_{i=0}^{s-1}\frac{a^i}{i!} + \frac{a^s}{s!}\bigl(1 - t_{r-1}\bigr)\right]^{-1}$$

また，Riordan (1962) による $M/G/1/r$ 待ち行列に対する厳密解（定理 3.7）と比較することで，定理 4.21 の証明と同様にして，次の定理を得る．

定理 4.26　$M/G/1/r$ 待ち行列に対して，Hokstad (1978) と Tijms and van Hoorn (1982) の近似は厳密解を与える．

証明　式 (3.28) より，定理 3.7 で用いられた数列 $\{c_i\}$ は，定理 4.21 での数列 $\{\psi_i\}$ は同一である．したがって

$$c_i = t_{i-1} - t_{i-2}, \quad i \geq 1$$

が成り立ち，定理 4.25 より，Tijms et al. (1981) の近似は厳密解と一致する．$s = 1$ のとき，系 4.16 で示したように Hokstad (1978) と Tijms and van Hoorn (1982) の近似は一致するので，題意が成り立つ．□

Hokstad (1978) と Tijms and van Hoorn (1982) の近似は，定常状態確率の一部に母関数もしくは再帰式で表される明示的でない部分が含まれている．これに対して，Kimura (1996a) の近似は明示的な式で与えられ，数値計算上の負荷は低い．しかし，$M/M/s/r$ 待ち行列に対する定理 2.12，$M/G/1/r$ 待ち行列に対する定理 3.8 で示された無限容量と有限容量に対する定常状態確率間の関係式に基づいて導かれているため，$\rho \leq 1$ のときにのみ成り立つ．

- Kimura (1996a) の近似：

$$\pi_i^{(\mathrm{K})} = \begin{cases} \dfrac{a^i}{i!}\,\pi_0^{(\mathrm{K})}, & i = 1, \ldots, s-1 \\ \dfrac{a^s}{s!}\dfrac{1-\zeta}{1-\rho}\,\zeta^{i-s}\pi_0^{(\mathrm{K})}, & \rho < 1, \quad i = s, \ldots, s+r-1 \\ \dfrac{s^s}{s!}\dfrac{2}{1+c_s^2}\pi_0^{(\mathrm{K})}, & \rho = 1, \quad i = s, \ldots, s+r-1 \\ \dfrac{a^s}{s!}\zeta^r\pi_0^{(\mathrm{K})}, & i = s+r \end{cases}$$

ただし

$$\pi_0^{(\mathrm{K})} = \begin{cases} \left[\displaystyle\sum_{i=0}^{s-1}\frac{a^i}{i!} + \frac{a^s}{s!}\frac{1-\rho\zeta^r}{1-\rho}\right]^{-1}, & \rho < 1 \\ \left[\displaystyle\sum_{i=0}^{s-1}\frac{s^i}{i!} + \frac{s^s}{s!}\left(1 + \frac{2r}{1+c_s^2}\right)\right]^{-1}, & \rho = 1 \end{cases}$$

有限容量のシステムに固有の特性量としては損失確率がある．PASTA の性質から，$M/G/s/r$ 待ち行列の損失確率は π_{s+r} で与えられる．Kimura (1996a) の近似を用いると，$\rho < 1$ のとき

$$\pi_{s+r}^{(\mathrm{K})} = \frac{a^s}{s!}\zeta^r\left[\sum_{i=0}^{s-1}\frac{a^i}{i!} + \frac{a^s}{s!}\frac{1-\rho\zeta^r}{1-\rho}\right]^{-1} \tag{4.47}$$

で与えられる．なお，ζ として漸近的に正確な減衰率を用いた場合，式 (4.47) は Miyazawa (1986) の結果と一致する．式 (4.47) はアーラン C 式を用いて

$$\pi_{s+r}^{(\mathrm{K})} = \frac{(1-\rho)\zeta^r C(s,a)}{1-\rho\zeta^r C(s,a)} \tag{4.48}$$

と書き換えることができる．

定常状態においては，システムへの実効到着率は（損失客を除いた）平均退去率と一致する (i.e., $\lambda(1-\pi_{s+r}) = \mu\mathbb{E}[\min\{N, s\}]$) ことから

$$\pi_{s+r} = 1 - \frac{1}{s\rho}\left(\sum_{i=1}^{s-1} i\pi_i + s\sum_{i=s}^{s+r}\pi_i\right) \tag{4.49}$$

が成り立つ．

定理 4.27 $\{\pi_i^{(\mathrm{H})}\}, \{\pi_i^{(\mathrm{T})}\}, \{\pi_i^{(\mathrm{K})}\}$ の近似は率保存条件 (4.49) を満たす．

証明 3 種類の近似の一般形を $\{\pi_i^{(\mathrm{X})}\}$ $(\mathrm{X} = \mathrm{H}, \mathrm{T}, \mathrm{K})$ と表す．本節の冒頭で示したように，これらの近似はいずれも

$$\pi_i^{(\mathrm{X})} = \frac{a^i}{i!}\pi_0^{(\mathrm{X})}, \quad i = 1, \ldots, s-1 \tag{4.50}$$

と表されるので

$$i\pi_i^{(\mathrm{X})} = a\pi_{i-1}^{(\mathrm{X})}, \quad i = 1, \ldots, s-1 \tag{4.51}$$

が成り立つ．式 (4.51) を式 (4.49) に代入することで，式 (4.50) を満たす近似式に対しては，率保存条件 (4.49) は

$$\pi_{s+r}^{(\mathrm{X})} = \rho\pi_{s-1}^{(\mathrm{X})} - (1-\rho)\sum_{i=s}^{s+r-1}\pi_i^{(\mathrm{X})} \tag{4.52}$$

と等価であることがわかる．Tijms and van Hoorn (1982) の近似 $\{\pi_i^{(\mathrm{T})}\}$ は確かにこの条件を満たしている．Hokstad (1978) の近似 $\{\pi_i^{(\mathrm{H})}\}$ については

$$\begin{aligned}\rho\pi_{s-1}^{(\mathrm{H})} - (1-\rho)\sum_{i=s}^{s+r-1}\pi_i^{(\mathrm{H})} &= \rho\pi_{s-1}^{(\mathrm{H})} - (1-\rho)\big(h_{r-1} - h_{-1}\big)\pi_{s-1}^{(\mathrm{H})} \\ &= \big(1-(1-\rho)h_{r-1}\big)\pi_{s-1}^{(\mathrm{H})} = \pi_{s+r}^{(\mathrm{H})}\end{aligned}$$

より確認できる．Kimura (1996a) の近似 $\{\pi_i^{(\mathrm{K})}\}$ については，$\rho < 1$ のとき

$$\rho\pi_{s-1}^{(\mathrm{K})} - (1-\rho)\sum_{i=s}^{s+r-1}\pi_i^{(\mathrm{K})} = \rho\pi_{s-1}^{(\mathrm{K})} - \rho(1-\zeta^r)\pi_{s-1}^{(\mathrm{K})} = \rho\zeta^r\pi_{s-1}^{(\mathrm{K})} = \pi_{s+r}^{(\mathrm{K})}$$

$\rho = 1$ のときは，$\lim_{\rho\to 1}\zeta = 1$ より率保存条件 (4.49) が確かめられる． □

4.5 最適バッファ設計問題

情報通信システムや生産システムにおいて，待ち容量を超えたことで失われる客 (パケット，部品など) の割合を，許容レベル以下に抑えるのに必要な最小バッファ (待合室) サイズを決定することは，システムの設計上，非常に重要な問題である．この問題を**最適バッファ設計問題** (optimal buffer design problem)

とよぶ．最適バッファ設計問題を有限容量待ち行列によってモデル化し解くためには，損失確率に対する評価式が必要となる．サービス時間が一般分布にしたがう複数個の並列サービス施設の場合は，前節で紹介した近似が解析ツールとして有用である．特に，最適バッファサイズを何らかの明示的な式で表現するためには，損失確率に対する明示的な評価式を与える Kimura (1996a) の近似が適している．情報通信で要求される厳しい許容レベルを想定して，4.3 節でも述べたように，Kimura (1996a) の近似におけるパラメータ $\zeta \in (0,1)$ としては，定理 4.23 で与えられる漸近的に正確な減衰率を仮定する．ただし，この仮定によって，最適バッファサイズに対する式の表現が変わるわけではなく，数値計算上の近似精度に影響するだけである．以下では，簡単のため，損失確率を P_{loss} と表すことにする．

まず，損失確率 P_{loss} に対する Kimura (1996a) の近似式を少し書き直す．

補題 4.28　$\rho \leq 1$ のとき，$M/G/s/r$ 待ち行列の定常状態における損失確率に対する Kimura (1996a) の近似は

$$P_{loss} \approx \pi^{(\mathrm{K})}_{s+r} = \begin{cases} \dfrac{(1-\rho)\zeta^r B(s,a)}{1-\rho+\rho(1-\zeta^r)B(s,a)}, & \rho < 1 \\[2ex] \dfrac{B(s,s)}{1+\dfrac{2r}{1+c_s^2}B(s,s)}, & \rho = 1 \end{cases} \tag{4.53}$$

で与えられる．ただし，$B(s,a)$ はアーラン B 式を表す．

証明　アーラン B 式と C 式との関係式 (2.42) を式 (4.48) に代入することで，$\rho < 1$ に対する結果がしたがう．$\rho = 1$ に対する結果は，該当する Kimura (1996a) の近似式

$$\pi^{(\mathrm{K})}_{s+r} = \frac{s^s}{s!}\zeta^r \left[\sum_{i=0}^{s-1}\frac{s^i}{i!} + \frac{s^s}{s!}\left(1+\frac{2r}{1+c_s^2}\right)\right]^{-1}$$

よりしたがう．□

最適バッファ設計問題とは，「QoS に基づく許容レベル $\varepsilon \in (0,1)$ に対して，不等式 $P_{loss} \leq \varepsilon$ を満たす最小の整数 $r \geq 0$ を求める」問題である．実際の応用にあたっては，ε の値は限りなく零に近い．しかし，$\rho > 1$ のときに過度に小

さな ε を設定すると，r の最適値が存在しないことがある．第 2 章の演習問題 2.2 で証明したように，$\rho > 1$ のとき，損失確率は下限

$$P_{loss} \geq 1 - \frac{1}{\rho}$$

をもつ．この不等式は一般の $G/G/s/r$ 待ち行列に対して成り立つ．明らかに，もし $\varepsilon \leq 1 - \rho^{-1}$，あるいは等価な表現として

$$\rho \geq \frac{1}{1-\varepsilon} > 1$$

であれば，最適バッファサイズは存在しない．Kimura (1996a) の近似においては $\rho \leq 1$ に制限されているので，この範囲では任意の $\varepsilon \in (0,1)$ に対して r の最適値が常に存在する．

所与の許容レベル ε に対して，Kimura (1996a) の近似による最適バッファサイズ $r_\varepsilon \equiv r_\varepsilon(G)$ を

$$r_\varepsilon(G) = \min\Big\{r \geq 0 \mid \pi_{s+r}^{(\mathrm{K})}(G) \leq \varepsilon\Big\}$$

と定義する．もし許容レベルが損失システム (i.e., $r = 0$) よりも寛容であれば，余分なバッファをもつ必要はないのでただちに次の結果を得る．

補題 4.29　もし $\varepsilon \geq B(s,a)$ であれば，$r_\varepsilon(G) = 0$ である．

補題 4.28 と補題 4.29 より，次の定理が成り立つ．

定理 4.30　$\varepsilon \in (0, B(s,a))$ に対して，最適バッファサイズ r_ε は不等式 $r \geq r_\varepsilon^*$ を満たす最小の整数 r で与えられる．すなわち，$r_\varepsilon = \lceil r_\varepsilon^* \rceil$ である．ただし，$r_\varepsilon^* \equiv r_\varepsilon^*(G)$ を

$$r_\varepsilon^*(G) = \begin{cases} \dfrac{1}{\log\zeta}\log\left[\dfrac{\varepsilon\big(1-\rho+\rho B(s,a)\big)}{B(s,a)(1-\rho+\rho\varepsilon)}\right], & \rho < 1 \\ \dfrac{1+c^2}{2}\left\{\dfrac{1}{\varepsilon} - \dfrac{1}{B(s,s)}\right\}, & \rho = 1 \end{cases} \tag{4.54}$$

と定義する．

証明　不等式 $\pi_{s+r}^{(\mathrm{K})}(G) \leq \varepsilon$ を r について解けばよい．□

$M/M_\nu/s/r$ 待ち行列に対しては，Kimura (1996a) の近似は厳密解と一致する（問題 4.3）ので，定理 4.30 によって得られる $r_\varepsilon(M_\nu)$ は厳密解である．

サービス時間分布が最適バッファサイズに如何に影響するのかを調べるために，$M/G/s$ 待ち行列の平均待ち時間 $EW(G)$ の近似に用いた $M/M/s$ との平均待ち時間比 $R(G) = EW(G)/EW(M)$ のアイディアを適用する．すなわち，$\varepsilon \in (0, B(s,a))$ に対して，$M/M/s/r$ との比 $r_\varepsilon(G)/r_\varepsilon(M)$ に着目する．この整数値の比は切り上げ誤差の範囲で，連続量の比

$$\kappa(G) \equiv \frac{r_\varepsilon^*(G)}{r_\varepsilon^*(M)} = \begin{cases} \dfrac{\log\rho}{\log\zeta}, & \rho < 1 \\ \frac{1}{2}(1 + c_s^2), & \rho = 1 \end{cases} \tag{4.55}$$

で近似できると考えられる．さらに，この近似をより簡便なものにするためには，方程式 (4.46) の根によって定義される減衰率 ζ を直接含まない近似が望まれる．Kimura (1996b) は，$G = M_\nu$ $(c_s^2 = 2, 3, 4)$, $G = E_2$ $(c_s^2 = 0.5)$ に対する数値実験と境界条件 $\lim_{\rho\to 1}\kappa(G) = \frac{1}{2}(1 + c_s^2)$ に基づいて，$\kappa(G)$ の 2 モーメント近似

$$\kappa(G) \approx \kappa^{(\mathrm{K})}(c_s^2) \equiv 1 + \tfrac{1}{2}(c_s^2 - 1)\sqrt{\rho} \tag{4.56}$$

と $\kappa^{(\mathrm{K})}(c_s^2)$ を介した $r_\varepsilon(G)$ の 2 モーメント近似

$$\begin{aligned} r_\varepsilon^{(\mathrm{K})}(c_s^2) &\equiv \mathtt{NINT}\big(\kappa^{(\mathrm{K})}(c_s^2) r_\varepsilon(M)\big) \\ &= r_\varepsilon(M) + \mathtt{NINT}\left(\tfrac{1}{2}(c_s^2 - 1)\sqrt{\rho} r_\varepsilon(M)\right) \end{aligned} \tag{4.57}$$

を提案している．ただし，$\mathtt{NINT}(x)$ は x に最も近い整数を返す関数を表す．2 モーメント近似 $r_\varepsilon^{(\mathrm{K})}(c_s^2)$ は，厳密解 $r_\varepsilon(M)$ とサービス時間の変動係数 c_s^2 から計算することができる．一方，Tijms (1994) は，r_ε に対する別の 2 モーメント近似として，$r_\varepsilon(M)$ と $r_\varepsilon(D)$ との内挿近似

$$r_\varepsilon^{(\mathrm{T})}(c_s^2) = c_s^2 r_\varepsilon(M) + (1 - c_s^2) r_\varepsilon(D) \tag{4.58}$$

を提案している．ここで，$r_\varepsilon(D)$ は $M/D/s/r$ 待ち行列に対する最適バッファサイズの厳密解を表すが，その計算は 4.1 節と同様に容易ではない．

表 4.3 は，$M/E_2/s/r$ 待ち行列の最適バッファサイズに対する厳密解と近似

表 4.3　$M/E_2/s/r$ 待ち行列の最適バッファサイズ

s	ρ	解法	$\varepsilon=10^{-10}$	$\varepsilon=10^{-8}$	$\varepsilon=10^{-6}$	$\varepsilon=10^{-4}$	$\varepsilon=10^{-2}$
1	0.5	厳密解	25	20	15	9	4
		$r_\varepsilon(E_2)$	25	20	14	9	4
		$r_\varepsilon^{(\mathrm{K})}(0.5)$	26	21	15	10	4
		$r_\varepsilon^{(\mathrm{T})}(0.5)$	25	20	15	10	4
	0.8	厳密解	73	57	41	26	10
		$r_\varepsilon(E_2)$	73	57	41	26	10
		$r_\varepsilon^{(\mathrm{K})}(0.5)$	74	58	42	26	10
		$r_\varepsilon^{(\mathrm{T})}(0.5)$	73	57	41	26	10
10	0.5	厳密解	23	17	12	7	1
		$r_\varepsilon(E_2)$	22	17	11	6	1
		$r_\varepsilon^{(\mathrm{K})}(0.5)$	23	17	12	7	1
		$r_\varepsilon^{(\mathrm{T})}(0.5)$	23	17	13	7	1
	0.8	厳密解	71	55	39	24	8
		$r_\varepsilon(E_2)$	70	55	39	23	8
		$r_\varepsilon^{(\mathrm{K})}(0.5)$	71	56	40	24	8
		$r_\varepsilon^{(\mathrm{T})}(0.5)$	71	55	39	24	8

解を数値的に比較したものである *4)．ε の値とは無関係に，2 種類の 2 モーメント近似が分布依存近似 $r_\varepsilon(G)$ とほとんど変わらぬ精度をもつことがわかる．また，$\kappa(G)$ と $\kappa^{(\mathrm{K})}(c_s^2)$ は s に依存しないため，他の窓口数をもつシステムに対しても同様の精度が期待できると考えられる．

演 習 問 題

問題 4.1　超越方程式 (4.4) の根 z_i $(i=1,\ldots,s-1)$ に対して

$$\prod_{i=1}^{s-1} z_i = (-1)^{s-1}\mathrm{e}^{-a}\exp\left\{\sum_{i=1}^{\infty}\frac{1}{i}\frac{(ia)^{is}}{(is)!}\mathrm{e}^{-ia}\right\}$$

が成り立つことを証明せよ．

*4)　表中の厳密解と $r_\varepsilon^{(\mathrm{T})}(0.5)$ の値は，Tijms (1994), 表 4.8.5 から引用した．

問題 4.2 2 次の超指数分布 (H_2)

$$H(t) = 1 - p_1 e^{-\mu_1 t} - p_2 e^{-\mu_2 t}, \quad t \geq 0,\ p_1, p_2 \geq 0,\ p_1 + p_2 = 1 \tag{4.59}$$

が対称条件 $p_1/\mu_1 = p_2/\mu_2$ を満たすとき，**平衡平均** (balanced means) をもつ 2 次の超指数分布とよび，H_2^b で表す．このとき

(1) μ_i, p_i $(i = 1, 2)$ を μ, c_s (≥ 1) を用いて表せ.

(2) サービス時間分布 H_2^b に対する $a(s)$ $(s \geq 1)$ を求めよ.

問題 4.3 $M/M_\nu/s/r$ 待ち行列の定常状態確率の厳密解は

$$\pi_i(M_\nu) = \begin{cases} \dfrac{a^i}{i!}\pi_0(M_\nu), & i = 1, \ldots, s-1 \\ \dfrac{a^s}{s!}\dfrac{\nu}{\rho}\theta^{i-s+1}\pi_0(M_\nu), & i = s, \ldots, s+r-1 \\ \dfrac{a^s}{s!}\theta^r \pi_0(M_\nu), & i = s+r \end{cases} \tag{4.60}$$

ただし

$$\pi_0(M_\nu) = \begin{cases} \left[\displaystyle\sum_{i=0}^{s-1}\frac{a^i}{i!} + \frac{a^s}{s!}\frac{1-\rho\theta^r}{1-\rho}\right]^{-1}, & \rho \neq 1 \\ \left[\displaystyle\sum_{i=0}^{s-1}\frac{s^i}{i!} + \frac{s^s}{s!}\left(1 + \frac{2r}{1+c_s^2}\right)\right]^{-1}, & \rho = 1 \end{cases} \tag{4.61}$$

で与えられることが知られている [*5]．パラメータ $\theta \equiv \theta(\rho, \nu)$ は

$$\theta = \frac{\rho}{\rho + (1-\rho)\nu} = \frac{\rho(1+c_s^2)}{2 + \rho(c_s^2 - 1)} \tag{4.62}$$

と定義される．$M/M_\nu/s/r$ 待ち行列に対して，Hokstad (1978), Tijms and van Hoorn (1982), Kimura (1996a) の近似は厳密解と一致することを証明せよ.

---

*5) 詳細については Kouvatsos and Almond (1988) を参照のこと.

CHAPTER 5

拡散近似

拡散近似 (diffusion approximation) は，広義には離散状態確率過程を連続状態確率過程である拡散過程で近似することを意味する用語である．しかし，待ち行列理論における拡散近似は二重の意味で使われている．すなわち，1つは重負荷時における待ち特性量の漸近的な挙動を示す極限定理であり，もう1つは数理生物学における拡散近似と同様に，待ち特性量の拡散過程による連続近似である．前者を**重負荷極限定理** (heavy-traffic limit theorems)，後者を**拡散モデル** (diffusion models) とよぶ．重負荷極限定理は重負荷時に拡散モデルの理論的根拠を与えてくれるものの，工学的観点からは制約が多いため，本書では主として拡散モデルの意味での拡散近似を扱う [*1)]．

5.1 重負荷極限定理

5.1.1 重負荷極限の基本レジーム

システムへの負荷が非常に重いときには，4.2.1 項で示したように，待ち行列の特性量に対する漸近的な性質が知られている．しかし，システムへの負荷が重いという状況は，到着率 λ 以外のすべてのパラメータを固定し，λ のみが増加するというような一律な状況に限定される訳ではない．例 1.5 で示したコールセンターにおいては，顧客からの問い合わせ件数の増減に伴って，オペレータ数をフレキシブルに増減させる方策を採用している．この場合，顧客側とセンター管理者側の視点の違いにより，サービスの**品質** (quality) とシステムの

*1) 重負荷極限定理の詳細については Whitt (1974); Miyazawa (2015) を参照のこと．

効率性 (efficiency) のバランスを如何に図るかで，異なった重負荷の状況が生じる．以下では，添字 n が増加するにつれて負荷が増大する $GI/G/s$ 待ち行列の系列を想定し，次の 3 つの極限状況を考える．

- **ED レジーム** (efficiency-driven regime)
- **QD レジーム** (quality-driven regime)
- **QED レジーム** (quality-and-efficiency-driven regime)

◇ **ED レジーム**

ED レジームは，Kingman (1961), Iglehart and Whitt (1970), Köllerström (1974) らによって用いられた重負荷に関する最も標準的な極限状況である．ED レジームでは，窓口数 s が固定され，第 n システムのトラヒック密度

$$\rho^{(n)} = \frac{\lambda^{(n)}}{s\mu^{(n)}}, \qquad \lim_{n\to\infty} \lambda^{(n)} = \lambda, \qquad \lim_{n\to\infty} \mu^{(n)} = \mu$$

に関して

$$\lim_{n\to\infty} \rho^{(n)} = \rho \equiv \frac{\lambda}{s\mu} \geq 1$$

である重負荷の状況を想定している．この状況下ではすべての窓口が塞がっている確率は 1 に近づき，QoS を無視してシステムの効率性のみを重視した方法であるといえる．系内客数過程 $\{N(t)\}_{t\geq 0}$ に対して，$n \to \infty$ のとき

$$\frac{N(nt) - (\lambda - s\mu)nt}{\sqrt{n(\lambda c_a^2 + s\mu c_s^2)}} \Rightarrow \begin{cases} B(t), & \rho > 1 \\ B(t) - \inf_{u\in[0,t]} B(u), & \rho = 1 \end{cases} \tag{5.1}$$

が成り立つことが知られている．ただし，記号 $\Rightarrow$ は確率過程の弱収束を表し，$\{B(t)\}_{t\geq 0}$ は標準ブラウン運動を表す [*2)]．$\rho = 1$ のとき，正規化された系内客数過程は原点に反射壁をもつブラウン運動に弱収束することから，その定常分布は指数分布に収束する [*3)]．ED レジームの重要な特徴は，近似拡散過程およびその定常分布が，到着時間間隔とサービス時間分布の最初の 2 次までのモーメントのみに依存することである．

---

*2) 弱収束の簡潔な解説については木村 (1997)，ブラウン運動については木村 (2011a), 第 5 章を参照のこと．

*3) 式 (4.26) は待ち時間 W に対する結果を表している．

◇ QD レジーム

QD レジームは Iglehart (1965), Borovkov (1967) らによって用いられた重負荷の状況である．QD レジームではトラヒック密度は $\rho < 1$ に固定され，第 n システムの窓口数 $s^{(n)}$ に関して $\lim_{n\to\infty} s^{(n)} = \infty$ となる極限状況を想定し，これを実現するために，サービス時間分布を固定 (i.e., $\mu^{(n)} = \mu$) した上で，到着率 $\lambda^{(n)}$ を窓口数の増大に合わせて無限大に増加させている．$\rho < 1$ に固定されていることから，この状況は重負荷ではないとも考えられるが，$\lambda^{(n)} \to \infty$ $(n \to \infty)$ につれて平均系内客数も発散するするため，システムは重負荷の状況にあるとみなすことにする．明らかに，QD レジームは QoS 重視の極限状況であるといえる．$GI/M/s$ 待ち行列の系内客数過程に対しては，適当な正規化をすることで，$n \to \infty$ のときオルンシュタイン・ウーレンベック過程 (Ornstein-Uhlenbeck process: OU process) に弱収束することが知られている [*4]．また，$GI/G/s$ 待ち行列の系内客数の定常分布は，正規分布 $N(s\rho, s\rho z)$ に収束する．ただし，分散に現れる係数 z は

$$z = 1 + (c_a^2 - 1)\mu \int_0^\infty \{1 - H(t)\}^2 \mathrm{d}t$$

と定義され，サービス時間分布 H に依存している．定常分布の平均が $O(s)$ であるのに対して標準偏差は $O(\sqrt{s})$ であることから，$n \to \infty$, i.e., $s \to \infty$ のとき，すべての窓口が塞がっている確率は 0 に近づくことが知られている．

◇ QED レジーム

QED レジームは ED レジームと QD レジームの中間に位置する極限状況で，QoS とシステムの効率性の両方に配慮している．Halfin and Whitt (1981) によって提案されたことから **Halfin-Whitt レジーム** (Halfin-Whitt regime) とよばれることもある．QED レジームではすべての窓口が塞がっている確率を任意の値 $\alpha \in (0,1)$ に固定した上で，第 n システムのトラヒック密度 $\rho^{(n)}$ と窓口数 $s^{(n)}$ が，定数 $\beta > 0$ に対して

$$\lim_{n\to\infty} (1 - \rho^{(n)})\sqrt{s^{(n)}} = \beta \tag{5.2}$$

[*4] OU 過程については木村 (2011a), pp. 237–239 を参照のこと．

を満たすように増大する重負荷の状況を想定する．このことは，$\rho \approx 1$ のとき，窓口数 s が $O\big((1-\rho)^{-2}\big)$ のオーダーであること意味している．また，β は α と連動した QoS のレベルを表す指標とみなすことができる．すなわち，β が大きくなるにつれて α は小さくなり，サービスの品質は高まる．

第 n システムの到着時間間隔を表す確率変数 $U^{(n)}$ に対して

$$\lim_{n\to\infty}\big(\lambda^{(n)}\big)^2\mathbb{V}\big[U^{(n)}\big] = c_a^2, \qquad \sup_{n\geq 1}\{\lambda^{(n)}\}^3\mathbb{E}\big[\big(U^{(n)}\big)^3\big] < \infty \tag{5.3}$$

を仮定する．ただし，$\lambda^{(n)} = \mathbb{E}\big[U^{(n)}\big]^{-1}$ である．また，第 n システムの系内客数過程 $\{N^{(n)}(t)\}_{t\geq 0}$ に対して，その正規化過程を

$$X^{(n)}(t) = \frac{1}{\sqrt{n}}\big(N^{(n)}(t) - n\big), \quad t \geq 0$$

と定義する．Halfin and Whitt (1981) はこの状況下で，$GI/M/s$ 待ち行列に対する以下の重負荷極限定理を証明した．

定理 5.1 (Halfin and Whitt (1981), 定理 3)　条件 (5.2), (5.3) を仮定する．もし $X^{(n)}(0) \Rightarrow X(0)$ ならば $X^{(n)} \Rightarrow X$ が成り立つ．ただし，$X \equiv \{X(t)\}_{t\geq 0}$ は**確率微分方程式** (stochastic differential equation: SDE)

$$\mathrm{d}X(t) = m\big(X(t)\big)\mathrm{d}t + \sigma\big(X(t)\big)\mathrm{d}B(t), \quad t \geq 0$$

の解である．ここで，$\{B(t)\}_{t\geq 0}$ は標準ブラウン運動であり

$$m(x) = -\mu\big(\beta + x\mathbf{1}_{\{x<0\}}\big), \qquad \sigma^2(x) = \mu(1 + c_a^2)$$

と定義される．

この定理は，$GI/M/s$ 待ち行列の正規化された系内客数過程が，$x \geq 0$ では負のドリフトをもつ算術ブラウン運動，$x < 0$ では OU 過程のように振る舞う拡散過程に弱収束することを示している．正規化の定義から，$x = 0$ は窓口数の値に対応しており，この拡散過程は窓口数の前後の領域を変動する現実の待ち行列に近い挙動を示していることがわかる．

定理 5.2 (Halfin and Whitt (1981), 定理 4)　条件 (5.2), (5.3) を仮定する．また $\beta' \equiv 2\beta/(1 + c_a^2) > 0$ とおく．このとき，次の結果が成り立つ．

1) $X^{(n)}(\infty) \Rightarrow X(\infty)$，ただし

$$\mathbb{P}\{X(\infty) > x \mid X(\infty) \geq 0\} = \mathrm{e}^{-\beta' x}, \qquad x > 0$$

$$\mathbb{P}\{X(\infty) \leq x \mid X(\infty) \leq 0\} = \frac{\Phi(x+\beta')}{\Phi(\beta')}, \quad x \leq 0$$

ここで，$\Phi(x)$ は標準正規分布の累積分布関数を表す．

2)

$$\lim_{n\to\infty} \mathbb{P}\{N^{(n)}(\infty) \geq n\} = \mathbb{P}\{X(\infty) \geq 0\} = \left[1 + \frac{\beta'}{h(-\beta')}\right]^{-1} \tag{5.4}$$

ここで，$x \in \mathbb{R}$ に対して

$$h(x) = \frac{\phi(x)}{1-\Phi(x)}, \qquad \phi(x) = \Phi'(x) = \frac{1}{\sqrt{2\pi}}\mathrm{e}^{-\frac{1}{2}x^2}$$

は標準正規分布の**ハザード率関数** (hazard rate function) である．

1) に示された $X(\infty)$ の分布は，複数窓口待ち行列に対する拡散モデルの定常解（5.4 節）と類似した構造をもつことから，QED レジームによる近似は他の 2 つのレジームによる近似よりも高い精度を期待できる．

5.1.2　QED 近似：平方根公式

$s^{(n)} = n$ とおくと，式 (5.4) の左辺はすべての窓口が塞がっている確率 α に相当し，このとき，式 (5.2) より

$$\beta = \lim_{n\to\infty} \left(1 - \rho^{(n)}\right)\sqrt{n} \tag{5.5}$$

で与えられる．サービス時間分布を n に依らずに固定し，$a^{(n)} = \lambda^{(n)}/n\mu$ と定義する．$\rho^{(n)} = \lambda^{(n)}/n\mu = a^{(n)}/n$ と書き表されるので，$a^{(n)} \sim n\ (n \to \infty)$ となる．したがって，$s^{(n)} = n \gg 1$ のとき，式 (5.5) より

$$s^{(n)} \approx a^{(n)} + \beta\sqrt{a^{(n)}}, \quad n \gg 1$$

を得る．以上より，QED レジームの意味でシステムが重負荷の状況にあるとき，QoS として与えられた α を達成するための窓口数 s と呼量 $a = \lambda/\mu$ との間には，近似式

$$s \approx a + \beta\sqrt{a} \tag{5.6}$$

が成り立つ．この近似式は**平方根公式** (square-root formula) とよばれる．ただし，β は α により定まる QoS のレベルに関する指標を表す．α と β の関係式はシステムを表現する待ち行列モデルにより異なり，アーランモデルに対する結果は次のようにまとめられる [*5]．

- アーラン B モデル：$\lim_{n\to\infty} \sqrt{n}B(n, a^{(n)}) = \alpha \in (0,1)$, $\beta \in \mathbb{R}$ に対して

$$\alpha = h(-\beta) \tag{5.7}$$

- アーラン C モデル：$\lim_{n\to\infty} C(n, a^{(n)}) = \alpha \in (0,1)$, $\beta > 0$ に対して

$$\alpha = \left[1 + \frac{\beta}{h(-\beta)}\right]^{-1} \tag{5.8}$$

- アーラン A モデル：$\lim_{n\to\infty} A(n, a^{(n)}) = \alpha \in (0,1)$, $\beta \in \mathbb{R}$ に対して

$$\alpha = \left[1 + \frac{h(\delta\beta)}{\delta h(-\beta)}\right]^{-1}, \quad \delta = \sqrt{\frac{\mu}{\theta}} \tag{5.9}$$

平方根公式 (5.6) は，様々なシステムの**最適リソース設計問題** (optimal resource design problem) の近似解を与える．例 1.1 で示した電話交換機においては，最適回線数設計問題の経験則に基づく近似解として，コペンハーゲン電話会社では 1913 年から使われていた（Erlang (1924) 参照）．ここで，最適回線数設計問題とは，すべての窓口が塞がっている確率 $\mathbb{P}\{N \geq s\}$ を許容レベル $\alpha \in (0,1)$ 以下に抑えるのに必要な最小回線数 s^* を決定する問題である．i.e.,

$$s^* = \min\{s \geq 1 \mid \mathbb{P}\{N \geq s\} \leq \alpha\}$$

最適回線数設計問題については，アーラン B/C モデルに対する平方根公式が s^* の近似解を与える [*6]．例 1.5 で示したコールセンターにおいても，QED レジームの意味で最適なオペレータ数を決定する**スタッフ配置問題** (staffing problem) とよばれる等価な問題が存在する．与えられた α に対して，アーラン A モデルに対する式 (5.9) を解くことで定まる β をもつ平方根公式 (5.6) が有用であることが知られている [*7]．

[*5] 証明については Jagerman (1974); Halfin and Whitt (1981); Garnett et al. (2002) を参照のこと．

[*6] 数値例については Tijms (2003), pp. 200–202，塩田 他 (2014), 10.3 節を参照のこと．

[*7] Gans et al. (2003), § 4，塩田 他 (2014), 10.4 節を参照のこと．

5.2 拡散モデル

5.1 節で示したように，重負荷の状況にある待ち行列の系内客数過程は拡散過程で近似できる．拡散モデルは，この性質を反映した離散状態確率過程の連続近似に他ならない．しかし，こうした連続近似は重負荷時に必ずしも限定される訳ではなく，単純ランダムウォークやあるクラスの離散時間マルコフ連鎖の状態を細分化した極限としても見出すことができる [*8]．以下では，待ち行列の連続近似としての拡散モデルを扱うため，対象とする確率過程と拡散過程はともに時間的に斉次であると仮定する．

5.2.1 拡散方程式と境界条件

定義 5.1 任意の連続時間斉次確率過程 $\{X(t)\}_{t\geq 0}$ に対して，長さ $h>0$ の時間区間における増分を $\mathrm{d}X(h)$ (i.e., $\mathrm{d}X(h)=X(h)-X(0)$) で表す．$x\in\mathbb{R}$ に対して，極限

$$b(x)\equiv\lim_{h\to 0}\frac{1}{h}\,\mathbb{E}[\mathrm{d}X(h)\mid X(0)=x]$$
$$a(x)\equiv\lim_{h\to 0}\frac{1}{h}\,\mathbb{E}[\{\mathrm{d}X(h)\}^2\mid X(0)=x]>0$$

が存在するとき，$b(x)$ を $\{X(t)\}$ の**無限小平均** (infinitesimal mean)，$a(x)$ を $\{X(t)\}$ の**無限小分散** (infinitesimal variance) という．

定義 5.2 連続なサンプルパスをもつ状態空間 $\mathcal{S}_c$ 上のマルコフ過程 $\{X(t)\}_{t\geq 0}$ が，無限小平均 $b(x)$ と無限小分散 $a(x)$ をもつとき ($x\in\mathcal{S}_c^\circ\equiv\mathrm{int}(\mathcal{S}_c)$)，$\{X(t)\}$ を**拡散過程** (diffusion process) という．

拡散過程 $\{X(t)\}_{t\geq 0}$ は確率微分方程式

$$\mathrm{d}X(t)=b\big(X(t)\big)\mathrm{d}t+\sqrt{a\big(X(t)\big)}\,\mathrm{d}B(t) \tag{5.10}$$

の解として与えられる．$a(x)$ と $b(x)$ が有界で可測な関数であり，さらに $a(x)$

---

*8) Cox and Miller (1965), §5.2 および §5.5 を参照のこと．

が $\mathcal{S}_c^\circ$ 内の任意のコンパクト集合上で有界変動かつ一様に正（i.e., $a(x) \geq c > 0$ $(x \in \mathbb{R})$ となる定数 c が存在する）であると仮定するとき，方程式 (5.10) は唯一の解をもち，$\{X(t)\}$ は連続なパスをもつことが知られている [*9]．

初期状態が $X(0) = y$ のとき，$X(t)$ の確率密度関数を $p \equiv p(x, t \mid y)$ と表す．すなわち，$x, y \in \mathcal{S}_c^\circ$, $t \geq 0$ に対して

$$p(x, t \mid y)\mathrm{d}x = \mathbb{P}\{x \leq X(t) < x + \mathrm{d}x \mid X(0) = y\}$$

と定義する．このとき，$p(x, t \mid y)$ は**拡散方程式** (diffusion equations) あるいは**コルモゴロフの方程式** (Kolmogorov's equations) と総称される 2 つの偏微分方程式を満たす [*10]．すなわち，**前進方程式** (forward equation)

$$\frac{\partial p}{\partial t} = \frac{1}{2}\frac{\partial^2}{\partial x^2}\{a(x)p\} - \frac{\partial}{\partial x}\{b(x)p\} \tag{5.11}$$

と**後退方程式** (backward equation)

$$\frac{\partial p}{\partial t} = \frac{1}{2}a(y)\frac{\partial^2 p}{\partial y^2} + b(y)\frac{\partial p}{\partial y} \tag{5.12}$$

である．前進方程式 (5.11) は**フォッカー・プランクの方程式** (Fokker-Planck equation) ともよばれる．

定常状態における確率密度関数を（もし存在するならば）

$$p(x) = \lim_{t\to\infty} p(x, t \mid y), \quad x \in \mathcal{S}_c$$

と表すと，前進方程式 (5.11) より，$p(x)$ は常微分方程式

$$\frac{1}{2}\frac{\mathrm{d}^2}{\mathrm{d}x^2}\{a(x)p(x)\} - \frac{\mathrm{d}}{\mathrm{d}x}\{b(x)p(x)\} = 0, \quad x \in \mathcal{S}_c^\circ \tag{5.13}$$

を満たす．待ち行列の定常分布に対する拡散近似解は，適当な境界条件の下で常微分方程式 (5.13) を解くことで導出できる．

待ち行列の拡散モデルに用いられる代表的な境界条件は

- **反射壁境界** (reflecting-barrier boundary)
- **基本復帰境界** (elementary-return boundary)

---

*9) 詳細については Nakao (1972) を参照のこと．

*10) 詳細については Cox and Miller (1965), pp. 213–219 を参照のこと．

の2つである．EDレジームの極限状況における式(5.1)にも示されるように，反射壁境界は $\{N(t)\}$ の非負性が $\{X(t)\}$ にそのまま引き継がれるという意味で自然な境界条件である．一般に，$X(\cdot) = x_0 \in \mathbb{R}$ に反射壁境界が存在し，$\{X(t)\}$ のパスが境界において内側に折り返されるとき，確率密度関数 $p(x,t\,|\,y)$ に対する前進方程式(5.11)の境界条件は

$$\frac{1}{2}\frac{\partial}{\partial x}\bigl\{a(x)p\bigr\} - b(x)p\bigg|_{x=x_0} = 0 \tag{5.14}$$

で与えられることが知られている[*11)]．$x_0 = 0, \mathcal{S}_c = \mathbb{R}_+$ のとき，常微分方程式(5.13)を境界条件(5.14)の下で解くと，定常分布 $p(x) = Cq(x)$，ただし

$$q(x) = \frac{1}{a(x)}\exp\left\{\int_0^x \frac{2b(u)}{a(u)}\mathrm{d}u\right\}, \quad x \geq 0 \tag{5.15}$$

が導かれる．ここで，C は積分定数を表し

$$C = \left[\int_0^\infty q(x)\mathrm{d}x\right]^{-1}$$

で与えられる．非負性をそのまま表す $x_0 = 0$ は自然なモデリングではあるが，二項分布の正規近似における連続補正と同様の発見的な修正 (e.g., $x_0 = -\frac{1}{2}$) も試みられている（式(5.20)）．

基本復帰境界では，境界における $\{X(t)\}$ の確率質量を考慮している．すなわち，$\{X(t)\}$ のパスが境界に到達したとき，指数分布にしたがうランダムな境界上での滞在時間の後，ある確率分布にしたがう跳躍幅で領域の内側にジャンプし，その着地点からパスが再開される．一般に，$X(\cdot) = x_0 \in \mathbb{R}$ に基本復帰境界が存在し，境界での平均滞在時間を λ_0^{-1}，跳躍幅の確率密度関数を $f_0(x)$，時刻 t における境界での確率質量を $\pi_0(t) = \mathbb{P}\{X(t) = x_0\,|\,X(0) = y\}$ とするとき，確率密度関数 $p(x,t\,|\,y)$ は前進方程式

$$\frac{\partial p}{\partial t} = \frac{1}{2}\frac{\partial^2}{\partial x^2}\bigl\{a(x)p\bigr\} - \frac{\partial}{\partial x}\bigl\{b(x)p\bigr\} + \lambda_0\pi_0(t)f_0(x), \quad x \in \mathcal{S}_c^\circ \tag{5.16}$$

と境界条件 $p(x_0,t\,|\,y) = 0$ および

$$\frac{1}{2}\frac{\partial}{\partial x}\bigl\{a(x)p\bigr\} - b(x)p\bigg|_{x=x_0} = \frac{\mathrm{d}\pi_0}{\mathrm{d}t} + \lambda_0\pi_0(t) \tag{5.17}$$

---

*11) 導出については Cox and Miller (1965), pp. 223–224 を参照のこと．

を満たすことが知られている[*12]．さらに，正規化条件

$$\int_{x_0}^{\infty} p(z,t\,|\,y)\mathrm{d}z + \pi_0(t) = 1, \quad t \geq 0 \tag{5.18}$$

も課せられる．系内客数過程に対しては，$x_0 = 0$, $f_0(x) = \delta(x-1)$ が通常用いられる．しかし，境界での滞在時間分布が指数分布であるために，ポアソン到着以外の待ち行列については原点での境界挙動を正しくモデル化できない．また，原点からの不連続なジャンプに起因して $(0,1)$ 区間内を通過する $\{X(t)\}$ の上向き連続パスが存在しないために，他の区間との間で確率分布 p に歪みを生じるという欠陥をもつ．

5.2.2 離散状態との対応

重負荷極限定理は，極限状況における離散確率過程から連続確率過程への収束を表現している．拡散モデルを構築するにあたって，この過程間の対応をより詳細に詰めておく必要がある．典型的な例として，系内客数過程 $\{N(t)\}_{t\geq 0}$ の離散性を拡散過程 $\{X(t)\}$ に如何に反映させるかを考えてみよう．

1.3 節で示したように，時刻 t における系内客数は

$$N(t) = N(0) + A(t) - D(t), \quad t \geq 0 \tag{5.19}$$

と表すことができる．ただし，$A(t)$ $(D(t))$ は時刻 t までの累積到着（退去）客数を表す．また，系内客数過程 $\{N(t)\}$ の状態空間を $\mathcal{S}_d \subset \mathbb{Z}_+ \equiv \{0,1,\ldots\}$ とする．拡散モデルの基本的なアイディアは，離散状態確率過程 $\{N(t)\}$ を連続なパスをもつ状態空間 $\mathcal{S}_c \subset \mathbb{R}$ 上の拡散過程 $\{X(t)\}$ で近似することである．ここでまず必要となるのは，$k \in \mathcal{S}_d$ に対して，事象 $\{N(\cdot) = k\}$ に対応する $\mathcal{S}_c$ 内の区間 $\mathcal{I}_k$ を定めることである．明らかに，$\mathcal{S}_c = \cup_{k\in\mathcal{S}_d}\mathcal{I}_k$ が成り立つ．$GI/G/s/r$ 待ち行列の場合，$\mathcal{S}_d = \{0,1,\ldots,s+r\}$ に対して

- Sunaga et al. (1982) の拡散モデル：

$$\mathcal{I}_k = \begin{cases} \left[k-\frac{1}{2}, k+\frac{1}{2}\right), & k = 0,\ldots,s+r-1 \\ \left[s+r-\frac{1}{2}, s+r+\frac{1}{2}\right], & k = s+r \end{cases} \tag{5.20}$$

[*12] 詳細については Feller (1954) を参照のこと．$\lambda_0 \to \infty$ のとき，基本復帰境界は瞬間復帰境界 (instantaneous-return boundary) とよばれるが，Gelenbe (1975) ではこれら 2 つの境界の名称を取り違えている．

- Yao and Buzacott (1985) の拡散モデル：
  $\Delta \equiv (s+r)/(s+r-1) > 1$ を用いて

$$\mathcal{I}_k = \begin{cases} \{0\}, & k=0 \\ (0,\Delta), & k=1 \\ [(k-1)\Delta, k\Delta), & k=2,\ldots,s+r-1 \\ \{s+r\}, & k=s+r \end{cases} \tag{5.21}$$

- Kimura (1986b, 1995, 2002) の拡散モデル：
  厳密解との整合性より定まるある単調増加列 $\{x_k\}$ $(0 = x_0 < x_1 < \cdots < x_{s+r})$ を用いて

$$\mathcal{I}_k = \begin{cases} \{0\}, & k=0 \\ (x_{k-1}, x_k], & k=1,\ldots,s+r \end{cases} \tag{5.22}$$

などの様々な区間列が提案されている．

$\{X(t)\}$ を特徴づける無限小平均と無限小分散は，計数過程 $A(t)$ $(D(t))$ の区間 $\mathcal{I}_k$ 上の条件付き漸近的性質に基づいて定めることができる（5.3–5.4 節）．これらの定め方については，システムに固有な性質に依存する部分が大きいために詳細は各節で述べるが，既存モデルにおける無限小パラメータ $b(x)$ および $a(x)$ の関数のクラスは，区間列 $\{\mathcal{I}_k\}$ に関して

- **区分的線形関数** (piecewise-linear functions)
- **区分的定数関数** (piecewise-constant functions)

の 2 つに大別される．例えば，区間列 (5.22) を仮定するとき，$x \in \mathcal{I}_k \subset \mathcal{S}_c^\circ$ に対して，区分的線形無限小パラメータは

$$\begin{aligned} a(x) &= \frac{a_k - a_{k-1}}{x_k - x_{k-1}}(x - x_{k-1}) + a_{k-1} \\ b(x) &= \frac{b_k - b_{k-1}}{x_k - x_{k-1}}(x - x_{k-1}) + b_{k-1} \end{aligned} \tag{5.23}$$

区分的定数無限小パラメータは

$$a(x) = a_k, \qquad b(x) = b_k \tag{5.24}$$

で与えられる．ただし，$a_k > 0, b_k$ は有限の定数である．複数窓口待ち行列の

拡散モデルにおいて，区分的線形関数のクラスは Halachmi and Franta (1978) により，区分的定数関数のクラスは Kimura (1983) により最初に導入された．また，Browne and Whitt (1995) は $b(x)$ は区分的線形，$a(x)$ については区分的定数の拡散モデルを提案している．いずれのクラスも，Nakao (1972) の示した条件を満たすように設定できる．無限小パラメータが区分的定数である場合，確率密度関数 $p(x)$ の連続性に関する付加的な条件が必要となるものの，区分的線形の場合よりも簡潔な解を生成することができる．

系内客数過程に対する拡散モデルを待ち行列の近似モデルと捉えるとき，定常状態における $\{X(\cdot)\}$ の確率密度関数 $p(x)$ から系内客数分布に対する近似解 $\{\pi_i\}$ を抽出する**離散化** (discretization) のスキームを整備しておく必要がある．離散化は離散状態に対応する区間列 $\{\mathcal{I}_k\}$ の選択と密接に関わっていて，本質的に発見的である．何らかの方法で区間列が与えられた場合でも，大別して次の 2 つのスキームが存在する：$k \in \mathcal{S}_d$ に対して

- **積分型** (integral-type)：　$\pi_k \propto \int_{\mathcal{I}_k} q(x)\mathrm{d}x$
- **各点型** (pointwise-type)：　$\pi_k \propto q(x_k), \quad \pi_k \propto q\Big(\frac{1}{2}(x_{k-1} + x_k)\Big)$

いずれのスキームも，比例係数を定めて離散化を完結させるためには正規化条件などの付加的な条件を必要とする．積分型離散化スキームは，離散状態との対応からは最も自然な方法である．唯一の難点は，積分に際し $b(x) = 0$ となる x に対して場合分けが必要となり，得られる近似系内客数分布 $\{\pi_i\}$ の表現が非常に煩雑になる点である．一方，各点型離散化スキームは不自然ではあるが簡潔な近似を生成する．数値実験による検証の結果，近似精度に関してはこれら 2 つのスキームの間にはほとんど有意な差がないことが確かめられている．

5.3 $GI/G/1$ 待ち行列

5.3.1 系内客数

到着時間間隔 $U_n = T_n - T_{n-1}$ $(T_0 \equiv 0)$ とサービス時間 S_n がともに一般分布 $F(t) = \mathbb{P}\{U_n \le t\}$ と $H(t) = \mathbb{P}\{S_n \le t\}$ にしたがう $GI/G/1$ 待ち行列を考える．$\{U_n\}$ と $\{S_n\}$ は独立であると仮定する．また，これまでと同様の記号

$$\mathbb{E}[U_n] = \lambda^{-1}, \quad \mathbb{V}[U_n] = \sigma_a^2, \quad c_a^2 = \lambda^2 \sigma_a^2$$
$$\mathbb{E}[S_n] = \mu^{-1}, \quad \mathbb{V}[S_n] = \sigma_s^2, \quad c_s^2 = \mu^2 \sigma_s^2$$

を用いる．時刻 $t > 0$ までの累積到着（退去）客数を $A(t) = \max\{n : T_n \leq t\}$ ($D(t) = \max\{n : T_n^d \leq t\}$) とすると，式 (5.19) で示したように，時刻 t における系内客数 $N(t)$ は

$$N(t) = N(0) + A(t) - D(t), \quad t \geq 0$$

と表される．累積到着客数 $A(t)$ は再生過程であるから，付録 C の式 (C.2) より，系内客数 $N(\cdot)$ の値に依らない漸近的性質

$$\lim_{t\to\infty} \frac{1}{t}\,\mathbb{E}[A(t)] = \lambda, \qquad \lim_{t\to\infty} \frac{1}{t}\,\mathbb{V}[A(t)] = \lambda c_a^2 \tag{5.25}$$

をもつ．一方，累積退去客数 $D(t)$ は再生過程ではないが，$N(\cdot) > 0$ の条件下では，3.5 節と同様に，$\{S_n\}$ を再生時間間隔とする仮想的な再生過程 $D'(t)$ と等価である．したがって

$$\begin{aligned} \lim_{t\to\infty} \frac{1}{t}\,\mathbb{E}[D(t) \,|\, N > 0\,] &= \lim_{t\to\infty} \frac{1}{t}\,\mathbb{E}[D'(t)] = \mu \\ \lim_{t\to\infty} \frac{1}{t}\,\mathbb{V}[D(t) \,|\, N > 0\,] &= \lim_{t\to\infty} \frac{1}{t}\,\mathbb{V}[D'(t)] = \mu c_s^2 \end{aligned} \tag{5.26}$$

が成り立つ．$A(t)$ と $D'(t)$ は独立であるから，式 (5.25), (5.26) より

$$\begin{aligned} \lim_{t\to\infty} \frac{1}{t}\,\mathbb{E}[N(t) \,|\, N > 0\,] &= \lambda - \mu \\ \lim_{t\to\infty} \frac{1}{t}\,\mathbb{V}[N(t) \,|\, N > 0\,] &= \lambda c_a^2 + \mu c_s^2 \end{aligned} \tag{5.27}$$

を得る．$\{N(t)\}$ に対する条件付き漸近的性質 (5.27) より，$\{N(t)\}$ の拡散モデル $\{X(t)\}$ の無限小パラメータは，$x > 0$ に対して定数

$$a(x) = a \equiv \lambda c_a^2 + \mu c_s^2, \qquad b(x) = b \equiv \lambda - \mu \tag{5.28}$$

で与えられる．

無限小平均と無限小分散が定数の場合，初期状態が $X(0) = y$ のときの $X(t)$ の累積分布関数

$$P(x, t \,|\, y) = \mathbb{P}\{X(t) \leq x \mid X(0) = y\} = \int_0^x p(z, t \,|\, y)\mathrm{d}z$$

もまた前進方程式 (5.11) と同じ偏微分方程式

$$\frac{\partial P}{\partial t} = \frac{1}{2}a\frac{\partial^2 P}{\partial x^2} - b\frac{\partial P}{\partial x} \tag{5.29}$$

を満たす．初期条件として

$$P(x,0\,|\,y) = \mathbf{1}_{\{x \geq y\}}, \quad x, y \in \mathbb{R} \tag{5.30}$$

また，自明な境界条件として

$$\lim_{x\to\infty} P(x,t\,|\,y) = 1, \quad t \geq 0,\ y \in \mathbb{R} \tag{5.31}$$

が課せられる．さらに，系内客数過程の非負条件 $N(t) \geq 0$ に対応して

$$\lim_{x\to 0} P(x,t\,|\,y) = 0, \quad t \geq 0 \tag{5.32}$$

と書き下せる．式 (5.32) は確率密度関数 $p(x,t\,|\,y)$ に対する反射壁境界の条件式 (5.14) に相当する．**鏡像法** [*13] (method of images) を用いて，偏微分方程式 (5.29) を条件 (5.30), (5.31), (5.32) の下で解くことで，過渡解

$$P(x,t\,|\,y) = \Phi\left(\frac{x-y-bt}{\sqrt{at}}\right) - \mathrm{e}^{2bx/a}\Phi\left(-\frac{x+y+bt}{\sqrt{at}}\right) \tag{5.33}$$

を得る．一般に待ち行列の過渡解を得ることは非常に困難で，$M/G/\infty$ 待ち行列に対する解析解（定理 2.7），$M/M/1$ 待ち行列に対する解析解，一般の出生死滅型待ち行列に対する数値解法などが得られているに過ぎない [*14]．この意味で，拡散モデルによる $GI/G/1$ 待ち行列に対する明示的な近似過渡解 (5.33) は重要である．

式 (5.33) において $t \to \infty$ とすることで，定常解 $P(x) = \lim_{t\to\infty} P(x,t\,|\,y)$ $(x \geq 0)$ は

$$P(x) = \begin{cases} 1 - \mathrm{e}^{2bx/a}, & b < 0 \\ 0, & b \geq 0 \end{cases} \tag{5.34}$$

で与えられる．この解は，$P(x)$ に対する常微分方程式

[*13] 鏡像法については Feller (1966), pp. 337–343 を参照のこと．

[*14] 出生死滅型待ち行列の過渡解については Kobayashi and Mark (2008), 第 15 章を参照のこと．

$$\frac{1}{2}a\frac{\mathrm{d}^2P}{\mathrm{d}x^2} - b\frac{\mathrm{d}P}{\mathrm{d}x} = 0 \tag{5.35}$$

を境界条件

$$\lim_{x\to\infty} P(x) = 1, \qquad \lim_{x\to 0} P(x) = 0 \tag{5.36}$$

の下で解くことによっても得られる．式 (5.34) より，$b < 0$ (i.e., $\rho < 1$) のとき，定常確率密度関数は

$$p(x) = P'(x) = -\frac{2b}{a}\mathrm{e}^{2bx/a}, \quad x \geq 0 \tag{5.37}$$

となる．

◇定常状態確率

$GI/G/1$ 待ち行列の定常状態確率が存在するための条件 $\rho < 1$ は $b < 0$ と等価であり，拡散近似による定常確率密度関数を離散化する際に，積分型離散化による解表現を複雑にする $b(x) = 0$ か否かの場合分けを考慮する必要がない．このため，積分型離散化が通常用いられる．

Kobayashi (1974) は，定常確率密度関数 (5.37) に区間列 $\mathcal{I}_k = [k, k+1)$ $(k = 0, 1, \ldots)$ と積分型離散化

$$\pi_k = \int_k^{k+1} p(x)\mathrm{d}x = P(k+1) - P(k)$$

を適用することで，定常状態確率に対する次の近似を導出した．

- Kobayashi (1974) の近似：

$$\pi_i = (1-\hat{\rho})\hat{\rho}^i, \quad i = 0, 1, \ldots \tag{5.38}$$

ただし

$$\hat{\rho} = \mathrm{e}^{2b/a} = \exp\left\{-\frac{2(1-\rho)}{\rho c_a^2 + c_s^2}\right\}$$

Kobayashi (1974) の近似 (5.38) は，$M/M/1$ 待ち行列の厳密解 (2.11) と同型のパラメータ $\hat{\rho}$ の幾何分布である．$M/M/1$ 待ち行列に対しては，$\hat{\rho} \approx \rho$ であることが数値的に確かめられており，式 (5.38) は良好な近似を与える．しかし，$GI/G/1$ 待ち行列に対しては重負荷時を除いて無視できない誤差を生じるため，Kobayashi (1974) は $GI/G/1$ 待ち行列の厳密解 $\pi_0 = 1 - \rho$（e.g., Franken et al. (1981), 式 (4.2.6)）を部分的に用いた

• Kobayashi (1974) の修正近似：

$$\pi_i = \begin{cases} 1-\rho, & i=0 \\ \rho(1-\hat{\rho})\hat{\rho}^{i-1}, & i \geq 1 \end{cases} \tag{5.39}$$

も提案している．この発見的な修正近似は，$P(x)$ に対する常微分方程式 (5.35) を境界条件

$$\lim_{x\to\infty} P(x) = 1, \qquad \lim_{x\to 0} P(x) = 1-\rho \tag{5.40}$$

の下で解いた定常解

$$P(x) = \begin{cases} 1-\rho \mathrm{e}^{2bx/a}, & b<0 \\ 0, & b \geq 0 \end{cases} \tag{5.41}$$

に積分型離散化

$$\pi_0 = P(0), \qquad \pi_k = P(k) - P(k-1), \quad k \geq 1 \tag{5.42}$$

を適用することでも得られる．

Kimura (1986b) は，定常解 (5.41) に式 (5.22) で表される一般的な区間列 $\mathcal{I}_k = \big(x_{k-1}, x_k\big]$ を適用し，積分型離散化

$$\pi_0 = P(0), \qquad \pi_k = P(x_k) - P(x_{k-1}), \quad k \geq 1 \tag{5.43}$$

によって得られる定常状態確率 $\{\pi_i\}$ が，$GI/M/1$ 待ち行列に対しては任意時点における厳密解 (3.38)（定理 3.10）と整合するように分割点列 $\{x_k\}$ を

$$x_k = -\frac{(\rho c_a^2 + 1)\log\zeta}{2(1-\rho)}\,k, \quad k \geq 1 \tag{5.44}$$

と定めることで次の近似を導出した．

• Kimura (1986b) の近似：

$$\pi_i = \begin{cases} 1-\rho, & i=0 \\ \rho(1-\widetilde{\rho})\widetilde{\rho}^{i-1}, & i \geq 1 \end{cases} \tag{5.45}$$

ただし

$$\widetilde{\rho} \equiv \zeta^{\alpha}, \qquad \alpha \equiv \frac{\rho c_a^2 + 1}{\rho c_a^2 + c_s^2} \tag{5.46}$$

と定義され，ζ は方程式 $z = F^*(\mu(1-z)) \equiv \mathbb{E}\big[\mathrm{e}^{-\mu(1-z)U_n}\big]$ の $z \in (0,1)$ における唯一の根である．$GI/M/1$ 待ち行列に対しては，$c_s^2 = 1$ より $\alpha = 1, \widetilde{\rho} = \zeta$ となり，式 (5.45) は厳密解 (3.38) と一致することが確かめられる．

5.3.2 仮待ち時間

時刻 $t\ (>0)$ での仮待ち時間を $V(t)$ で表し，$V(0)=y>0$ を仮定する．このとき，時間区間 $(0,t]$ がある稼働期間内に含まれる (i.e., $V(\cdot)>0$) という条件下では，図 1.4 に示したように，$V(t)$ は初期値 y に $(0,t]$ 間にシステムに持ち込まれた累積仕事量を加えた値から経過時間 t を差し引いた値と一致する．すなわち

$$V(t)=y+\sum_{n=1}^{A(t)} S_n - t, \quad t\ge 0 \tag{5.47}$$

が成り立つ．サービス時間 $\{S_1,S_2,\ldots,S_{A(t)}\}$ は独立で同一分布にしたがうので，ワルドの等式 (Wald's equation) と式 (5.25) より，漸近的性質

$$\lim_{t\to\infty}\frac{1}{t}\,\mathbb{E}[V(t)\,|\,V>0]=\lim_{t\to\infty}\frac{1}{t}\,\mathbb{E}[S_1]\mathbb{E}[A(t)]-1=\rho-1 \tag{5.48}$$

を得る．また，任意の確率変数 X, Y に対する恒等式

$$\mathbb{V}[X]=\mathbb{E}\big[\mathbb{V}[X\,|\,Y]\big]+\mathbb{V}\big[\mathbb{E}[X\,|\,Y]\big]$$

と式 (C.2) を用いて

$$\begin{aligned}\lim_{t\to\infty}\frac{1}{t}\,\mathbb{V}[V(t)\,|\,V>0]&=\lim_{t\to\infty}\frac{1}{t}\,\mathbb{V}\left[\sum_{n=1}^{A(t)}S_n\right]\\&=\lim_{t\to\infty}\frac{1}{t}\Big\{\mathbb{V}[S_1]\mathbb{E}[A(t)]+\{\mathbb{E}[S_1]\}^2\mathbb{V}[A(t)]\Big\}\\&=\lambda(\rho^2\sigma_a^2+\sigma_s^2)=\frac{\rho}{\mu}(c_a^2+c_s^2)\end{aligned} \tag{5.49}$$

を得る．$\{V(t)\}$ に対する条件付き漸近的性質 (5.48) と (5.49) より，$\{V(t)\}$ の拡散モデル $\{X(t)\}$ の無限小パラメータは，$x>0$ に対して定数

$$a(x)=a\equiv\frac{\rho}{\mu}(c_a^2+c_s^2), \qquad b(x)=b\equiv\rho-1 \tag{5.50}$$

で与えられる．

非負制約 $V(t)\ge 0$ に対応して原点に反射壁境界を仮定すると，系内客数過程と同様にして，累積分布関数 $P(x,t\,|\,y)=\mathbb{P}\{V(t)\le x\,|\,V(0)=y\}$ $(x,t\in\mathbb{R}_+)$ の過渡解は式 (5.33) で与えられる．さらに，定常確率密度関数 $p(x)$ についても，式 (5.37) より

$$p(x) = \frac{2\mu(1-\rho)}{\rho(c_a^2+c_s^2)} \exp\left\{-\frac{2\mu(1-\rho)}{\rho(c_a^2+c_s^2)}x\right\}, \quad x \geq 0 \tag{5.51}$$

と書き下せる．系内客数過程の場合とは違い，仮待ち時間過程に関しては離散状態との対応を考える必要がない．したがって，確率密度関数 $p(x)$ より直接的に定常状態における平均仮待ち時間を

$$\mathbb{E}[V] = \int_0^\infty xp(x)\mathrm{d}x = \frac{\rho(c_a^2+c_s^2)}{2\mu(1-\rho)} \tag{5.52}$$

と近似することができる．また，ブルメルの公式 (1.18) より，$GI/G/1$ 待ち行列の平均待ち時間の近似解

$$\mathbb{E}[W] = \frac{1}{\rho}\mathbb{E}[V] - \frac{\mathbb{E}[S^2]}{2\mathbb{E}[S]} = \frac{c_a^2+\rho c_s^2-(1-\rho)}{2\mu(1-\rho)} \tag{5.53}$$

が導かれる．$M/G/1$ 待ち行列に対しては，近似式 (5.53) は厳密解（定理 3.4）と一致する．さらに，$\theta \in \mathbb{C}$ $(\mathrm{Re}(\theta) > 0)$ に対して

$$V^*(\theta) = \int_0^\infty \mathrm{e}^{-\theta x}p(x)\mathrm{d}x = \frac{1}{1+\theta\mathbb{E}[V]}$$

に注意すると，問題 3.3 において示した関係式 (3.40) より，待ち時間分布の LST $W^*(\theta)$ の近似解は

$$W^*(\theta) = \frac{\rho-(1-\rho)\mathbb{E}[V]\theta}{\rho(1+\mathbb{E}[V]\theta)H_e^*(\theta)} \tag{5.54}$$

で与えられる．ただし，$H_e^*(\theta)$ はサービス時間分布 H の平衡分布 H_e の LST であり，式 (3.13) で与えられる．

5.4 状態依存待ち行列

5.4.1 基本モデル

系内客数過程を出生死滅過程によって定式化できる出生死滅型待ち行列のクラスを $\mathcal{M}$ で表すことにする．第 2 章で学んだように，$\mathcal{M}$ は実に多様な待ち行列システムのモデルとして有用であるが，到着時間間隔およびサービス時間分布が指数分布にしたがうという仮定が本質的に不可欠であり，大きな制約となっていた．状態依存待ち行列に対する拡散近似の対象を明確にするため，$\mathcal{M}$ に属する待ち行列において，到着時間間隔とサービス時間の分布を一般分布に拡張

したクラス $\mathcal{G}$ を導入する．例えば，$M/M/s\ (\in \mathcal{M})$ の一般化として，$M/G/s$, $GI/G/s\ (\in \mathcal{G})$ が近似の対象となる．

◇無限小パラメータ

クラス $\mathcal{G}$ に属する待ち行列における事象 $\{N(\cdot)=k\}$ $(k \in \mathcal{S}_d)$ に対応する区間 $\mathcal{I}_k$ $(\subset \mathcal{S}_c)$ 上で，無限小パラメータが区分的定数

$$a(x) = a_k, \quad b(x) = b_k, \quad x \in \mathcal{I}_k$$

であることを仮定する．パラメータ $\{a_k\}$ と $\{b_k\}$ を定義するために，$T_k(t)$ を $N(\cdot)$ が状態 $k \in \mathcal{S}_d$ において，延べで t 単位時間を過ごす時刻と定義する．i.e.,

$$t = \int_0^{T_k(t)} \mathbf{1}_{\{N(u)=k\}} \mathrm{d}u, \quad k \in \mathcal{S}_d$$

また，t_n $(n \geq 1)$ を $N(\cdot)$ の第 n 回目の状態推移時刻とし，$\sharp(t)$ を区間 $[0,t]$ 内の $N(\cdot)$ の総推移回数とする．このとき，状態が k のときのみに着目した系内客数の条件付き過程 $\{N_k(t)\}$ を

$$N_k(t) = \sum_{n=1}^{\sharp(T_k(t))} \big(N(t_n) - k\big)\mathbf{1}_{\{N(t_n-)=k\}}, \quad t \geq 0 \tag{5.55}$$

によって定義する．同様にして，条件付き累積到着（退去）客数過程 $\{A_k(t)\}$ $(\{D_k(t)\})$ を定義する．このとき，基本的な関係式

$$N_k(t) = k\mathbf{1}_{\{N(0)=k\}} + A_k(t) - D_k(t), \quad t \geq 0$$

と点過程 $\{A_k(t)\}$ と $\{D_k(t)\}$ の漸近的性質からパラメータ $\{a_k\}$ と $\{b_k\}$ を定めることができる．$\mathcal{G}$ は $\mathcal{M}$ の一般化であるから

$$\lim_{t\to\infty} \frac{1}{t}\,\mathbb{E}[A_k(t)] = \lambda_k, \qquad \lim_{t\to\infty} \frac{1}{t}\,\mathbb{E}[D_k(t)] = \mu_k$$

が成り立つので

$$b_k = \lambda_k - \mu_k, \quad k \in \mathcal{S}_d \tag{5.56}$$

を得る．条件付き到着および退去過程に対して中心極限定理が成り立つと仮定する．すなわち，正定数 c_{ak}^2, c_{dk}^2 に対して，$t \to \infty$ のとき

$$\frac{A_k(t)-\lambda_k t}{\sqrt{\lambda_k c_{ak}^2 t}} \Rightarrow N(0,1), \qquad \frac{D_k(t)-\mu_k t}{\sqrt{\mu_k c_{dk}^2 t}} \Rightarrow N(0,1)$$

とする．ただし，$N(0,1)$ は標準正規確率変数を表す．式 (C.2) より

$$a_k = \lambda_k c_{ak}^2 + \mu_k c_{dk}^2, \quad k \in \mathcal{S}_d \tag{5.57}$$

を得る．しかし，定数 c_{ak}^2, c_{dk}^2 の明示的な表現を得るためには，点過程 $\{A_k(t)\}$ と $\{D_k(t)\}$ のさらに詳細な構造を必要とする．

例 5.1 — 回線留保方式　**回線留保方式** (trunk reservation scheme) における溢れ呼の問題に関連する予備の窓口群をもつ通信システムを考える．このシステムは容量 r_1 (≥ 0) のバッファをもつ第 1 単一窓口と，第 1 バッファから溢れた客を受け入れる追加容量 r_2 (≥ 0) のバッファをもつ s (≥ 1) 個の第 2 複数窓口から構成される．第 2 窓口でサービス中の客は，サービス終了後に第 1 バッファに空きがあるときはただちに第 1 バッファに入り，空きがない場合は失われると仮定する．第 1 窓口への客の到着時間間隔分布を平均 λ^{-1}，変動係数 c_a^2 の一般分布 F，第 i 窓口 $(i=1,2)$ のサービス時間分布を平均 η_i^{-1}，変動係数 c_i^2 の一般分布 H_i と仮定すると，$k=1,\ldots,r_1+r_2+s+1$ に対して

$$\lambda_k = \lambda, \qquad \mu_k = \eta_1 + \bigl(\min\{k-r_1-1, s\}\bigr)^+ \eta_2$$

となるので

$$b_k = \begin{cases} \lambda - \eta_1, & k = 1,\ldots,r_1 \\ \lambda - \eta_1 - (k-r_1-1)\eta_2, & k = r_1+1,\ldots,r_1+s \\ \lambda - \eta_1 - s\eta_2, & k \geq r_1+s+1 \end{cases}$$

を得る．無限小分散 $\{a_k\}$ については一意に定まらないが，Kimura (2002) は次項で述べる重ね合わせ点過程の再生過程近似を用いて

$$a_k = \begin{cases} \lambda c_a^2 + \eta_1 d_1^2, & k = 1,\ldots,r_1 \\ \lambda c_a^2 + \eta_1 d_1^2 + (k-r_1-1)\eta_2 d_2^2, & k = r_1+1,\ldots,r_1+s \\ \lambda c_a^2 + \eta_1 d_1^2 + s\eta_2 d_2^2, & k \geq r_1+s+1 \end{cases}$$

を提案している．ただし

$$d_i^2 = 1 + \min(\rho, 1)(c_i^2 - 1), \quad i = 1,2$$

◇定常状態確率

クラス $\mathcal{G}$ に属する状態依存待ち行列の拡散モデルに対して，原点に反射壁境界と式 (5.22) によって定義される一般的な区間列

$$\mathcal{I}_0 = \{0\}, \quad \mathcal{I}_k = (x_{k-1}, x_k], \quad k \geq 1$$

を仮定する．このとき，式 (5.15) で与えられる確率密度関数 $q(x)$ は

$$q(x) = \frac{1}{a_k} \exp\left\{\frac{2b_k}{a_k}(x - x_{k-1})\right\} \prod_{j=1}^{k-1} \gamma_j, \quad x \in \mathcal{I}_k,\ k \geq 1 \tag{5.58}$$

と書き直すことができる．ただし

$$\gamma_j = \exp\left\{\frac{2b_j}{a_j}(x_j - x_{j-1})\right\}, \quad j \geq 1 \tag{5.59}$$

である．また，定常状態確率 $\{\pi_i\}$ を得るための離散化法として，出生死滅解 (B.7) との対応を反映した各点型離散化

$$\pi_k = \pi_0 q(x_k) = \frac{\pi_0}{a_k} \prod_{j=1}^{k} \gamma_j, \quad k \geq 1 \tag{5.60}$$

を採用する．

$\mathcal{M} \subset \mathcal{G}$ であるから，特別な場合として到着時間間隔とサービス時間分布が指数分布のときに，拡散近似解が出生死滅解と整合することが望まれる．Kimura (1995) は, $GI/G/s$ 待ち行列に対して, その定常状態確率の拡散近似解が $M/M/s$ に整合するように点列 $\{x_k\}$ を定める**整合離散化** (consistent discretization) とよばれる方法を提案した．Kimura (2002) では，整合離散化法をクラス $\mathcal{G}$ に属する状態依存待ち行列に拡張している．以下ではこの方法を紹介する．

近似対象の $\mathcal{G}$ に属する状態依存待ち行列に関連する $\mathcal{M}$ の出生死滅型待ち行列の定常状態確率を $\{\pi_k^*\}_{k\in\mathcal{S}_d}$ と表すことにする．付録 B の平衡方程式 (B.5) より

$$\frac{\pi_k^*}{\pi_{k-1}^*} = \frac{\lambda_{k-1}}{\mu_k}, \quad k \geq 1 \tag{5.61}$$

が成り立つ．一方，拡散近似解 (5.60) は

$$\frac{\pi_k}{\pi_{k-1}} = \frac{a_{k-1}}{a_k}\gamma_k, \quad k \geq 1 \tag{5.62}$$

となる．ただし，$a_0 \equiv 1$ としている．出生死滅型待ち行列に対して，拡散近似による式 (5.62) が式 (5.61) と一致させると

$$\gamma_k^* = \frac{a_k^*}{a_{k-1}^*}\frac{\lambda_{k-1}}{\mu_k}, \quad k \geq 1 \tag{5.63}$$

を得る．ただし，記号 $*$ は出生死滅型待ち行列に対する拡散近似解に現れる諸量を表す．式 (5.59), (5.63) より，$\{\gamma_k\}$ に含まれる点列 $\{x_k\}$ $(x_0 \equiv 0)$ に対する再帰式

$$x_k - x_{k-1} = \frac{a_k^*}{2b_k}\log\left(\frac{a_k^*}{a_{k-1}^*}\frac{\lambda_{k-1}}{\mu_k}\right), \quad k \geq 1 \tag{5.64}$$

を得る [*15]．ここで，分割点列 $\{x_k\}$ は $\mathcal{G}$ に属する近似対象待ち行列の到着・サービス時間分布に関して不変であると仮定する．$GI/G/1$ 待ち行列に対する分割点列 (5.44) は，$GI/M/1$ との整合性に基づいて同様に導かれている．このとき，式 (5.64) を式 (5.59) に代入することで

$$\gamma_k = \left(\frac{a_k^*}{a_{k-1}^*}\frac{\lambda_{k-1}}{\mu_k}\right)^{\alpha_k}, \quad \alpha_k = \frac{a_k^*}{a_k}, \quad k \geq 1 \tag{5.65}$$

が導かれる．したがって，式 (5.60), (5.65) より

$$\pi_k = \frac{\pi_0}{a_k}\prod_{j=1}^{k}\left(\frac{a_j^*}{a_{j-1}^*}\frac{\lambda_{j-1}}{\mu_j}\right)^{\alpha_j}, \quad k \geq 1 \tag{5.66}$$

となる．ただし，系が空である確率 π_0 は正規化条件 $\sum_{k\in\mathcal{S}_d}\pi_k = 1$ より得られる．

5.4.2　$M/G/s/r$ 待ち行列

前項の基本モデルは，形式的にはクラス $\mathcal{M}$ に属する任意の待ち行列に適用可能であるが，近似解としての精度を高めるためには，対象とする待ち行列に関する既知の性質（e.g., 保存則，頑健性，極限定理，PASTA など）が重要な役割を果たす．このことを考慮し，4.4 節で学んだ $M/G/s/r$ 待ち行列に対して，基本モデルをカスタマイズした拡散モデルを構築する [*16]．

---

*15)　式 (5.56) より，$b_k^* = b_k$ であることに注意すること．

*16)　$GI/G/s/r$ 待ち行列への拡張については Kimura (2003) を参照のこと．

◇無限小パラメータ

到着過程はパラメータ λ のポアソン過程であるから，$\lambda_k = \lambda$, $c_{ak}^2 = 1$ が成り立つ．条件付き累積退去客数過程 $D_k(t)$ の漸近的性質を得るために，Kimura (1995) にしたがって，$D_k(t)$ を連続的に稼働している独立な $\min(k,s)$ 個のサービス過程の重ね合わせ

$$D_k(t) \approx \sum_{j=1}^{\min(k,s)} S_j(t), \quad t \geq 0,\ k \geq 1 \tag{5.67}$$

で近似する．ただし，$S_j(\cdot)$ $(j = 1, \ldots, s)$ はその再生点がサービス時間分布 H によって生成される計数過程である．この近似より

$$\mu_k = \lim_{t\to\infty} \frac{1}{t}\,\mathbb{E}[D_k(t)] = \min(k,s)\mu, \quad k \geq 1$$

がただちにしたがう．したがって，$D_k(t)$ の無限小平均については

$$b_k = \lambda - \min(k,s)\mu, \quad k \geq 1 \tag{5.68}$$

となる．c_{dk}^2 については，重ね合わせ点過程の再生過程近似に関する結果（付録 C.3 節）を用いる．式 (5.67) より $c_{dk}^2 = c_{ds}^2$ $(k \geq s)$ であるから，$k = 1, \ldots, s$ に対して，定常間隔法による近似を $c_{dk}^2(\mathrm{SIM})$，漸近法による近似を $c_{dk}^2(\mathrm{AM})$ と表すと

$$\begin{aligned} c_{dk}^2(\mathrm{SIM}) &= 2k\mu \int_0^\infty \{1 - H_e(t)\}^k \mathrm{d}t - 1 \\ c_{dk}^2(\mathrm{AM}) &= c_s^2 \end{aligned} \tag{5.69}$$

で与えられる [*17)]．$c_{dk}^2(\mathrm{SIM})$ は平衡分布 H_e を含んでいるので，$r = \infty$ のとき ED レジームの意味での重負荷の極限状況に対する式 (5.1) と整合しない．このため，拡散モデルの無限小パラメータの同定においては，式 (5.1) と整合する $c_{dk}^2(\mathrm{AM}) = c_s^2$ の方が適している．しかし，$r = 0$ のとき，$k = 1, \ldots, s-1$ に対して c_{dk}^2 がサービス時間分布依存性をもつことは，$M/G/s/0$ 待ち行列のもつ頑健性と整合しない．また，$M/M/s/r$ 待ち行列 (i.e., $c_s^2 = 1$) に対しては $c_{dk}^2 = 1$ を満たす必要がある．これらの整合性に関する条件を満たす候補として，Kimura (2002) によって提案された

---

*17) $c_{dk}^2(\mathrm{SIM})$ の導出法の詳細については Kimura (1995), 式 (3.11) を参照のこと．

$$c_{dk}^2 = \begin{cases} 1, & k = 1, \ldots, s-1 \\ 1 + \min(\rho, 1)(c_s^2 - 1), & k \geq s \end{cases} \tag{5.70}$$

を採用する．したがって，$D_k(t)$ の無限小分散については

$$a_k = \begin{cases} \lambda + k\mu, & k = 1, \ldots, s-1 \\ \lambda + s\mu\bigl(1 + \min(\rho, 1)(c_s^2 - 1)\bigr), & k \geq s \end{cases} \tag{5.71}$$

となる．

例 5.2 — $GI/G/s$ **機械修理人モデル**　　サービス過程の重ね合わせ近似 (5.67) のアイディアは，$GI/G/s/\cdot/K$ 待ち行列にも応用することができる．すなわち，k 台の機械が修理中のときに，条件付き累積到着客数過程 $A_k(t)$ を独立な $K-k$ 個の稼働過程の重ね合わせ

$$A_k(t) = \sum_{j=1}^{K-k} R_j(t), \quad t \geq 0,\ k = 0, \ldots, K-1 \tag{5.72}$$

で近似する．ただし，$R_j(\cdot)$ $(j = 1, \ldots, K)$ はその再生点が稼働時間分布 F によって生成される計数過程である．この近似と $GI/G/s/\cdot/K$ 待ち行列の定常分布が c_a^2 に関して近似的に頑健であるというシミュレーション結果に基づいて，Kimura (2002) は

$$\begin{aligned} b_k &= (K-k)\lambda - \min(k, s)\mu \\ a_k &= (K-k)\lambda + \min(k, s)\mu c_{dk}^2 \end{aligned} \tag{5.73}$$

を提案している．ただし，c_{dk}^2 は式 (5.70) で与えられる．

◇定常状態確率

定常状態確率 π_k $(k = 0, \ldots, s+r)$ を定めるにあたって，境界挙動の影響を直接受ける確率質量 π_0 と π_{s+r} については，状態空間内部での挙動を支配する拡散方程式とは別のダイナミクスを考える必要がある．π_k $(k = 1, \ldots, s+r-1)$ については，基本モデルの式 (5.66) によって定める．式 (5.68), (5.71) より

$$\pi_k = \begin{cases} \pi_0 \xi_k, & k = 0, 1, \ldots, s-1 \\ \pi_0 \xi_s \widetilde{\rho}^{\,k-s}, & k = s, \ldots, s+r-1 \end{cases} \tag{5.74}$$

を得る．ただし，$\xi_0 \equiv 0, \widetilde{\rho} = \rho^{\alpha_s}$ とし，$k = 1, \ldots, s$ に対して

$$\xi_k = \frac{1}{a_k} \prod_{j=1}^{k} \left(\frac{a_j^*}{a_{j-1}^*} \frac{s\rho}{j} \right)^{\alpha_j}, \quad \alpha_k = \frac{a_k^*}{a_k} = \frac{\lambda + k\mu}{\lambda + k\mu c_{dk}^2} \tag{5.75}$$

と定義する．π_0 と π_{s+r} については, 正規化条件 $\sum_{k=0}^{s+r} \pi_k = 1$ に加えて, PASTA の性質を用いた $M/G/s/r$ 待ち行列に対する率保存条件

$$\lambda(1 - \pi_{s+r}) = \mu \mathbb{E}[\min\{N, s\}] = s\mu \left\{ 1 - \sum_{k=0}^{s-1} \left(1 - \frac{k}{s} \right) \pi_k \right\}$$

に着目する．これらの条件式より，損失確率 π_{s+r} は

$$\pi_{s+r} = \frac{1}{\rho} \left\{ \rho - 1 + \pi_0 \sum_{k=0}^{s-1} \left(1 - \frac{k}{s} \right) \xi_k \right\} \tag{5.76}$$

系が空である確率 π_0 は

$$\pi_0 = \begin{cases} \left[\displaystyle\sum_{k=0}^{s-1} \left(1 + \rho - \frac{k}{s} \right) \xi_k + \frac{1 - \widetilde{\rho}^r}{1 - \widetilde{\rho}} \rho \xi_s \right]^{-1}, & \rho \neq 1 \\ \left[\displaystyle\sum_{k=0}^{s-1} \left(2 - \frac{k}{s} \right) \xi_k + r\xi_s \right]^{-1}, & \rho = 1 \end{cases} \tag{5.77}$$

で与えられる．定常状態確率 $\{\pi_k\}$ から待ち特性量に対する明示的な近似式を得ることができる（問題 5.3).

整合離散化法の原理から，定常状態確率 $\{\pi_k\}$ は $M/M/s/r$ 待ち行列の厳密解と整合する．また，$k = 1, \ldots, s-1$ に対して $\alpha_k = 1$, $\xi_k = (s\rho)^k/k!$ となることから，$r = 0$ のとき $\pi_0^{-1} = \sum_{k=0}^{s} (s\rho)^k/k!$, $\pi_s = \pi_0 (s\rho)^s/s!$ となり，$M/G/s/0$ 待ち行列とも整合していることが確かめられる．

5.4.3　ALOHA 方式の性能評価

無線 LAN のように，複数の端末が共通のチャネルリソース上で自由にデータ送信を行う場合, 端末間の競合を回避するためのルールが必要となる．データはフレーム (frame) とよばれる単位に分割され送信される．フレーム相互に競合が生じたとき，ランダムな時間経過後に衝突したフレームを再送するなどの手順を付加したルールをランダムアクセスプロトコル (random access protocol) と

よぶ．ALOHA 方式は，ハワイ大学の構内無線 LAN 構築の際に用いられた初期のランダムアクセスプロトコルの名称であり，ピュア ALOHA (pure ALOHA) 方式とその改良版であるスロット付き ALOHA (slotted ALOHA) 方式に大別される [*18]．

ピュア ALOHA 方式では任意のタイミングで送信が許可されている．フレーム送信中に他の端末がフレームを送信していなければ送信は成功するが，すでに他の端末が送信中あるいは送信中に他の端末が新たにフレーム送信を開始すると，フレーム衝突が生じて送信は失敗する．衝突を起こし再送を待っているフレームをバックログ (backlog) とよぶ．一方，スロット付き ALOHA 方式では，全端末間で同期されている時間軸がスロット (slot) とよばれる単位に分割され，各端末はスロットの開始時点でフレームの送信を行うという制約が課せられる．この制約以外はピュア ALOHA 方式と同様である．

Kobayashi et al. (1977) は以下の仮定の下で，拡散近似による ALOHA 方式の性能評価を行った．すなわち，システム内の端末台数を K 台とし，第 i ユーザ $(i = 1, \ldots, K)$ の再送時間間隔を R_i で表す．$\{R_i\}$ は独立で平均 γ^{-1} の同一の指数分布にしたがっていると仮定する．また，第 i ユーザがフレーム送信に成功した時点から新たなフレームを送信するまでの応答時間を U_i で表し，$\{U_i\}$ は独立で平均 ω^{-1} の同一の指数分布にしたがっていると仮定する．ピュア ALOHA 方式においては，フレーム長 L は分布関数 $G_L(t) = \mathbb{P}\{L \le t\}$ $(t \ge 0)$ にしたがう確率変数であると仮定する．さらに，スロット付き ALOHA 方式におけるスロットは固定長 $\tau > 0$ をもち，各バックログの再送遅延回数はパラメータ $p = 1 - \mathrm{e}^{-\gamma\tau}$ の幾何分布によって定まると仮定する．このとき，Kobayashi et al. (1977) はバックログ個数過程 $\{N(t)\}$ に対して，原点に反射壁境界，状態依存無限小パラメータ

$$b(x) = (K - x)\nu - d(x), \qquad a(x) = (K - x)\nu + d(x) \tag{5.78}$$

をもつ拡散モデルを提案した．ただし，$\nu = \gamma\omega/(\gamma - \omega)$,

$$d(x) = \begin{cases} \gamma x G_L^*(\gamma x) G_L^*\big(\gamma(x-1)\big), & \text{ピュア ALOHA 方式} \\ \gamma x \mathrm{e}^{-\gamma\tau(x-1)}, & \text{スロット付き ALOHA 方式} \end{cases}$$

---

*18) 帯域使用効率が高い他の方式については塩田 他 (2014)，第 11 章を参照のこと．

と定義され，$\theta \in \mathbb{C}$ $(\mathrm{Re}(\theta) > 0)$ に対して $G_L^*(\theta) = \mathbb{E}\left[\mathrm{e}^{-\theta L}\right]$ はフレーム長分布の LST を表す．

非線形無限小パラメータをもつ拡散方程式を解くことは容易ではないため，Kobayashi et al. (1977) では $b(x)$ については $x = \bar{x}$ における $d(x)$ のテーラー展開による線形関数近似

$$b(x) \approx (K - x)\nu - \left\{d(\bar{x}) + d'(\bar{x})(x - \bar{x})\right\}$$

$a(x)$ については定数近似

$$a(x) \approx a(\bar{x}) = (K - \bar{x})\nu + d(\bar{x})$$

を行っている．ただし，$\bar{x}$ は超越方程式

$$(K - x)\nu - d(x) = 0, \quad x \in (0, K)$$

の正の最小根である．これらの近似無限小パラメータをもつ拡散過程は OU 過程となるため容易に解析できるが，$d(x)$ は x の単峰性関数であることが知られており，線形関数・定数近似ではモデルとして不自然である．Kimura (1987) は Kobayashi et al. (1977) モデルの改良として，原点に基本復帰境界，$k = 1, \ldots, K$ に対して区間列 $\mathcal{I}_k = (k-1, k]$，区分的定数無限小パラメータ

$$b_k = (K - k)\nu - d(k), \qquad a_k = (K - k)\nu + d(k)$$

をもつ拡散モデルを提案し，積分型離散化によって定常状態確率 $\{\pi_k\}$ を求めている．このモデルは，無限小パラメータの第 1 項が準ランダム到着（2.3 節）を表すことから，非線形な修理能力をもつ機械修理人モデルに相当する．

Kobayashi et al. (1977) と Kimura (1987) の拡散モデルを比較するにあたって，スロット付き ALOHA 方式に対する特性量を定義する．1 スロットあたりの平均送信フレーム数 λ をスループット (throughput) といい

$$\lambda = \tau \sum_{k=0}^{K} d(k)\pi_k \tag{5.79}$$

と定義される．また，Kobayashi et al. (1977) の式 (43) から，平均バックログ数 $\mathbb{E}[Q]$ は

表 5.1 スロット付き ALOHA 方式の性能評価における拡散モデルの比較

モデル	λ	$\mathbb{E}[Q]$
厳密解	0.317	4.78
Kobayashi et al. (1977)	0.306	4.32
Kimura (1987)	0.320	4.72

$$\mathbb{E}[Q] = \sum_{k=0}^{k} k\pi_k - \frac{\lambda}{\gamma\tau} \tag{5.80}$$

で与えられる．表 5.1 は，Kobayashi et al. (1977) に示された数値例（$K = 50$, $\gamma = 0.05/\tau$, $\omega = 0.007/\tau$）について，2 つの拡散モデルのスループットと平均バックログ数に対する数値計算結果を厳密解と比較したものである．明らかに，Kimura (1987) の拡散モデルの方が良好な近似を与えている．

演 習 問 題

問題 5.1　QED レジームの極限状況にあるアーラン A モデルに対して

$$\lim_{s\to\infty} \sqrt{s}\,\mathbb{P}\{\mathcal{A} \mid W > 0\} = \frac{h(\delta\beta)}{\delta} - \beta \tag{5.81}$$

が成り立つことを証明せよ．

問題 5.2　原点に基本復帰境界をもつ拡散モデルを用いて，$M/G/1$ 待ち行列の定常状態における

(1) 状態確率

(2) 仮待ち時間の確率密度関数とその平均

に対する拡散近似解を求めよ．

問題 5.3　$M/G/s/r$ 待ち行列の拡散近似解 $\{\pi_k\}$ を用いて，すべての窓口が稼働中である確率 Π，平均系内客数 $\mathbb{E}[Q]$，システムに入ることを許された客の平均待ち時間 $\mathbb{E}[W]$ およびその待ち確率 $\mathbb{P}\{W > 0\}$ に対する近似式を求めよ．

CHAPTER 6

待ち行列ネットワーク

交通網，情報通信網（例 1.3），生産ライン（例 1.4）などの社会基盤に現れる待ち行列システムでは，複数のサービス施設がネットワーク状に結合され，各施設が同時にあるいは非同期的にサービスを行っている．このようなネットワーク構造をもつサービスシステムにおける輻輳現象を解析し，その性能評価をするための枠組みが待ち行列ネットワーク (Queueing Network; QN) である．

客が QN 外部からネットワーク内の任意の施設に到着し，ネットワーク内でのサービスを受けた後，最終的には任意の施設から QN 外部へ退去する場合，この QN は開いているといい，**開放型** QN (open QN) とよぶ．一方，多重アクセス計算機システム（例 1.2）のように，客が QN 外部から到着および QN 外部へ退去できない場合，この QN は閉じているといい，**閉鎖型** QN (closed

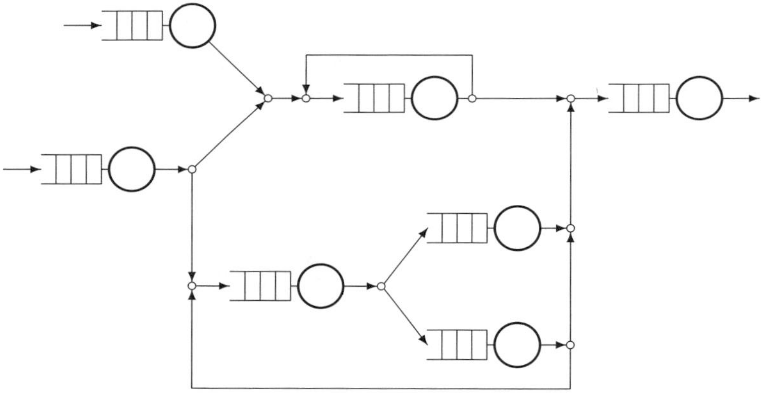

図 6.1　開放型待ち行列ネットワークの例

QN) とよぶ．閉鎖型 QN 内の客数は常に一定である．1 人の客が退去するときにのみ新しい客の到着が許される QN も，閉鎖型 QN とみなすことができる．また，客に複数のクラスが存在し，あるクラスの客にとっては開放型，別のクラスの客にとっては閉鎖型となる QN を**混合型** QN (mixed QN) とよぶ．

本章では，ジャクソンネットワークとよばれる無限容量をもつ各施設でのサービス時間分布が指数分布にしたがう QN に対して，第 2 章で用いた出生死滅過程の理論を多次元に拡張することで，定常状態における厳密解を与える．客の到着過程やサービス時間分布を一般化することは単独の待ち行列の場合以上に困難であり，通常はシミュレーションに頼らざるを得ない．この一般化の試みとして，第 5 章で学んだ拡散近似の QN への適用とパラメトリック分解近似について紹介する．

6.1 ジャクソンネットワーク

6.1.1 マルコフ型経路選択

ネットワーク内には $1, 2, \ldots, M$ と番号付けられた全部で M 個のサービス施設が存在し，各施設はそれぞれに行列を生ずると仮定する．ネットワークを抽象化したグラフとの対応から各施設をノード (node) とよび，ノード番号の集合を $\mathcal{M} = \{1, \ldots, M\}$ と表すことにする．各ノードは無限容量の待合室をもつと仮定する．したがって，客の損失は起こり得ない．また，ノード i での客のサービス時間は独立で同じ分布にしたがう確率変数で，他のノードでのサービス時間とも独立であると仮定する．さらに，開放型 QN の場合，外部からの客の到着過程とも独立であると仮定する．

ノード i でのサービスを終えた客の中で，次にノード j でのサービスを要求する客の割合を $r_{ij} \geq 0$ $(i, j \in \mathcal{M})$ で表す．客がノード i でのサービス終了後，それまでの経路とは無関係に確率 r_{ij} で次に進むノード j を選択するとき，この経路選択ルールは**マルコフ型** (Markovian) であるといい，r_{ij} を**経路選択確率** (routing probability) という．また，r_{ij} を (i, j) 要素とする $M \times M$ 行列 $R = (r_{ij})$ を**経路選択行列** (routing matrix) とよぶ．本書ではマルコフ型経路選択ルールにしたがう QN のみを解析対象とする．

6.1.2 開放型ジャクソンネットワーク

開放型 QN の場合，ノード i でのサービス終了後，確率

$$r_{i0} \equiv 1 - \sum_{j \in \mathcal{M}} r_{ij} \geq 0, \quad i \in \mathcal{M}$$

で QN 外部へ退去する．以後，便宜上，QN 外部を仮想的なノード 0 で表すことにする．このとき，経路選択行列 R は状態 0 を吸収状態とするある吸収マルコフ連鎖（付録 A. 2 節）の推移確率行列の部分行列に相当し，過渡状態間の推移を表している．QN が開放型ならば，$r_{i0} > 0$ となるノード i が少なくとも 1 つは存在するので，行列 $I - R$ は正則となる [*1)]．

時刻 $t \geq 0$ におけるノード i ($i \in \mathcal{M}$) 内のサービス中の客を含む総客数を $N_i(t)$ で表す．$N_i(t) = n_i$ (≥ 0) のとき，ノード i でのサービス時間が状態依存サービス率 $\mu_i(n_i)$ の指数分布にしたがい [*2)]，QN 外部からノード i への客の到着過程が到着率 λ_{0i} のポアソン過程にしたがうならば，この QN を**開放型ジャクソンネットワーク** (open Jackson network) とよぶ [*3)]．ネットワークの状態を定義する M 次元過程 $\boldsymbol{N}(t) = \bigl(N_1(t), \ldots, N_M(t)\bigr)$ は，第 2 章の基本的ツールであった出生死滅過程の多次元版に他ならない．

$\boldsymbol{n} = (n_1, \ldots, n_M)$ に対して，$\boldsymbol{N}(t)$ の状態確率を

$$p(\boldsymbol{n}, t) = \mathbb{P}\{\boldsymbol{N}(t) = \boldsymbol{n}\}, \quad t \geq 0$$

と定義すると，1 次元の出生死滅過程と同様にして，コルモゴロフの前進方程式を導くことができる．すなわち，$\boldsymbol{n} \neq \boldsymbol{0}$ に対して

$$\begin{aligned}\frac{\mathrm{d}}{\mathrm{d}t} p(\boldsymbol{n}, t) &= -\left(\lambda_0 + \sum_{i \in \mathcal{M}} \mu_i(n_i)\right) p(\boldsymbol{n}, t) \\ &\quad + \sum_{i \in \mathcal{M}} \lambda_{0i} \mathbf{1}_{\{n_i > 0\}} p(\boldsymbol{n} - \mathbf{1}_i, t) + \sum_{j \in \mathcal{M}} r_{j0} \mu_j(n_j + 1) p(\boldsymbol{n} + \mathbf{1}_j, t) \\ &\quad + \sum_{i \in \mathcal{M}} \sum_{j \in \mathcal{M}} r_{ji} \mu_j(n_j + 1 - \delta_{ij}) \mathbf{1}_{\{n_i > 0\}} p(\boldsymbol{n} + \mathbf{1}_j - \mathbf{1}_i, t) \end{aligned} \tag{6.1}$$

---

*1) 証明については宮沢 (2013), 補題 4.2.1 を参照のこと．

*2) $\mu_i(n_i) = \mu_i \equiv$ 定数 のときは単一指数窓口，$\mu_i(n_i) = \min\{n_i, s_i\}\mu_i$ のときは窓口数 s_i の複数指数窓口のサービス施設を表す．

*3) Jackson (1957) によって最初に提案されたことからこの名がある．

$\boldsymbol{n} = \boldsymbol{0}$ に対しては

$$\frac{\mathrm{d}}{\mathrm{d}t}\,p(\boldsymbol{0}, t) = -\lambda_0 p(\boldsymbol{0}, t) + \sum_{j \in \mathcal{M}} r_{j0}\mu_j(1)p(\boldsymbol{1}_j, t) \tag{6.2}$$

を得る．ただし，$\lambda_0 = \sum_{i \in \mathcal{M}} \lambda_{0i}$, $\boldsymbol{1}_i = (0, \ldots, 0, \overset{i}{\check{1}}, 0, \ldots, 0) \in \mathbb{Z}_+^M$ $(i \in \mathcal{M})$, δ_{ij} はクロネッカーのデルタ (Kronecker's delta) を表す．

$t \to \infty$ のとき，ネットワークが平衡を保ち，定常状態が存在すると仮定する．このとき，各ノードにおいて単位時間あたりに退去する平均客数は，当該ノードへ単位時間あたりに到着する平均客数と等しくなければならない．したがって，定常状態において，QN 外部と内部の他のノードからノード i へ到着するすべての客について合算した到着率を λ_i と定義すると

$$\lambda_j = \lambda_{0j} + \sum_{i \in \mathcal{M}} \lambda_i r_{ij}, \quad j \in \mathcal{M} \tag{6.3}$$

が成立する．式 (6.3) は，変数 $\{\lambda_i\}$ に関する線形方程式とみなされ，**トラヒック方程式** (traffic equation) とよばれる．トラヒック方程式は，$\boldsymbol{\lambda} = (\lambda_1, \ldots, \lambda_M)$, $\boldsymbol{\lambda}_0 = (\lambda_{01}, \ldots, \lambda_{0M})$ とベクトル表記すると，$\boldsymbol{\lambda} = \boldsymbol{\lambda}_0 + \boldsymbol{\lambda}R$ と書き直すことができるため，行列 $I - R$ の正則性より，一意な解

$$\boldsymbol{\lambda} = \boldsymbol{\lambda}_0(I - R)^{-1} \tag{6.4}$$

をもつ．以上の前提となる定常状態が存在する条件については，例 B.5 より

$$\sum_{n_i=0}^{\infty} \prod_{j=1}^{n_i} \frac{\lambda_i}{\mu_i(j)} < \infty, \quad i \in \mathcal{M} \tag{6.5}$$

がすべてのノード i について成り立つことが 1 つの十分条件と考えられる．実際，条件 (6.5) は開放型ジャクソンネットワークに定常状態が存在するための必要十分条件であることが知られている [*4]．

条件 (6.5) が成り立ち，系内客数過程 $\{\boldsymbol{N}(t)\}_{t \geq 0}$ に定常状態が存在すると仮定する．このとき，前進方程式 (6.1), (6.2) より，定常分布 $\pi(\boldsymbol{n}) \equiv \lim_{t \to \infty} p(\boldsymbol{n}, t)$ は大域平衡方程式：$\boldsymbol{n} \neq \boldsymbol{0}$ に対して

---

*4) $\mu_i(n_i) = \mu_i$ のときの証明については宮沢 (2013), 系 4.2.1 を参照のこと．

$$\left(\lambda_0 + \sum_{i\in\mathcal{M}} \mu_i(n_i)\right)\pi(\boldsymbol{n})$$
$$= \sum_{i\in\mathcal{M}} \lambda_{0i}\mathbf{1}_{\{n_i>0\}}\pi(\boldsymbol{n}-\mathbf{1}_i) + \sum_{j\in\mathcal{M}} r_{j0}\mu_j(n_j+1)\pi(\boldsymbol{n}+\mathbf{1}_j)$$
$$+ \sum_{i\in\mathcal{M}}\sum_{j\in\mathcal{M}} r_{ji}\mu_j(n_j+1-\delta_{ij})\mathbf{1}_{\{n_i>0\}}\pi(\boldsymbol{n}+\mathbf{1}_j-\mathbf{1}_i) \tag{6.6}$$

$\boldsymbol{n}=\mathbf{0}$ に対しては

$$\lambda_0\pi(\mathbf{0}) = \sum_{j\in\mathcal{M}} r_{j0}\mu_j(1)\pi(\mathbf{1}_j) \tag{6.7}$$

の解として与えられる.

定理 6.1　開放型ジャクソンネットワークの系内客数過程 $\{\boldsymbol{N}(t)\}_{t\geq 0}$ の定常分布は，条件 (6.5) が成り立つとき

$$\pi(\boldsymbol{n}) = \prod_{i\in\mathcal{M}} \pi_i(n_i), \quad \boldsymbol{n}\geq\mathbf{0} \tag{6.8}$$

で与えられる．ただし，$n_i \geq 1$ ($i\in\mathcal{M}$) に対して

$$\pi_i(n_i) = \pi_i(0)\prod_{j=1}^{n_i}\frac{\lambda_i}{\mu_i(j)}, \qquad \pi_i(0) = \left[1+\sum_{n_i=1}^{\infty}\prod_{j=1}^{n_i}\frac{\lambda_i}{\mu_i(j)}\right]^{-1} \tag{6.9}$$

である.

証明　$\pi(\boldsymbol{n})$ を用いて 2 つの関数

$$A(\boldsymbol{n}) \equiv \lambda_0\pi(\boldsymbol{n}) - \sum_{j\in\mathcal{M}} r_{j0}\mu_j(n_j+1)\pi(\boldsymbol{n}+\mathbf{1}_j)$$
$$B_i(\boldsymbol{n}) \equiv \lambda_i\mathbf{1}_{\{n_i>0\}}\pi(\boldsymbol{n}-\mathbf{1}_i) - \mu_i(n_i)\pi(\boldsymbol{n}), \quad i\in\mathcal{M}$$

を定義する．また，トラヒック方程式 (6.3) から関係式

$$\sum_{j\in\mathcal{M}} r_{ji}\lambda_j = \lambda_i - \lambda_{0i}, \quad i\in\mathcal{M}, \qquad \lambda_0 = \sum_{i\in\mathcal{M}}\lambda_i r_{i0} \tag{6.10}$$

が導かれる．式 (6.8) で与えられる $\pi(\boldsymbol{n})$ は，式 (6.10) より，すべての $\boldsymbol{n}$ に対して

$$A(\boldsymbol{n}) = 0, \qquad B_i(\boldsymbol{n}) = 0, \quad i\in\mathcal{M} \tag{6.11}$$

を満たすことがわかる．大域平衡方程式 (6.6) は

$$A(\boldsymbol{n}) = \sum_{i \in \mathcal{M}} \left[B_i(\boldsymbol{n}) - \sum_{j \in \mathcal{M}} r_{ji} \mathbf{1}_{\{n_i > 0\}} B_j(\boldsymbol{n} + \mathbf{1}_j - \mathbf{1}_i) \right] \tag{6.12}$$

と書き直すことができるので，式 (6.11) より式 (6.12) は常に成り立ち，式 (6.8) が大域平衡方程式の解であることが示された．式 (6.9) の $\pi_i(0)$ $(i \in \mathcal{M})$ は，正規化条件 $\sum_{n_i=0}^{\infty} \pi_i(n_i) = 1$ よりしたがう． □

定理 6.1 の証明の中で示した等式

$$B_i(\boldsymbol{n}) = 0, \quad i \in \mathcal{M}$$

は，$\boldsymbol{n} \neq \mathbf{0}$ に対して次のように書き直すことができる．

$$\mu_i(n_i)\pi(\boldsymbol{n}) = \lambda_i \mathbf{1}_{\{n_i > 0\}} \pi(\boldsymbol{n} - \mathbf{1}_i), \quad i \in \mathcal{M} \tag{6.13}$$

この式は 1 次元の出生死滅過程に対する再帰式 (B.5) の多次元版に相当し，**局所平衡** (local balance) を表している．このため，式 (6.11) を**局所平衡方程式** (local balance equation) とよぶ．

定理 6.1 は，系内客数過程 $\{\boldsymbol{N}(t)\}_{t \geq 0}$ の定常分布が，各ノードの周辺分布の積で表されることを示している．この解の形式を**積形式** (product form) という．積形式解は，ノード i $(i \in \mathcal{M})$ が到着率 λ_i のポアソン到着と状態依存サービスにしたがう独立した $M/M(n_i)/1$ 待ち行列のように振る舞うことを示している．バークの退去定理（定理 2.9）は，単独の $M/M(n)/1$ 待ち行列の退去過程は到着過程と同じパラメータをもつポアソン過程になることを保証しており，重ね合わせと分解に関してポアソン性は保存されるため（1. 2. 4 項），マルコフ型経路選択ルールの下ではこの結論は正しいように思われる．しかし，QN 内のノードにおける到着過程は必ずしもポアソン過程にはならない．例えば，$r_{ii} > 0$ となる**フィードバック** (feedback) のあるノードの退去過程，したがって他のノードへの到着過程は一般にはポアソン過程ではない [*5]．積形式解は，結果として，ノード i での周辺分布が $M/M(n_i)/1$ 待ち行列と同一であ

[*5] 具体例については塩田 他 (2014), pp. 114–115 を参照のこと．

ることを示しているに過ぎない．

開放型ジャクソンネットワークの系内客数過程 $\{\boldsymbol{N}(t)\}_{t\geq 0}$ の定常状態分布が積形式で与えられることにより，第2章の解析結果に基づいて，各ノードにおける利用率，平均系内客数，平均行列長，平均待ち時間などの待ち特性量を導出可能である．また，各ノードが無限容量の待合室をもつという仮定から，スループットとよばれる各ノードから退去する単位時間あたりの平均客数は，定常状態においてはトラヒック方程式の解 $\boldsymbol{\lambda}$ と一致する．さらに，**総スループット** (overall throughput) を単位時間あたりに QN 外部へ退去する平均客数と定義すると，QN 外部からの客の総到着率 λ_0 と一致する．式 (6.10) の第2式はこのことを確かに裏づけている．

6.1.3　閉鎖型ジャクソンネットワーク

外部からの客の到着と外部への客の退去がない (i.e., $\lambda_{0i} = 0, r_{i0} = 0, i \in \mathcal{M}$) 点を除いて，開放型ジャクソンネットワークと同じ仮定の下で閉鎖型 QN を考える．この QN はゴードン・ニューエルネットワーク (Gordon-Newell network) とよばれることもある *6)．閉鎖型 QN 内の客数は一定であり，この固定された客数を

$$\sum_{i\in\mathcal{M}} n_i = K < \infty$$

で表す．有限容量待ち行列の場合と同様に，閉鎖型 QN に対しては常に定常状態が存在するため，以下では系内客数過程は定常状態にあると仮定する．

仮定 $\lambda_{0i} = 0$ $(i \in \mathcal{M})$ より，閉鎖型ジャクソンネットワークに対するトラヒック方程式は，未知ベクトル $\boldsymbol{\lambda}$ に対する線形方程式 $\boldsymbol{\lambda} = \boldsymbol{\lambda}R$ で与えられる．R は確率行列 ($\sum_{j\in\mathcal{M}} r_{ij} = 1, i \in \mathcal{M}$) であるため，$\boldsymbol{\lambda}$ は一意には定まらない．しかし，R を推移確率行列とする離散時間マルコフ連鎖が既約である（付録 A.2 節）と仮定すると，ノード数が有限であることから正再帰的であり（命題 A.9），$\boldsymbol{\lambda}$ は正の解をもち（命題 A.13）定数倍を除いて定まる．ここで，ノード1に対するノード i の**相対到着率** (relative arrival rate) を $e_i = \lambda_i/\lambda_1$ $(i \in \mathcal{M})$ と定

---

*6) Gordon and Newell (1967) によって正規化定数 $G(K)$（後述）の計算法に関する研究が行われたことからこの名がある．

義すると，$\boldsymbol{e} = (e_1, \ldots, e_M)$ に対する線形方程式

$$e_1 = 1, \qquad \boldsymbol{e} = \boldsymbol{e}R \tag{6.14}$$

は一意な解をもつ．命題 A.12 より，ノード i への平均再帰時間 m_{ii} を用いて $e_i = m_{ii}^{-1}/m_{11}^{-1}$ $(i \in \mathcal{M})$ と表されるので，e_i はノード 1 への再帰時間内のノード i への客の平均訪問回数を表す．

閉鎖型 QN の定常分布 $\pi(\boldsymbol{n})$ に対する大域平衡方程式は

$$\sum_{i\in\mathcal{M}} \mu_i(n_i)\pi(\boldsymbol{n}) = \sum_{i\in\mathcal{M}}\sum_{j\in\mathcal{M}} r_{ji}\mu_j(n_j+1-\delta_{ij})\mathbf{1}_{\{n_i>0\}}\pi(\boldsymbol{n}+\mathbf{1}_j-\mathbf{1}_i) \tag{6.15}$$

となる．開放型 QN の場合と同様にして次の定理を得る．

定理 6.2　閉鎖型ジャクソンネットワークの系内客数過程 $\{\boldsymbol{N}(t)\}_{t\geq 0}$ の定常分布は

$$\pi(\boldsymbol{n}) = \frac{1}{G(K,M)}\prod_{i\in\mathcal{M}} \alpha_i(n_i), \quad \boldsymbol{n} \in \mathcal{S}(K,\mathcal{M}) \tag{6.16}$$

で与えられる．ただし

$$\mathcal{S}(K,\mathcal{M}) = \{\boldsymbol{n} :\, n_i \geq 0\ \ (i\in\mathcal{M}),\ \sum_{i\in\mathcal{M}} n_i = K\} \tag{6.17}$$

$n_i = 1, \ldots, K$ $(i \in \mathcal{M})$ に対して

$$\alpha_i(n_i) = \prod_{j=1}^{n_i} \frac{e_i}{\mu_i(j)}, \qquad G(K,M) = \sum_{\boldsymbol{n}\in\mathcal{S}(K,\mathcal{M})}\prod_{i\in\mathcal{M}} \alpha_i(n_i) \tag{6.18}$$

例 6.1 — セントラルサーバモデル　計算機システムに対する閉鎖型ジャクソンネットワークモデルとして，**セントラルサーバモデル** (central server model) が知られている．システムは 1 台の CPU と $M-1$ 台の入出力 (I/O) 装置から構成され，CPU にノード番号 1 が，I/O 装置にノード番号 $2, \ldots, M$ が付されている．系内総ジョブ数は K 個で，各ジョブは CPU での処理後に確率 r_{1j} で第 j I/O 装置 $(j = 2, \ldots, M)$ に割り振られるか，確率 r_{11} で CPU での残余仕事処理を受けるために行列の最後尾に並ぶと仮定する（図 6.2 参照）．簡単のため，CPU とすべての I/O におけるサービス率に関して $\mu_i(n_i) = \mu_i$ $(i \in \mathcal{M})$ を仮定し，$e_1 = \mu_1$ と定義すると

$$\pi(\boldsymbol{n}) = \frac{1}{G(K,M)} \prod_{i=2}^{M} \left(\frac{\mu_1 r_{1i}}{\mu_i}\right)^{n_i}, \quad \boldsymbol{n} \in \mathcal{S}(K,\mathcal{M})$$

で与えられる．

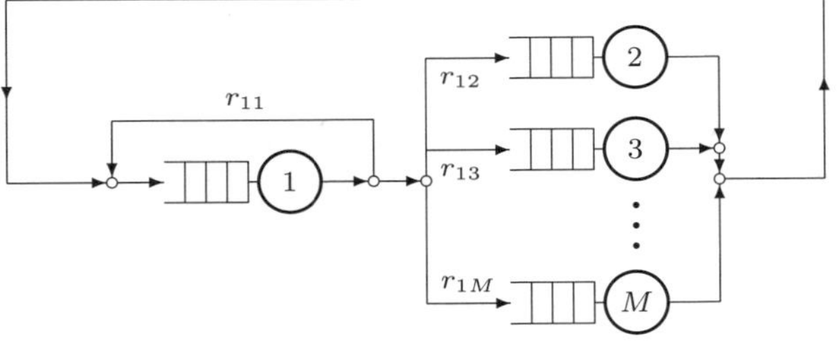

図 **6.2** セントラルサーバモデル

定理 6.2 における正規化定数 $G(K,M)$ を求めるためには，制約条件 $n_i \geq 0$ $(i \in \mathcal{M})$, $\sum_{i \in \mathcal{M}} n_i = K$ を満たす

$$\left|\mathcal{S}(K,\mathcal{M})\right| = \binom{K+M-1}{M-1} \tag{6.19}$$

個の和を効率的に計算する必要がある（問題 6.1）．

$k = 0,\ldots,K$, $m = 0,\ldots,M$, $\boldsymbol{n} \geq \boldsymbol{0}$ に対して

$$G(k,m) = \sum_{\sum_{i=1}^{m} n_i = k} \prod_{i=1}^{m} \alpha_i(n_i) \tag{6.20}$$

と定義する．$G(k,m)$ は，元の問題の部分問題である固定客数 k とノード数 m をもつ閉鎖型ジャクソンネットワークの定常状態分布に現れる正規化定数を表している．

定理 6.3 (Buzen (1973))　$k = 1,\ldots,K$, $m = 1,\ldots,M$ に対して

$$G(k,m) = \sum_{j=0}^{k} \alpha_m(j) G(k-j, m-1) \tag{6.21}$$

が成り立つ．また，$k = 0$ または $m = 0$ に対しては，境界条件

$$\begin{cases} G(0,m) = 1, & m \geq 0 \\ G(k,0) = \delta_{k0}, & k \geq 0 \end{cases} \tag{6.22}$$

を満たす.

証明 境界条件については自明である. また

$$G(k,m) = \sum_{j=0}^{k} \sum_{\substack{n_m = j \\ \sum_{i=1}^{m} n_i = k}} \prod_{i=1}^{m} \alpha_i(n_i) = \sum_{j=0}^{k} \alpha_m(j) \sum_{\sum_{i=1}^{m-1} n_i = k-j} \prod_{i=1}^{m-1} \alpha_i(n_i)$$
$$= \sum_{j=0}^{k} \alpha_m(j) G(k-j, m-1)$$

より式 (6.21) が成り立つ. □

式 (6.21) は, $G(k,m)$ が 2 つの数列 $\{G(j,m-1)\}$ と $\{\alpha_m(j)\}$ $(j = 0,\ldots,k)$ のたたみ込み和で表されることを示し, 2 次元配列 $\{G(k,m)\}$ を境界条件 (6.22) を初期値として, 再帰的に正規化定数 $G(K,M)$ を計算するためのアルゴリズムを与えている. このため, 閉鎖型ジャクソンネットワークの正規化定数に対するたたみ込みアルゴリズム (convolution algorithm) とよばれる.

閉鎖型ジャクソンネットワークに対して, ノード i $(i \in \mathcal{M})$ を除去して得られる QN を i-補完ネットワーク (i-complement network) という. 固定客数 k をもつ i-補完ネットワークの正規化定数を $G^{(i)}(k)$ とすると, 式 (6.21) より, 再帰式

$$G^{(i)}(k) = \begin{cases} 1, & k = 0 \\ G(k,M) - \sum_{j=1}^{k} \alpha_i(j) G^{(i)}(k-j), & k = 1,\ldots,K \end{cases} \tag{6.23}$$

を用いて計算することができる

定理 6.4 閉鎖型ジャクソンネットワークのノード i における定常周辺分布 $\pi_i(n) = \mathbb{P}\{N_i = n\}$ は, $n = 0,\ldots,K$ に対して

$$\pi_i(n) = \frac{G^{(i)}(K-n)}{G(K,M)} \alpha_i(n), \quad i \in \mathcal{M} \tag{6.24}$$

で与えられる.

証明 式 (6.21), (6.23) より

$$\pi_i(n) = \sum_{\substack{n_i=n \\ \sum_{j\in\mathcal{M}} n_j=K}} \pi(\boldsymbol{n}) = \frac{1}{G(K,M)} \sum_{\substack{n_i=n \\ \sum_{j\in\mathcal{M}} n_j=K}} \prod_{j\in\mathcal{M}} \alpha_j(n_j)$$
$$= \frac{\alpha_i(n)}{G(K,M)} \sum_{\substack{n_i=n \\ \sum_{j\in\mathcal{M}} n_j=K}} \prod_{j\neq i} \alpha_j(n_j) = \frac{G^{(i)}(K-n)}{G(K,M)}\alpha_i(n)$$

となり与式が成り立つ. □

系 6.5 閉鎖型ジャクソンネットワークにおいて，すべてのノードが単一窓口 (i.e., $\mu_i(n_i)=\mu_i$) のとき，$n=0,\ldots,K$ に対して

$$\pi_i(n) = \left(\frac{e_i}{\mu_i}\right)^n \frac{G(K-n,M) - \dfrac{e_i}{\mu_i}G(K-n-1,M)}{G(K,M)}, \quad i\in\mathcal{M} \qquad (6.25)$$

が成り立つ. また，ノード i の平均客数は

$$\mathbb{E}[N_i] = \sum_{n=1}^{K} \left(\frac{e_i}{\mu_i}\right)^n \frac{G(K-n,M)}{G(K,M)}, \quad i\in\mathcal{M} \qquad (6.26)$$

で与えられる.

定理 6.6 閉鎖型ジャクソンネットワークのノード i $(i\in\mathcal{M})$ におけるスループット，すなわち，ノード i を単位時間あたりに通過する平均客数を $\lambda_i(K,M)$ と表すと

$$\lambda_i(K,M) = \frac{G(K-1,M)}{G(K,M)}e_i, \quad i\in\mathcal{M} \qquad (6.27)$$

で与えられる.

証明 定理 6.4 より

$$\lambda_i(K,M) = \sum_{n=0}^{K} \pi_i(n)\mu_i(n) = \sum_{n=0}^{K} \frac{G^{(i)}(K-n)}{G(K,M)}\alpha_i(n)\mu_i(n)$$
$$= \frac{e_i}{G(K,M)} \sum_{n=0}^{K} \alpha_i(n-1)G^{(i)}(K-n)$$
$$= \frac{e_i}{G(K,M)} \sum_{n=0}^{K-1} \alpha_i(n)G^{(i)}(K-1-n) = \frac{G(K-1,M)}{G(K,M)}e_i$$

となり，与式が成り立つ．□

M-補完ネットワークに対しては，式 (6.20) より $G^{(M)}(K) = G(K, M-1)$ となるので，式 (6.24) より，ノード M における定常周辺分布は

$$\pi_M(n) = \frac{G(K-n, M-1)}{G(K, M)}\alpha_M(n), \quad n = 0, \ldots, K \tag{6.28}$$

と表せる．ここで，$n = 0$ とおくと

$$\pi_M(0) = \frac{G(K, M-1)}{G(K, M)} \tag{6.29}$$

となる．したがって，式 (6.28) は

$$\pi_M(n) = \pi_M(0)\frac{G(K-n, M-1)}{G(K, M-1)}\prod_{i=1}^{n}\frac{e_M}{\mu_M(i)} \tag{6.30}$$

と書き換えられる．式 (6.30) と式 (B.6) を比較することで，ノード M における客数過程は 1 次元の状態依存出生死滅過程とみなせるから，その出生率を $\lambda_M(i) \equiv \lambda_M(i; K)$ と表すと

$$\prod_{i=0}^{n-1}\lambda_M(i; K) = \frac{G(K-n, M-1)}{G(K, M-1)}e_M^n$$

となるので，帰納的に解くことで

$$\lambda_M(n; K) = \frac{G(K-n-1, M-1)}{G(K-n, M-1)}e_M, \quad n = 0, \ldots, K-1 \tag{6.31}$$

を得る．定理 6.6 により与えられるノード M におけるスループット

$$\lambda_M(K, M) = \frac{G(K-1, M)}{G(K, m)}e_M$$

と比較することで，式 (6.31) の分母に現れる $G(K-n, M-1)$ は，ノード M を短絡し，QN 内の客数を $K-n$ に修正した QN の正規化定数にあたることから次の定理を得る．

定理 6.7 (Chandy et al. (1975))　固定客数 K の閉鎖型ジャクソンネットワークにおいて，$N_M(t) = n$ のとき，ノード M への客の到着率 $\lambda_M(n; K)$ は，ノード M を短絡し QN 内の固定客数を $K-n$ とした修正ネットワークのスループットに等しい．

定理 6.7 は，電気回路理論におけるノートンの定理と類似した結果を与えることから，閉鎖型 QN に対するノートンの定理 (Norton's theorem) とよばれる．この定理から，任意の閉鎖型ジャクソンネットワークにおけるノード M での客数過程は，ノード M とそれ以外のノードから成るサブネットワークを 1 つの複合ノード (composite node) $\bar{M}$ にまとめた 2 ノード巡回型待ち行列 (cyclic queue) と等価であることがわかる（図 6.3 参照）．すなわち，$N_M(t) = n$ のとき，複合ノードでのサービス率は $\mu_{\bar{M}}(K-n) = \lambda_M(n;K)$ で与えられる．

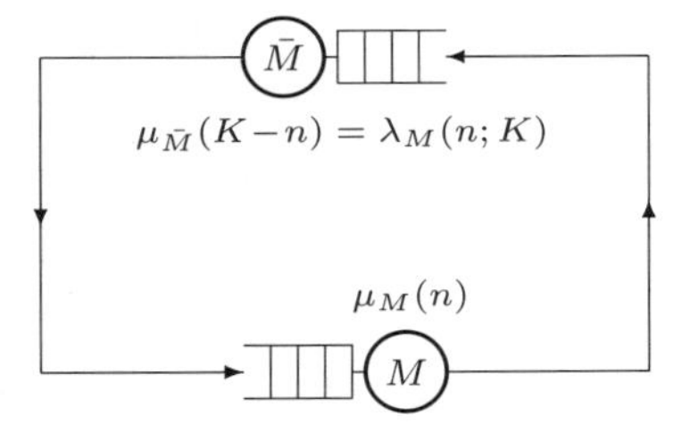

図 6.3　2 ノード等価巡回型待ち行列

閉鎖型ジャクソンネットワークのノード M における定常周辺分布 $\pi_M(n) \equiv \pi_M(n;K)$ と到着率 $\lambda_M(n;K)$ を用いると，式 (2.36) の導出と同様にして，ノード M への到着客が n 人の客を見出す確率 $\widetilde{\pi}_M(n;K)$ は

$$\widetilde{\pi}_M(n;K) = \frac{\lambda_M(n;K)\pi_M(n;K)}{\displaystyle\sum_{j=0}^{K-1} \lambda_M(j;K)\pi_M(j;K)}, \quad n = 0,\ldots,K-1 \tag{6.32}$$

で与えられる．式 (6.31) を代入し，たたみ込みの式 (6.21) を適用すると

$$\sum_{j=0}^{K-1} \lambda_M(j;K)\pi_M(j;K) = \frac{G(K-1,M)}{G(K,M)}$$

となるので，客の到着時点におけるノード M の定常周辺分布は，正規化定数を用いて

$$\widetilde{\pi}_M(n;K) = \frac{G(K-1-n,M-1)}{G(K-1,M)}\alpha_M(n), \quad n = 0,\ldots,K-1 \tag{6.33}$$

と表される．式 (6.28) と式 (6.33) を比較し，ノード番号を適当に付け替えるこ

とで，次の定理がただちに導かれる [*7)].

定理 6.8 固定客数 K の閉鎖型ジャクソンネットワークにおいて，客の到着時点におけるノード i ($i \in \mathcal{M}$) の定常分布は，固定客数を $K-1$ とした同じネットワークに対する任意時点におけるノード i の定常分布と等しい．すなわち

$$\widetilde{\pi}_i(n;K) = \pi_i(n;K-1), \quad n = 0,\ldots,K-1,\ i \in \mathcal{M} \tag{6.34}$$

が成り立つ．

定理 6.8 の結果は，準ランダム到着にしたがう機械修理人モデル（定理 2.15）とエングセット損失モデル（式 (2.52)）に対する結果を想起させる．しかし，到着定理においては，到着率に対して $\lambda(n) = (K-n)^+\lambda$ のような状態変数に関する線形性を必要としない点に注意しよう．

6.2 拡 散 近 似

6.2.1 重負荷極限定理

経路選択に関してマルコフ性を仮定したとしても，現実のネットワークシステムにおいて状態推移に関するマルコフ性を見出すことは困難であり，近似解法への期待は当然の帰結といえる．この節では，すべてのノードが単一窓口である非マルコフ型 QN に対して，第 5 章で学んだ拡散近似を適用する．QN 外部から各ノードへの到着過程と各窓口でのサービス過程は，独立な一般再生過程であると仮定する．このような QN を一般化ジャクソンネットワーク (generalized Jackson network) とよぶ．ノード i ($i \in \mathcal{M}$) における到着とサービス過程の再生時間間隔を確率変数 U_{0i} と S_i で表し，前節と同様に $\lambda_{0i} = \mathbb{E}[U_{0i}]^{-1}$, $\mu_i = \mathbb{E}[S_i]^{-1}$ とし，平方変動係数については $c_{0i}^2 = \lambda_{0i}^2\mathbb{V}[U_{0i}]$, $c_{si}^2 = \mu_i^2\mathbb{V}[S_i]$ と表す．

ED レジームの極限状況にある QN に対して，重負荷極限定理が成り立つことを示す．そのための準備として，$\mathbb{R}_+^M$ を状態空間とする拡散過程 $\boldsymbol{X}(t) =$

---

*7) Lavenberg and Reiser (1980) と Sevcik and Mitrani (1981) によって独立に導かれ，**到着定理** (arrival theorem) とよばれる．

$\bigl(X_1(t),\dots,X_M(t)\bigr)$ に関する用語と若干の定義をまとめておこう．1 次元の場合と同様に，M 次元拡散過程 $\boldsymbol{X} \equiv \{\boldsymbol{X}(t)\}_{t\ge 0}$ は，$i,j \in \mathcal{M}$ に対して

$$b_i = \lim_{h\to 0} \frac{1}{h}\,\mathbb{E}[\mathrm{d}X_i(h) \mid X_i(0)]$$
$$A_{ij} = \lim_{h\to 0} \frac{1}{h}\,\mathbb{E}[\mathrm{d}X_i(h)\mathrm{d}X_j(h) \mid X_i(0), X_j(0)]$$

で定義される**無限小平均ベクトル** (infinitesimal mean vector) $\boldsymbol{b} = (b_1,\dots,b_M)$ と**無限小共分散行列** (infinitesimal covariance matrix) $A = (A_{ij})$ によって特徴づけられる．特に，**反射ブラウン運動** (reflected Brownian motion) $\boldsymbol{X}$ は，サンプルパスが境界に達したとき，各境界超平面に固有な一定の反射角にしたがって瞬時に状態空間の内部へ反射される拡散過程である．境界 $X_i(t) = 0$ $(i \in \mathcal{M})$ における反射角ベクトルを $(J_{i1},\dots,J_{iM})$ で表し，このベクトルを第 i 行とする $M\times M$ 行列を $J = (J_{ij})$ とおく．反射ブラウン運動 $\boldsymbol{X}$ は，情報として $(\boldsymbol{b}, A, J)$ が与えられればその確率的性質を完全に定めることができるので，$\boldsymbol{X} = \mathrm{RBM}(\boldsymbol{b}, A, J)$ と表すことにする．

以上の準備の下で，一般化ジャクソンネットワークのある系列を考える．この系列の第 n QN のパラメータは，$n\to\infty$ のとき，$i,j\in\mathcal{M}$ に対して有限の極限値

$$\lim_{n\to\infty} \lambda_{0i}^{(n)} = \lambda_{0i}, \qquad \lim_{n\to\infty} c_{0i}^{(n)} = c_{0i}$$
$$\lim_{n\to\infty} \mu_i^{(n)} = \mu_i, \qquad \lim_{n\to\infty} c_{si}^{(n)} = c_{si}$$
$$\lim_{n\to\infty} r_{ij}^{(n)} = r_{ij}$$

をもつと仮定する．また

$$\boldsymbol{\nu}^{(n)} = \boldsymbol{\lambda}_0^{(n)} + \boldsymbol{\mu}^{(n)} R^{(n)}, \quad n \ge 1 \tag{6.35}$$

によって，ベクトル $\boldsymbol{\nu}^{(n)} = \bigl(\nu_1^{(n)},\dots,\nu_M^{(n)}\bigr)$ を定義する．さらに

$$b_i^{(n)} = \sqrt{n}\bigl(\nu_i^{(n)} - \mu_i^{(n)}\bigr), \quad i \in \mathcal{M} \tag{6.36}$$

と定義し，有限の極限値 $\lim_{n\to\infty} b_i^{(n)} = b_i$ をもつと仮定する．このとき，各ノードはトラヒック密度 $\rho_i^{(n)} = \nu_i^{(n)}/\mu_i^{(n)}$ が 1 に近づき，したがって QN は一様に ED レジームの意味で重負荷の状態にある．

定理 6.9 (Reiman (1984)) 時刻 $t \geq 0$ における第 n QN のノード i $(i \in \mathcal{M})$ 内の総客数を $N_i^{(n)}(t)$ とすると，$n \to \infty$ のとき

$$\frac{1}{\sqrt{n}}\left(N_1^{(n)}(nt), \ldots, N_M^{(n)}(nt)\right) \Rightarrow \mathrm{RBM}(\boldsymbol{\lambda} - \boldsymbol{\mu}, A, I - R)$$

が成り立つ．ただし，無限小共分散行列 $A = (A_{ij})$ は

$$A_{ij} = (\lambda_{0i}^2 c_{0i}^2 + \mu_i^2 c_{si}^2)\delta_{ij} - \mu_i c_{si}^2 r_{ij} - \mu_j c_{sj}^2 r_{ji} + \sum_{k \in \mathcal{M}} \mu_k r_{ki}(\delta_{ij} - r_{kj} + c_{sk}^2 r_{kj}), \quad i, j \in \mathcal{M}$$

で与えられる．

定理 6.9 においては，すべてのノードにおいて一様に $\rho_i^{(n)} \to 1$ $(n \to \infty)$ であることを仮定していたが，現実にはこれはあり得ないだろう．QN 内のサービス施設は $\rho_i = \lim_{n\to\infty} \rho_i^{(n)} = \lambda_i/\mu_i$ の値に応じて，**完全ボトルネック施設** $(\rho_i > 1)$，**平衡施設** $(\rho_i = 1)$，**非ボトルネック施設** $(\rho_i < 1)$ の 3 種類に分類できる．これらの施設が混在する場合にも極限定理は拡張されている [*8)]．

6.2.2 拡散モデル

初期条件が $\boldsymbol{X}(0) = \boldsymbol{y}$ のとき，反射ブラウン運動 $\boldsymbol{X}(t) = \mathrm{RBM}(\boldsymbol{b}, A, J)$ の確率密度関数を $p(\boldsymbol{x}, t \,|\, \boldsymbol{y})$ と表す．すなわち，$\boldsymbol{x}, \boldsymbol{y} \in \mathbb{R}_+^M$, $t \geq 0$ に対して

$$p(\boldsymbol{x}, t \,|\, \boldsymbol{y})\mathrm{d}\boldsymbol{x} = \mathbb{P}\{\boldsymbol{x} \leq \boldsymbol{X}(t) < \boldsymbol{x} + \mathrm{d}\boldsymbol{x} \,|\, \boldsymbol{X}(0) = \boldsymbol{y}\}$$

と定義する．このとき，$p(\boldsymbol{x}, t \,|\, \boldsymbol{y})$ は前進方程式

$$\frac{\partial p}{\partial t} = \frac{1}{2} \sum_{i \in \mathcal{M}} \sum_{j \in \mathcal{M}} A_{ij} \frac{\partial p^2}{\partial x_i \partial x_j} - \sum_{i \in \mathcal{M}} b_i \frac{\partial p}{\partial x_i}, \quad \boldsymbol{x} \in \mathbb{R}_+^M \tag{6.37}$$

と境界条件

$$\frac{1}{2} \sum_{j \in \mathcal{M}} (2A_{ij} - A_{ii} J_{ij}) \frac{\partial p}{\partial x_j} - b_i p \bigg|_{x_i = 0} = 0, \quad i \in \mathcal{M} \tag{6.38}$$

を満たすことが知られている [*9)]．$\boldsymbol{X}$ が正再帰的であることを仮定すると，定

---

*8) 詳細については Chen and Mandelbaum (1991) を参照のこと．

*9) 詳細については Harrison and Reiman (1981) を参照のこと．

常確率密度関数 $p(\boldsymbol{x})$ が存在して，式 (6.38) と同じ境界条件の下で

$$\frac{1}{2}\sum_{i\in\mathcal{M}}\sum_{j\in\mathcal{M}} A_{ij}\frac{\partial p^2}{\partial x_i \partial x_j} - \sum_{i\in\mathcal{M}} b_i \frac{\partial p}{\partial x_i} = 0, \quad \boldsymbol{x} \in \mathbb{R}_+^M \tag{6.39}$$

の解として与えられる．

すべての $i \in \mathcal{M}$ に対して $c_{0i} = c_{si} = 1$ のとき，すなわち，$\boldsymbol{X}$ が開放型ジャクソンネットワークの拡散極限の場合は，定常解 $p(\boldsymbol{x})$ は積形式

$$p(\boldsymbol{x}) = \prod_{i\in\mathcal{M}} d_i \mathrm{e}^{-d_i x_i}, \quad \boldsymbol{x} \in \mathbb{R}_+^M \tag{6.40}$$

で与えられる．ただし

$$d_i = -\frac{2\big((\boldsymbol{\lambda}-\boldsymbol{\mu})(I-R)^{-1}\big)_i}{A_{ii}}, \quad i \in \mathcal{M} \tag{6.41}$$

である．Harrison and Reiman (1981) は，一般化ジャクソンネットワークが積形式解をもつための必要十分条件が，$J = I - R$ に対して

$$A_{ij} = \frac{A_{ii}J_{ij} + A_{jj}J_{ji}}{2J_{ii}}, \quad i, j \in \mathcal{M} \tag{6.42}$$

であることを証明した．しかし，この条件が成立しない場合は，$M = 2$ などの特別な場合を除いて明示的な解を得ることは一般には困難である．

一般化ジャクソンネットワークに対する Kobayashi (1974) の拡散近似に関する先駆的な研究は，境界における反射角を考慮していない．彼は式 (6.39) より，$\boldsymbol{b} < \boldsymbol{0}$ (i.e., $\rho_i < 1$) のとき，定常確率密度関数に対する積形式解

$$p(\boldsymbol{x}) = \prod_{i\in\mathcal{M}} \hat{d}_i \mathrm{e}^{-\hat{d}_i x_i}, \quad \boldsymbol{x} \in \mathbb{R}_+^M \tag{6.43}$$

を導出した．ただし，$\hat{\boldsymbol{d}} = (\hat{d}_1, \ldots, \hat{d}_M)$ は

$$\hat{\boldsymbol{d}} = -2\boldsymbol{b}A^{-1} = -2(\boldsymbol{\lambda}-\boldsymbol{\mu})A^{-1} \tag{6.44}$$

で与えられる．明らかに，これらの解は境界条件 (6.38) を満たしていないが，境界における反射角を考慮することが近似精度にどの程度の影響を与えるかといった定量的な検証が行われているわけではない．また，Kobayashi (1974) は，定常確率密度関数 (6.43) に積分型離散化と式 (5.39) と同様の発見的な修正を行うことで，定常状態確率に対する積形式解

$$\pi(\boldsymbol{n}) = \prod_{i \in \mathcal{M}} \pi_i(n_i), \quad \boldsymbol{n} \geq \boldsymbol{0} \tag{6.45}$$

を導いた．ただし，$i \in \mathcal{M}$ に対して

$$\pi_i(n_i) = \begin{cases} 1 - \rho_i, & n_i = 0 \\ \rho_i(1-\hat{\rho}_i)\hat{\rho}_i^{n_i-1}, & n_i \geq 1 \end{cases} \tag{6.46}$$

$\hat{\rho}_i = \exp\{-\hat{d}_i\}$ で与えられる．

6.3　パラメトリック分解近似

6.3.1　QNA

QNA (Queueing Network Analyzer) とは，米国 Bell 研究所で研究・開発された，マルコフ性が成立しないある一般的なクラスの QN を解析・評価するためのソフトウェア・パッケージの名称である [*10)]．QNA の基本となる考え方は，QN の各ノードへの到着過程を平均と変動係数のみで特徴づけることで，各ノードを独立な待ち行列として 2 モーメント近似を行う点にある．この考え方は，6.2.2 項で紹介した QN の拡散近似をヒントに，Kuehn (1979) によって最初に提案され，**パラメトリック分解近似** (parametric-decomposition approximation) とよばれている．

QNA は Kuehn (1979) のパラメトリック分解近似と本質的に等価であると考えられるが，近似精度および適用範囲に関して様々な改良がなされている．例えば，QNA は大別して 2 種類の入力仕様を備えている．そのうち基本となるのは，到着・サービス過程を一般化した開放型ジャクソンネットワークに対する標準入力仕様であり，いま 1 つはあらかじめ定められたルートをもつ異なったクラスの客を許すときの入力仕様である．後者はクラス・ルート入力仕様 [*11)] とよばれ，QNA の内部では標準入力仕様に変換される．また，標準入力仕様のオプションとして，サービス終了後に 1 人の客が複数の客に分割される場合，あるいは逆に複数の客が 1 人に結合される場合にも QNA は対応する

---

*10)　QNA の詳細については Whitt (1983), 木村 (1984a) を参照のこと．

*11)　クラス・ルート入力仕様の詳細については木村 (1984a), 2 節を参照のこと．

ことができる．この現象は，パケット交換通信システムにおいて，メッセージがあるノードでのサービス後に複数個のパケットに分割されたり，その後別のノードで再結合されたりする場合に観測される．客の分割あるいは結合個数は一定値 γ_i $(i \in \mathcal{M})$ であると仮定する．標準値は $\gamma_i = 1$ であり，$\gamma_i > 1$ であれば客の分割が，$\gamma_i < 1$ であれば客の結合がノード i で行われる．本書では，標準入力仕様に基づくパラメトリック分解近似を QNA の枠組みで解説する．

6.3.2 内部到着過程

QN の各ノードへの内部到着過程は，外部から到着した客と他のノードから退去した客が分岐され重ね合わされて，複雑な構造の点過程を形成している．点過程の再生過程近似（付録 C）を用いて，内部到着を表す点過程の区間系列の平均と変動係数を与える方程式を導くことができる．

◇平　均

QNA (Ver. 1) では，各ノードが先着順サービス規律にしたがう無限容量複数窓口を仮定している．このとき，ノード i のサービス率は $\mu_i(n_i) = \min(n_i, s_i)\mu_i$ $(n_i \geq 1, i \in \mathcal{M})$ となる．ただし，$s_i \geq 1$ はノード i の窓口数を，$\mu_i > 0$ は窓口 1 個あたりのサービス率を表す．一方，ノード i への総到着率 λ_i は，客の分割・結合を考慮したトラヒック方程式

$$\lambda_j = \lambda_{0j} + \sum_{i \in \mathcal{M}} \lambda_i \gamma_i r_{ij}, \quad j \in \mathcal{M} \tag{6.47}$$

を満たし，$\varGamma = \mathrm{diag}(\gamma_i)$ とおくと

$$\boldsymbol{\lambda} = \boldsymbol{\lambda}_0 (I - \varGamma R)^{-1} \tag{6.48}$$

で与えられる．行列 $\varGamma R$ のスペクトル半径を $\mathrm{sp}(\varGamma R)$ で表すと，解 (6.48) が一意に定まるための必要十分条件は $\mathrm{sp}(\varGamma R) < 1$ となる．この条件は，客の分割または結合が起こる場合は，特にチェックする必要がある．さらに，解 $\boldsymbol{\lambda}$ を用いて，$i, j \in \mathcal{M}$ に対して次の諸量を定義する．

$\rho_i = \lambda_i / s_i \mu_i$：　ノード i のトラヒック密度

$\lambda_{ij} = \lambda_i \gamma_i r_{ij}$：　ノード i からノード j への内部到着率

$p_{ij} = \lambda_{ij} / \lambda_j$：　ノード j への到着客の内，ノード i からの客の割合

$p_{0j} = \lambda_{0j}/\lambda_j$:　ノード j における外部到着客の割合

◇変動係数

QN 外部からノード i ($i \in \mathcal{M}$) への客の到着時間間隔の変動係数を c_{0i}，内部も含めた総到着客の到着時間間隔の変動係数を c_{ai} で表すことにする．QNA (Ver. 1) では，内部到着過程を形成する重ね合わせ，分岐，退去の 3 つの要因に分けることで，平方変動係数 c_{ai}^2 を**トラヒック変動方程式** (traffic variability equation) とよばれる線形方程式

$$c_{aj}^2 = \alpha_j + \sum_{i \in \mathcal{M}} c_{ai}^2 \beta_{ij}, \quad j \in \mathcal{M} \tag{6.49}$$

の解として与えている [*12]．ただし

$$\alpha_j = 1 + w_j \left[p_{0j} c_{0j}^2 - 1 + \sum_{i \in \mathcal{M}} p_{ij} \left\{ (1 - r_{ij}) + r_{ij} \gamma_i \rho_i^2 \delta_i \right\} \right] \tag{6.50}$$

$$\beta_{ij} = w_j p_{ij} r_{ij} \gamma_i (1 - \rho_i^2) \tag{6.51}$$

である．ここで，w_j はノード j における客の重ね合わせに，δ_i はノード i からの退去に関係したパラメータであり

$$w_j = \frac{1}{1 + 4(1 - \rho_j)^2 (\nu_j - 1)}, \qquad \nu_j = \left[\sum_{i \in \mathcal{M}} p_{ij}^2 \right]^{-1}$$

$$\delta_i = 1 + \sqrt{s_i} \left\{ \max(c_{si}^2, 0.2) - 1 \right\}$$

と定義される．

6.3.3　待ち特性量

QN の各ノードへの客の到着過程については，到着時間間隔の平均と変動係数が，それぞれ，トラヒック方程式 (6.47) とトラヒック変動方程式 (6.49) を解くことにより得ることができる．また，各ノードでの客のサービス時間については，その平均と変動係数が入力データとしてすでに与えられている．した

---

*12)　導出の詳細については木村 (1984a), 5 節を参照のこと．

がって，これらのパラメータのみに依存する $GI/G/s$ 待ち行列に対する 2 モーメント近似を用いることで，QN を各ノードに分解して近似的に解析することができる．以下では，分解された個々のノードにおける待ち特性量を対象とするため，必要のない限りノード番号を示す添字は省略する．

◇各ノードにおける待ち特性量

単一窓口ノードについては，1.3 節で示したリトルの法則や $GI/G/1$ 待ち行列に対して開発された豊富な近似式が適用できる．定常状態にあるノードにおける客の待ち時間を W で表す．QNA (Ver. 1) では，平均待ち時間の近似として

$$\mathbb{E}[W] = \frac{c_a^2 + c_s^2}{2} \frac{\rho g}{\mu(1-\rho)} \tag{6.52}$$

を用いている．ただし

$$g \equiv g(\rho, c_a^2, c_s^2) = \begin{cases} \exp\left\{-\dfrac{2(1-\rho)}{3\rho} \dfrac{(1-c_a^2)^2}{c_a^2 + c_s^2}\right\}, & c_a^2 < 1 \\ 1, & c_a^2 \geq 1 \end{cases}$$

である．式 (6.52) は ED レジームの状況にある重負荷近似 (4.27) に修正係数 g を乗ずる形をしており，$c_a^2 < 1$ のとき $GI/G/1$ 待ち行列の平均待ち時間に対する Krämer and Langenbach-Belz (1976) の近似と一致する．$c_a^2 \geq 1$ のときには，Krämer and Langenbach-Belz (1976) の近似における複雑な修正係数がさほど効果をもたないために，$g = 1$ としている．明らかに，$M/G/1$ 待ち行列に対しては式 (6.52) は厳密解を与える．

定常状態にあるノードにおける（サービス中の客を含む）客数を N で表す．このとき，率保存則とリトルの法則により，任意時点において窓口が稼働中である確率と平均ノード内客数は，それぞれ

$$\mathbb{P}\{N > 0\} = \rho, \qquad \mathbb{E}[N] = \rho + \lambda \mathbb{E}[W] \tag{6.53}$$

で与えられる．式 (6.53) は，定常な非再生到着過程に対しても厳密に成り立つことが知られている [*13)]．

定常状態にあるノードにおける客の待ち確率 $\mathbb{P}\{W > 0\}$ については，$GI/G/1$

---

*13) 詳細については Franken et al. (1981), pp. 106–111 を参照のこと．

待ち行列の待ち確率に対する Krämer and Langenbach-Belz (1976) の近似

$$\mathbb{P}\{W > 0\} = \rho + (c_a^2 - 1)(1 - \rho)\rho h \tag{6.54}$$

を用いている．ただし

$$h \equiv h(\rho, c_a^2, c_s^2) = \begin{cases} \dfrac{1 + c_a^2 + \rho c_s^2}{1 + \rho(c_a^2 - 1) + \rho^2(4c_a^2 + c_s^2)}, & c_a^2 < 1 \\ \dfrac{4\rho}{c_a^2 + \rho^2(4c_a^2 + c_s^2)}, & c_a^2 \geq 1 \end{cases}$$

である．式 (6.54) は $M/G/1$ 待ち行列に対する厳密解 $\mathbb{P}\{W > 0\} = \rho$ に修正項を加える形をしている．同様に，$M/G/1$ 待ち行列に対する厳密解を修正することで，QNA (Ver. 1) では $\mathbb{V}[W]$, $\mathbb{V}[N]$ に対する近似式を提案している *14)．

複数窓口ノードについては，単一窓口の場合の近似ほど成功しているとはいえない．QNA (Ver. 1) では，$M/M/s$ 待ち行列に対する厳密解を，そのままあるいは少し修正しているに過ぎない．第 4 章の結果を $GI/G/s$ 待ち行列に拡張した近似 *15) の応用と検証が必要である．

◇システムの性能評価

QN 全体の性能を評価する尺度は，2 つの観点から考える必要がある．1 つはネットワーク型システムの管理者の観点であり，いま 1 つはサービスを受ける客の観点である．システム管理者の立場からは，スループットが QN 全体の性能を評価する尺度として基本的なものと考えられる．スループットは，6.1.2 項で述べたように，QN 外部からの総到着率 $\lambda_0 = \sum_{i \in \mathcal{M}} \lambda_{0i}$ として定義される．これに対して，QN 外部への総退去率（総スループット）は

$$\sum_{i \in \mathcal{M}} \lambda_i \gamma_i \left(1 - \sum_{j \in \mathcal{M}} r_{ij} \right) = \lambda_0 + \sum_{i \in \mathcal{M}} \lambda_i (\gamma_i - 1) \tag{6.55}$$

によって定義され，各ノードにおいて客の分割・結合が行われない場合 (i.e., $\gamma_i = 1$) はスループットと一致する．総到着率と総退去率に関連した尺度としては，サービス完了率（単位時間あたりのサービス終了回数）が $\sum_{i \in \mathcal{M}} \lambda_i \gamma_i$ と

---

*14) 詳細については Whitt (1983), 木村 (1984a), 6 節を参照のこと．

*15) $GI/G/s$ 待ち行列に対する近似の詳細については Kimura (1994) を参照のこと．

表される．

一方，客の立場からシステムの性能評価を行う際には，入力仕様に応じた2つの解釈が考えられる．標準入力仕様に関しては，QN 内をたどる客のルートは経路選択行列によって巨視的に決定され，特定の客のルートとは必ずしも一致しない．これに対して，クラス・ルート入力仕様は微視的ということができるだろう．以下では，前者の巨視的解釈に限って考察する．

標準入力仕様の巨視的解釈を採る場合には，QN 内の客の振る舞いは，吸収マルコフ連鎖によって完全に記述できる．6.1.2 項でも述べたように，経路選択行列 R は QN 外部を吸収状態，内部のノードを過渡状態とする吸収マルコフ連鎖の過渡状態間の推移を表す部分推移確率行列に他ならない．したがって，$\Gamma = I$ のときには，式 (6.4) に現れる行列 $F \equiv (I - R)^{-1}$ はこの吸収マルコフ連鎖の基本行列 (fundamental matrix) になっている．基本行列 F を用いると，QN 外部からノード i へ到着した客のノード j への訪問回数 V_{ij} のモーメントを容易に計算することができる．例えば

$$\mathbb{E}[V_{ij}] = (F)_{ij}, \quad \mathbb{E}[V_{ij}^2] = \big(F(2F_{\mathrm{dg}} - I)\big)_{ij} \tag{6.56}$$

となる．ただし，$F_{\mathrm{dg}} \equiv \big((F)_{ij}\delta_{ij}\big)$ と定義される．

式 (6.56) を用いて，巨視的解釈の基本的な評価尺度である QN 内での総滞在時間 (total sojourn time) の平均 $\mathbb{E}[T]$ を求めてみよう．QN へ到着した客のノード i への訪問回数を V_i で表すことにする．客は QN 外部からノード j へ確率 λ_{0j}/λ_0 で到着するから，式 (6.4), (6.56) によって，$i \in \mathcal{M}$ に対して

$$\mathbb{E}[V_i] = \sum_{j\in\mathcal{M}} \frac{\lambda_{0j}}{\lambda_0}\,\mathbb{E}[V_{ji}] = \frac{\lambda_i}{\lambda_0} \tag{6.57}$$

$$\mathbb{E}[V_i^2] = \sum_{j\in\mathcal{M}} \frac{\lambda_{0j}}{\lambda_0}\big(F(2F_{\mathrm{dg}} - I)\big)_{ji} \tag{6.58}$$

を得る．ノード i への k 回目の訪問時の客の滞在時間を T_{ki}, 客が QN 内にいる間にノード i で費やす時間を T_i と表すと，$T_i = \sum_{k=1}^{V_i} T_{ki}$ の関係式が成り立つから，QN 内での総滞在時間 T は

$$T = \sum_{i\in\mathcal{M}} T_i = \sum_{i\in\mathcal{M}} \sum_{k=1}^{V_i} T_{ki}$$

によって定義される．したがって，ワルドの等式により

$$\mathbb{E}[T] = \sum_{i \in \mathcal{M}} \mathbb{E}[V_i](\mathbb{E}[W_i] + \mathbb{E}[S_i]) = \frac{1}{\lambda_0} \sum_{i \in \mathcal{M}} \mathbb{E}[N_i] \tag{6.59}$$

を得る．これは，平均系内客数と平均滞在時間との間のリトルの法則 (1.8) の QN 版に相当する．

6.3.4　フィードバックの除去

あるノードにおいてフィードバックがある場合，そのノードへの到着過程が退去過程と直接の相関をもつために，パラメトリック分解近似の精度に重大な影響を与えると考えられる．Kuehn (1979) は，この影響を除いて近似の精度を高めるために，フィードバックのあるノードに到着した客に，そのノードでの総サービス時間を 1 回でサービスすることにより，フィードバックを除去することを提案した．フィードバックは $r_{ii} > 0$ となるノード i で生じる．マルコフ型経路選択を仮定しているので，ノード i でのサービスを終えた客は確率 r_{ii} でただちに再びサービスを受けるために行列の最後尾に並ぶことになる．ところが，客が受ける総サービス時間を一度に与えることは，その客を常に行列の先頭にフィードバックさせることと等価である．この近似の基礎になっているのは次の事実である．すなわち，ベルヌーイ・フィードバックをもち，一般到着・一般サービス過程にしたがう複数窓口ノードに対しては，系内客数過程の分布は，この近似による変換に関して不変であることが知られている．したがって，フィードバックの除去によって誤差が生じることはない．ただし，待ち時間過程については不変性が成立しないため，待ち時間過程の特性量については，変換後のフィードバックのないノードに対する系内客数過程の近似特性量にある保存則を適用して導くことにする．

フィードバックを除去して QN を再構成するために，まず標準入力のデータの内，μ_i, c_{si}^2, r_{ij} $(i, j \in \mathcal{M})$ を修正する．$r_{ii} > 0$ となるノード i のサービス時間分布を $H_i(t)$ $(t \geq 0)$，その LST を $H_i^*(\theta)$ $(\mathrm{Re}(\theta) > 0)$ とする．このとき，フィードバック除去後の修正されたサービス時間分布 $\widehat{H}_i$ は

$$\widehat{H}_i(t) = \sum_{n=1}^{\infty} r_{ii}^{n-1}(1 - r_{ii}) H_i^{n\star}(t), \quad t \geq 0 \tag{6.60}$$

となるので，その LST は

$$\widehat{H}_i^*(\theta) = \frac{(1 - r_{ii})H_i^*(\theta)}{1 - r_{ii}H_i^*(\theta)}, \quad \mathrm{Re}(\theta) > 0 \tag{6.61}$$

で与えられる．したがって，式 (6.61) を θ で微分することにより，修正サービス時間分布の平均と平方変動係数は

$$\hat{\mu}_i = \frac{\mu_i}{1 - r_{ii}}, \qquad \hat{c}_{si}^2 = r_{ii} + (1 - r_{ii})c_{si}^2 \tag{6.62}$$

に修正され，推移確率は

$$\hat{r}_{ii} = 0, \qquad \hat{r}_{ij} = \frac{r_{ij}}{1 - r_{ii}}, \quad j \neq i \tag{6.63}$$

に修正される．

式 (6.62), (6.63) を入力データとして求められる待ち時間に関する特性量を，元の QN に対する特性量に戻すためには逆変換が必要になる．これは，フィードバックを除去したために，ノードへの単位訪問あたりの特性量を過大評価していることに起因する．例えば，ノード i における平均待ち時間 $\mathbb{E}[W_i]$ については，ノード i への客の平均フィードバック回数が $(1 - r_{ii})^{-1}$ 回であることから，$(1 - r_{ii})\mathbb{E}[W_i]$ を元のノードでの平均待ち時間とする必要がある．逆変換を施した元の QN に対する待ち特性量を，式 (6.62), (6.63) を入力データとして得られる特性量と区別するために，$\mathbb{E}[\widetilde{W}_i] = (1 - r_{ii})\mathbb{E}[W_i]$ のようにチルダを付すことにする．ノード i での滞在時間を T_i とすると，逆変換後の待ち時間の分散は

$$\mathbb{V}[\widetilde{W}_i] = (1 - r_{ii})\mathbb{V}[T_i] - c_{si}^2\mu_i^2 \tag{6.64}$$

で与えられる．ただし，$\mathbb{V}[T_i]$ は近似

$$\mathbb{V}[T_i] \approx \bigl(r_{ii} + (1 + r_{ii})c^2(\widetilde{T}_i)\bigr)\bigl(\mathbb{E}[W_i] + \hat{\mu}_i\bigr)^2$$

を用いる [*16]．ここで

$$c^2(\widetilde{T}_i) = \bigl(\mathbb{V}[\widetilde{W}_i] + c_{si}^2\mu_i^2\bigr)\bigl(\mathbb{E}[\widetilde{W}_i] + \mu_i\bigr)^{-2}$$

$$\mathbb{V}[\widetilde{W}_i] = \bigl(\mathbb{E}[N_i]c_{si}^2 + \mathbb{V}[N_i]\bigr)\mu_i^2$$

であり，式 (6.62), (6.63) を入力データとして計算される $\mathbb{E}[N_i]$ と $\mathbb{V}[N_i]$ は，明らかにフィードバック除去による変換に関して不変である．

---

*16) 導出の詳細については Whitt (1983) を参照のこと．

演 習 問 題

問題 6.1 閉鎖型ジャクソンネットワークの状態集合 $\mathcal{S}(K,\mathcal{M})$ の濃度が

$$\left|\mathcal{S}(K,\mathcal{M})\right| = \binom{K+M-1}{M-1}$$

で与えられることを示せ.

問題 6.2 閉鎖型ジャクソンネットワークにおいて，すべてのノードが単一窓口 (i.e., $\mu_i(n_i)=\mu_i$) のとき，たたみ込みアルゴリズムの再帰式 (6.21) が

$$G(k,m) = G(k,m-1) + \frac{e_m}{\mu_m}G(k-1,m) \tag{6.65}$$

と簡単化されることを証明せよ.

問題 6.3 ノード i ($i \in \mathcal{M}$) からの退去過程が点過程で近似できると仮定し，その平方変動係数を d_i^2 で表す．この退去過程が確率 $q_{ij} > 0$ ($j=1,\ldots,k$) で k 個の点過程に分岐されるとき，分岐点過程の平方変動係数 d_{ij}^2 が

$$d_{ij}^2 = q_{ij}d_i^2 + 1 - q_{ij}, \quad j=1,\ldots,k$$

で与えられることを証明せよ.

離散時間マルコフ連鎖

A.1 推 移 確 率

可算個の状態のどれか 1 つをとる確率的なシステムを考える．すべての状態の集合を $\mathcal{S}$ で表し，**状態空間** (state space) とよぶ．システムは離散時点 $n = 0, 1, \ldots$ で観測され，時刻 n でのシステムの状態を X_n で表す．すべての非負整数 $n \geq 0$，任意の $i_0, \ldots, i_n \in \mathcal{S}$ に対して

$$\mathbb{P}\{X_n = i_n \mid X_{n-1} = i_{n-1}, \ldots, X_0 = i_0\} = \mathbb{P}\{X_n = i_n \mid X_{n-1} = i_{n-1}\}$$

が成り立つとき，$\{X_n\}_{n\geq 0}$ は**マルコフ性** (Markov property) をもつといい，$\{X_n\}_{n\geq 0}$ を状態空間 $\mathcal{S}$ 上の**離散時間マルコフ連鎖** (discrete-time Markov chain: DTMC)，あるいは単に**マルコフ連鎖** (Markov chain: MC) という．また，条件付き確率 $\mathbb{P}\{X_n = i_n \mid X_{n-1} = i_{n-1}\}$ をこのマルコフ連鎖の**推移確率** (transition probability) という．

例 **A.1** — 蓮池の蛙　　マルコフ連鎖は蓮池の蛙にたとえられる．すなわち，時間の経過にともなって，あらかじめ決められた時刻に，蛙はある蓮の葉から別の葉へと，その時々の気まぐれで跳躍する．この「システム」の状態はそのときに蛙が乗っている葉に付けられた番号であり，状態推移は確率過程となる．蛙の跳躍が，その直前に乗っていた葉の番号のみに依存し，それまでに乗ってきた葉の履歴に依らないとき，この確率過程はマルコフ連鎖として定式化できる．

推移確率 $\mathbb{P}\{X_n = j \mid X_{n-1} = i\}$ が，i, j のみに依存し時刻 n に依らないとき，推移確率は**定常** (stationary) であるといい，マルコフ連鎖は**斉次的** (homogeneous) であるという．斉次的マルコフ連鎖 $\{X_n\}_{n\geq 0}$ の推移確率を $p_{ij} = \mathbb{P}\{X_n = j \mid X_{n-1} = i\}$ $(i, j \in \mathcal{S})$ で表す．明らかに，$p_{ij} \geq 0$, $\sum_{j\in\mathcal{S}} p_{ij} = 1$ が成り立つ．

斉次的マルコフ連鎖 $\{X_n\}$ の推移確率 p_{ij} を並べた正方行列

$$P = \begin{pmatrix} p_{00} & p_{01} & p_{02} & p_{03} & \cdots \\ p_{10} & p_{11} & p_{12} & p_{13} & \cdots \\ p_{20} & p_{21} & p_{22} & p_{23} & \cdots \\ p_{30} & p_{31} & p_{32} & p_{33} & \cdots \\ \vdots & \ddots & \ddots & \ddots & \ddots \end{pmatrix}$$

を**推移確率行列** (transition probability matrix) という．$n = 0$ に対して

$$p_{ij}^{(0)} = \delta_{ij} = \begin{cases} 0, & i \neq j \\ 1, & i = j \end{cases}$$

と定める．したがって，0 次推移確率行列は単位行列 I で与えられる．

時点 n で状態 i にいて，2 ステップの推移の後，時点 $n+2$ で状態 j にいる確率を $\mathbb{P}\{X_{n+2} = j \mid X_n = i\}$ で表す．$X_n = i$ から，まず 1 ステップで $X_{n+1} = k$ へ推移したと仮定する $(i, j, k \in \mathcal{S})$．このとき

$$\begin{aligned} &\mathbb{P}\{X_{n+2} = j, X_{n+1} = k \,|\, X_n = i\} \\ &\quad = \mathbb{P}\{X_{n+1} = k \,|\, X_n = i\}\mathbb{P}\{X_{n+2} = j \,|\, X_{n+1} = k, X_n = i\} \\ &\quad = \mathbb{P}\{X_{n+1} = k \,|\, X_n = i\}\mathbb{P}\{X_{n+2} = j \,|\, X_{n+1} = k\} = p_{ik}p_{kj} \end{aligned}$$

となるので，これをすべての可能な k について加えると

$$\begin{aligned} \mathbb{P}\{X_{n+2} = j \,|\, X_n = i\} &= \sum_{k \in \mathcal{S}} \mathbb{P}\{X_{n+2} = j, X_{n+1} = k \,|\, X_n = i\} \\ &= \sum_{k \in \mathcal{S}} p_{ik}p_{kj} \equiv p_{ij}^{(2)} \end{aligned}$$

を得る．同様にして，一般の $m \geq 2$ に対して m 次の推移確率を $p_{ij}^{(m)} = \mathbb{P}\{X_{n+m} = j \mid X_n = i\}$ で定義すると

$$p_{ij}^{(m)} = \sum_{k \in \mathcal{S}} p_{ik}^{(m-1)} p_{kj}$$

と表すことができる．$p_{ij}^{(m)}$ を (i, j) 要素とする行列を $P^{(m)}$ で表す．このとき次の命題を得る．

命題 A.1　推移確率行列 P にしたがうマルコフ連鎖の m 次推移確率は

$$P^{(m)} = P^m \tag{A.1}$$

で与えられる．

証明　再帰式

$$P^{(m)} = \begin{cases} P, & m = 1 \\ P^{(m-1)}P, & m \geq 2 \end{cases}$$

を繰り返し用いることで示される. □

同様の考え方を用いると，次の式が容易に導かれる.

$$p_{ij}^{(n+m)} = \sum_{k \in \mathcal{S}} p_{ik}^{(n)} p_{kj}^{(m)} \tag{A.2}$$

式 (A.2) は**チャップマン・コルモゴロフの等式** (Chapman-Kolmogorov equation) とよばれる. 行列表記では $P^{(n+m)} = P^{(n)}P^{(m)}$ と書ける.

時点 n で状態 $i \in \mathcal{S}$ にいる確率を $\pi_i(n) = \mathbb{P}\{X_n = i\}$ で表すと

$$\pi_i(n) \geq 0, \quad n \geq 0, \quad \sum_{i \in \mathcal{S}} \pi_i(n) = 1$$

を満たす. このとき，ベクトル $\boldsymbol{\pi}(n) = (\pi_0(n), \pi_1(n), \dots)$ を時点 n における**状態確率分布**（あるいは単に分布）という. 特に，$\boldsymbol{\pi}(0)$ を**初期分布** (initial distribution) という. 明らかに

$$\mathbb{P}\{X_0 = i, X_n = j\} = \pi_i(0) p_{ij}^{(n)}$$

が成り立つから，これを可能なすべての i について加えると次の命題を得る.

命題 A.2

$$\boldsymbol{\pi}(n) = \boldsymbol{\pi}(0)P^{(n)} = \boldsymbol{\pi}(n-1)P, \quad n \geq 1 \tag{A.3}$$

証明

$$\pi_j(n) = \mathbb{P}\{X_n = j\} = \sum_{i \in \mathcal{S}} \mathbb{P}\{X_0 = i, X_n = j\} = \sum_{i \in \mathcal{S}} \pi_i(0) p_{ij}^{(n)}, \quad j \in \mathcal{S}$$

を行列表記すればよい. □

A.2 状 態 の 分 類

状態 j が状態 i から**到達可能**であるとは，$p_{ij}^{(n)} > 0$ となるような非負整数 n が存在することをいう. このとき，$i \to j$ と書く. また，状態 i と j が**連結**しているとは，$i \to j$ かつ $j \to i$ が成り立つことをいう. このとき，$i \leftrightarrow j$ と書く.

命題 A.3　状態の連結関係 $\leftrightarrow$ は**同値関係** (equivalence relation) である. すなわち，次の 3 つの二項関係をすべて満たす.

1) 反射律： $i \leftrightarrow i$

2) 対称律： $i \leftrightarrow j \Longrightarrow j \leftrightarrow i$

3) 推移律： $i \leftrightarrow j$ かつ $j \leftrightarrow k \Longrightarrow i \leftrightarrow k$

証明 1), 2) は自明である．3) については，$i \leftrightarrow j$ かつ $j \leftrightarrow k$ より，$p_{ij}^{(n)} > 0$, $p_{jk}^{(m)} > 0$ となる非負整数 n, m が存在する．チャップマン・コルモゴロフの等式 (A.2) を用いて

$$p_{ik}^{(n+m)} = \sum_{h \in \mathcal{S}} p_{ih}^{(n)} p_{hk}^{(m)} \geq p_{ij}^{(n)} p_{jk}^{(m)} > 0$$

したがって，$i \to k$ となる．同様にして，$k \to i$ も示せるので，結局 $i \leftrightarrow k$ が導かれる． □

命題 A.3 より，$\mathcal{S}$ の中の任意の状態 i_1 をとり，それと連結するすべての状態を集めて 1 つの組 $\mathcal{C}_1$ を作り，さらに $\mathcal{C}_1$ に含まれない任意の状態 i_2 と連結するすべての状態を集めて $\mathcal{C}_2$ を作る．$\cdots$ というようにして，互いに素な組 (**同値類**とよぶ) $\mathcal{C}_1, \mathcal{C}_2, \ldots$ によって，$\mathcal{S} = \mathcal{C}_1 \cup \mathcal{C}_2 \cup \cdots$ と類別できる．ある同値類が 1 つの状態だけからなっているとき，その状態を**吸収状態** (absorbing state)，マルコフ連鎖を**吸収マルコフ連鎖** (absorbing MC) という．また，$\mathcal{S}$ がただ 1 つの同値類からなるとき，そのマルコフ連鎖は**既約** (ireducible) であるという．

時点 0 で状態 i にあったマルコフ連鎖が，時点 n (≥ 1) で初めて状態 j に到達する確率を

$$f_{ij}^{(n)} = \mathbb{P}\{X_n = j, X_m \neq j\ (m = 1, \ldots, n-1) \,|\, X_0 = i\}$$

とする．このとき

$$f_{ij} = \sum_{n=1}^{\infty} f_{ij}^{(n)}$$

は，時点 0 で状態 i にあったマルコフ連鎖がいつかは状態 j に到達する確率を表す．マルコフ連鎖が初めて状態 j に到達する時点 n (≥ 1) を，状態 j への**初到達時刻** (first passage time) とよび，τ_j で表す．i.e., $\tau_j = \min\{n \geq 1\,;\, X_n = j\}$．このとき，明らかに

$$f_{ij}^{(n)} = \mathbb{P}\{\tau_j = n \mid X_0 = i\}$$

が成り立つ．ある状態 i に対し，$f_{ii} = 1$ ならば状態 i は**再帰的** (recurrent)，$f_{ii} < 1$ ならば状態 i は**過渡的** (transient) とよぶ．すなわち

$$\mathbb{P}\{\tau_i = \infty \mid X_0 = i\} = 1 - f_{ii} \begin{cases} = 0, & i\text{: 再帰的} \\ > 0, & i\text{: 過渡的} \end{cases}$$

命題 A.4

$$p_{ij}^{(n)} = \sum_{k=1}^{n} f_{ij}^{(k)} p_{jj}^{(n-k)}, \quad n \geq 1$$

証明　$p_{ij}^{(n)}$ は事象 $\{X_n = j \mid X_0 = i\}$ の確率を表しているが，この事象は τ_j の値によって互いに排反な事象の和

$$\{X_n = j \mid X_0 = i\} = \bigcup_{k=1}^{n} \{X_n = j, \tau_j = k \mid X_0 = i\}$$

によって表せるため，全確率の公式により

$$\begin{aligned}\mathbb{P}\{X_n = j \mid X_0 = i\} &= \sum_{k=1}^{n} \mathbb{P}\{\tau_j = k \mid X_0 = i\}\mathbb{P}\{X_n = j \mid \tau_j = k, X_0 = i\} \\ &= \sum_{k=1}^{n} \mathbb{P}\{\tau_j = k \mid X_0 = i\}\mathbb{P}\{X_n = j \mid X_k = j\} \\ &= \sum_{k=1}^{n} f_{ij}^{(k)} p_{jj}^{(n-k)}\end{aligned}$$

が導かれる．□

命題 A.5　マルコフ連鎖が時点 $n = 1$ 以降状態 j に到達する回数を N_j で表し

$$g_{ij} = \mathbb{P}\{N_j = \infty \mid X_0 = i\}$$

とする．このとき，状態 i が再帰的（過渡的）であることは $g_{ii} = 1$ $(g_{ii} = 0)$ と等価である．

証明　命題 A.4 の証明と同様にして

$$\mathbb{P}\{N_j \geq n \mid X_0 = i\} = f_{ij}\mathbb{P}\{N_j \geq n-1 \mid X_0 = j\}$$

を得る．この関係式を繰り返し用いることで

$$\mathbb{P}\{N_j \geq n \mid X_0 = i\} = f_{ij}\left(f_{jj}\right)^{n-1}, \quad n \geq 1$$

が得られる．ここで $n \to \infty$ とすると

$$g_{ij} = f_{ij} \lim_{n\to\infty} \left(f_{jj}\right)^{n-1}$$

となり，$i = j$ とおけば命題の結果が容易に示される．□

命題 A.6 状態 i が再帰的であるための必要十分条件は

$$\sum_{n=1}^{\infty} p_{ii}^{(n)} = \infty$$

である.

証明 マルコフ連鎖が状態 i に到達する回数 N_i は指標関数 $\mathbf{1}_{\{X_n=i\}}$ を用いて

$$N_i = \sum_{n=1}^{\infty} \mathbf{1}_{\{X_n=i\}}$$

と表せる. $X_0 = i$ という条件の下で両辺の期待値をとると

$$\mathbb{E}[N_i \mid X_0 = i] = \sum_{n=1}^{\infty} \mathbb{E}[\mathbf{1}_{\{X_n=i\}} \mid X_0 = i] = \sum_{n=1}^{\infty} p_{ii}^{(n)}$$

が成り立つ. 一方, $n \geq 1$ に対して $\mathbb{P}\{N_i \geq n \mid X_0 = i\} = \big(f_{ii}\big)^n$ が成り立つ.

$$\begin{aligned}\mathbb{P}\{N_i = n \mid X_0 = i\} &= \mathbb{P}\{N_i \leq n \mid X_0 = i\} - \mathbb{P}\{N_i \leq n-1 \mid X_0 = i\} \\ &= \big\{1-(f_{ii})^{n+1}\big\} - \{1-(f_{ii})^n\} = \big(f_{ii}\big)^n - \big(f_{ii}\big)^{n+1}\end{aligned}$$

となるので

$$\mathbb{E}[N_i \mid X_0 = i] = \sum_{n=1}^{\infty} n\mathbb{P}\{N_i = n \mid X_0 = i\} = \sum_{n=1}^{\infty} \big(f_{ii}\big)^n$$

したがって, $f_{ii} = 1$ と $\sum_{n=1}^{\infty} p_{ii}^{(n)} = \infty$ は等価であることが示された. □

命題 A.7 ある組の中の状態は, すべて再帰的か過渡的かのいずれかである.

証明 同じ組の中の 2 つの状態 i, j を考え, 状態 i は再帰的であるとする. $i \leftrightarrow j$ より, 2 つの非負整数 m, n が存在して $p_{ij}^{(n)} > 0$, $p_{ji}^{(m)} > 0$ が成り立つ. また $p_{jj}^{(m+\ell+n)} \geq p_{ji}^{(m)} p_{ii}^{(\ell)} p_{ij}^{(n)}$ であるから, ℓ について両辺の和をとると

$$\sum_{\ell} p_{jj}^{(m+\ell+n)} \geq p_{ji}^{(m)} p_{ij}^{(n)} \sum_{\ell} p_{ii}^{(\ell)} = \infty$$

ゆえに, $\sum_{\ell} p_{jj}^{(\ell)} = \infty$ となり, 状態 j もまた再帰的である. 同様にして, 状態 i が過渡的である場合, 状態 j が過渡的であることも示せる. □

命題 A.8 状態 j が過渡的ならば, 任意の状態 $i \in \mathcal{S}$ に対して

$$\lim_{n\to\infty} p_{ij}^{(n)} = 0$$

が成り立つ.

証明 $f_{jj} < 1$ より命題 A.6 の証明と同様にして

$$\sum_{n=1}^{\infty} p_{ij}^{(n)} = \mathbb{E}[N_j \mid X_0 = i] = f_{ij} \sum_{n=1}^{\infty} (f_{jj})^{n-1} = \frac{f_{ij}}{1 - f_{jj}} < \infty$$

を得る．ゆえに，$\lim_{n\to\infty} p_{ij}^{(n)} = 0$. □

$\mathbb{E}[\tau_j \mid X_0 = i] \equiv m_{ij}$ を状態 i から状態 j への**平均到達時間** (mean passage time) という．特に $j = i$ のとき，m_{ii} を**平均再帰時間** (mean recurrent time) とよぶ．明らかに，状態 i が過渡的であれば $m_{ii} = \infty$ である．状態 i が再帰的な場合

$$\begin{cases} m_{ii} < \infty \text{ であれば状態 } i \text{ は正再帰的 (positive recurrent)} \\ m_{ii} = \infty \text{ であれば状態 } i \text{ は零再帰的 (null recurrent)} \end{cases}$$

であるという．再帰的な状態に関して，次の性質が知られている *1).

命題 A.9 再帰的な同値類に属する状態は

1) すべて正再帰的か零再帰的かのいずれかである．
2) その状態数が有限個ならば正再帰的である．

状態空間 $\mathcal{S}$ が r 個の部分集合 $\mathcal{D}_1, \mathcal{D}_2, \ldots, \mathcal{D}_r$ に分割され (i.e., $\mathcal{S} = \bigcup_{n=1}^{r} \mathcal{D}_n$, $\mathcal{D}_i \cap \mathcal{D}_j = \emptyset$ $(i \neq j)$), $\mathcal{D}_1$ の中のある状態から出発したときに

$$\mathcal{D}_1 \to \mathcal{D}_2 \to \cdots \to \mathcal{D}_r \to \mathcal{D}_1 \to \cdots$$

という順に各部分集合を訪問する既約なマルコフ連鎖を周期 r の**周期的マルコフ連鎖** (cyclic MC) という．特に，$r = 1$ のとき，マルコフ連鎖は**非周期的** (acyclic) であるといい，既約で非周期的なマルコフ連鎖を**エルゴード的** (ergodic) であるという．

A.3 極限分布と定常分布

任意の初期分布 $\boldsymbol{\pi}(0)$ に対して，$\lim_{n\to\infty} \pi_i(n) = q_i$ $(i \in \mathcal{S})$ となるとき，$\boldsymbol{q} = (q_0, q_1, \ldots)$ をこのマルコフ連鎖の**極限分布** (limiting distribution) という．

命題 A.10 推移確率行列 P にしたがうマルコフ連鎖が極限分布 $\boldsymbol{q}$ をもつならば，行列 P^{∞} の各行は $\boldsymbol{q}$ と一致する．

---

*1) 証明については宮沢 (1993) を参照のこと．

証明　関係式 $\boldsymbol{\pi}(n) = \boldsymbol{\pi}(0)P^n$ において $n \to \infty$ とすると，$\boldsymbol{q} = \boldsymbol{\pi}(0)P^\infty$ を得る．すなわち，$i \in \mathcal{S}$ に対して

$$q_i = \sum_{j \in \mathcal{S}} \pi_j(0) p_{ji}^{(\infty)}$$

となる．左辺は，定義より $\boldsymbol{\pi}(0)$ の決め方に依存しないから，このためにはすべての i に対し $p_{ji}^{(\infty)}$ が j に依存しない必要がある．そこで，$p_{ji}^{(\infty)} = r_i$ とおくと

$$q_i = \sum_{j \in \mathcal{S}} \pi_j(0) r_i = r_i \sum_{j \in \mathcal{S}} \pi_j(0) = r_i$$

を得る．したがって，P^∞ の各行は $\boldsymbol{q}$ と一致する． □

ベクトル $\boldsymbol{\pi}$ が推移確率行列 P の**定常分布** (stationary distribution) であるとは

$$\boldsymbol{\pi} = \boldsymbol{\pi} P, \quad \pi_i \geq 0 \quad (i \in \mathcal{S}), \quad \sum_{i \in \mathcal{S}} \pi_i = 1 \tag{A.4}$$

が成り立つことをいう．$\boldsymbol{\pi}$ が P の定常分布のとき，$\boldsymbol{\pi}(0)$ として $\boldsymbol{\pi}$ を用いたとしよう．このとき，$\boldsymbol{\pi}(n) = \boldsymbol{\pi}(n-1)P$ より

$$\begin{aligned} \boldsymbol{\pi}(1) &= \boldsymbol{\pi} P = \boldsymbol{\pi} \\ \boldsymbol{\pi}(2) &= \boldsymbol{\pi}(3) = \cdots = \boldsymbol{\pi} \end{aligned}$$

となる．つまり，初期分布が $\boldsymbol{\pi}$ であれば各時点での状態確率分布は常に $\boldsymbol{\pi}$ である．これが式 (A.4) で定義される $\boldsymbol{\pi}$ を定常分布とよぶ所以である．

命題 A.11　マルコフ連鎖が極限分布をもつならばそれは定常分布と一致し，方程式系

$$\boldsymbol{\pi} = \boldsymbol{\pi} P, \quad \boldsymbol{\pi}\mathbf{1}^\top = 1, \quad \boldsymbol{\pi} \geq \mathbf{0}$$

の唯一の解として与えられる．ただし，$\mathbf{1} = (1, 1, \ldots) \in \mathbb{R}^{|\mathcal{S}|}$ である．

証明　$\boldsymbol{\pi}(n) = \boldsymbol{\pi}(n-1)P$ の両辺で $n \to \infty$ とすると，極限分布をもつことから，$\boldsymbol{q} = \boldsymbol{q}P$ が成り立つ．$q_i \geq 0$ $(i \in \mathcal{S})$，$\sum_{i \in \mathcal{S}} q_i = 1$ は明らかである．

解の唯一性は次のように証明できる．$\boldsymbol{x} = (x_0, x_1, \ldots)$ を $\boldsymbol{\pi} = \boldsymbol{\pi}P$，$\boldsymbol{\pi}\mathbf{1}^\top = 1$ の解とする．すなわち

$$x_j = \sum_{k \in \mathcal{S}} x_k p_{kj}, \quad j \in \mathcal{S}$$

両辺に $p_{j\ell}$ を乗じて j について加えると次の式を得る．

$$\sum_{j \in \mathcal{S}} x_j p_{j\ell} = \sum_{j \in \mathcal{S}} \sum_{k \in \mathcal{S}} x_k p_{kj} p_{j\ell} = \sum_{k \in \mathcal{S}} x_k p_{k\ell}^{(2)}$$

したがって，$x_\ell = \sum_{k \in \mathcal{S}} x_k p_{k\ell}^{(2)}$ $(\ell \in \mathcal{S})$ を得る．帰納的に $n \geq 2$ に対して，

$x_\ell = \sum_{k \in \mathcal{S}} x_k p_{k\ell}^{(n)}$ $(\ell \in \mathcal{S})$ が成り立つ．ここで $\lim_{n \to \infty} p_{k\ell}^{(n)} = \pi_\ell$ を用いて

$$x_\ell = \sum_{k \in \mathcal{S}} x_k \pi_\ell = \pi_\ell, \quad \ell \in \mathcal{S}$$

ゆえに $\boldsymbol{x}$ は $\boldsymbol{\pi}$ に等しく唯一性が示された． □

例 A.2　2 つの状態だけからなる次の推移確率行列にしたがうマルコフ連鎖を考える．

$$P = \begin{pmatrix} 0 & 1 \\ 1 & 0 \end{pmatrix}$$

このマルコフ連鎖は周期が 2 の周期的マルコフ連鎖で，初期分布を $\boldsymbol{\pi}(0) = (1 \ \ 0)$ とすると，時点 n における状態確率は

$$\boldsymbol{\pi}(n) = \tfrac{1}{2}(1 + (-1)^n \ \ 1 - (-1)^n)$$

となり，明らかに極限分布をもたないことがわかる．しかし，ベクトル $\boldsymbol{\pi} = (\frac{1}{2} \ \ \frac{1}{2})$ は確かに方程式系を満たしており，P の定常分布になっている．すなわち，このマルコフ連鎖には極限分布は存在しないが，定常分布は存在する．

マルコフ連鎖の状態分類と定常分布の存在に関して，以下の性質が知られている *2)．

命題 A.12　$\gamma_j = m_{jj}^{-1}$ $(j \in \mathcal{S})$ とおく．このとき，ベクトル $\boldsymbol{\gamma} = (\gamma_0, \gamma_1, \ldots)$ は既約で正再帰的なマルコフ連鎖の唯一の定常分布である．

命題 A.13　マルコフ連鎖が極限分布をもつための必要十分条件は，その連鎖が既約で正再帰的かつ非周期的であることである．このとき極限分布 $\boldsymbol{q}$ は方程式系

$$\boldsymbol{\pi} = \boldsymbol{\pi} P, \quad \boldsymbol{\pi}\mathbf{1}^\top = 1, \quad \boldsymbol{\pi} > \mathbf{0}$$

の解 $\boldsymbol{\pi}$ で与えられ，$\boldsymbol{\gamma}$ と一致する．

---

*2)　証明については宮沢 (1993) を参照のこと．

APPENDIX

B 連続時間マルコフ連鎖

B.1 推移確率関数

状態空間 $\mathcal{S} = \{0, 1, 2, \ldots\}$ をもつ連続時間確率過程 $\{X(t)\}_{t \geq 0}$ を考える．任意の $t > s \geq 0$, $i, j \in \mathcal{S}$ と時間区間 $[0, s)$ における X のすべての履歴 $x(u)$ $(0 \leq u < s)$ に対して

$$\mathbb{P}\{X(t) = j \mid X(s) = i,\ X(u) = x(u), 0 \leq u < s\} = \mathbb{P}\{X(t) = j \mid X(s) = i\}$$

が成り立つとき，$\{X(t)\}$ を**連続時間マルコフ連鎖** (continuous-time Markov chain: CTMC) とよぶ．このとき，条件付き確率

$$p_{ij}(s, t) \equiv \mathbb{P}\{X(t) = j \mid X(s) = i\}, \quad i, j \in \mathcal{S}$$

を状態 i から状態 j への**推移確率関数** (transition probability function) といい，$p_{ij}(s, t)$ を (i, j) 要素とする行列 $P(s, t) \equiv [p_{ij}(s, t)]$ を**推移確率行列** (transition probability matrix) という．以後，任意の $0 \leq s < t$ に対して行列 $P(s, t)$ は**確率的** (stochastic)，すなわち

$$p_{ij}(s, t) \geq 0, \qquad \sum_{j \in \mathcal{S}} p_{ij}(s, t) = 1, \qquad i, j \in \mathcal{S}$$

を仮定する．行列表記では

$$P(s, t) \geq O, \qquad P(s, t)\mathbf{1}^\top = \mathbf{1}^\top$$

となる．ただし，O は零行列，$\mathbf{1} = (1, 1, \ldots) \in \mathbb{R}^{|\mathcal{S}|}$ である．

$0 \leq s < u < t$ に対して

$$\begin{aligned}
&\mathbb{P}\{X(t)=j \mid X(s)=i\}\\
&\quad=\sum_{k\in\mathcal{S}}\mathbb{P}\{X(u)=k, X(t)=j \mid X(s)=i\}\\
&\quad=\sum_{k\in\mathcal{S}}\mathbb{P}\{X(u)=k \mid X(s)=i\}\mathbb{P}\{X(t)=j \mid X(s)=i, X(u)=k\}\\
&\quad=\sum_{k\in\mathcal{S}}\mathbb{P}\{X(u)=k \mid X(s)=i\}\mathbb{P}\{X(t)=j \mid X(u)=k\}
\end{aligned}$$

となるので

$$p_{ij}(s,t)=\sum_{k\in\mathcal{S}}p_{ik}(s,u)p_{kj}(u,t), \quad 0\le s<u<t$$

が成り立つ．行列形式では

$$P(s,t)=P(s,u)P(u,t), \quad 0\le s<u<t \tag{B.1}$$

と表される．この式はチャップマン・コルモゴロフの等式とよばれ，離散時間マルコフ連鎖に対する式 (A.2) の連続時間版になっている．

推移確率関数 $p_{ij}(s,t)$ が時間差 $t-s$ に依存するとき，すなわち

$$\mathbb{P}\{X(t)=j \mid X(s)=i\}\equiv p_{ij}(t-s), \quad 0\le s<t,\ i,j\in\mathcal{S}$$

と書けるとき，$\{X(t)\}$ は斉次的マルコフ連鎖とよばれ，チャップマン・コルモゴロフの等式は

$$p_{ij}(s+t)=\sum_{k\in\mathcal{S}}p_{ik}(s)p_{kj}(t), \quad s,t>0,\ i,j\in\mathcal{S}$$

と表される．行列表記では，$P(t)=[p_{ij}(t)]$ とすると

$$P(s+t)=P(s)P(t), \quad s,t>0$$

と表される．

例 B.1　$\{X_n\}$ を状態空間 $\mathcal{S}$ と推移確率行列 $R=[r_{ij}]$ をもつ離散時間マルコフ連鎖とし，$\{N(t)\}$ を $\{X_n\}$ とは独立な到着率 $\lambda>0$ をもつ定常ポアソン過程とする．このとき

$$Y(t)=X_{N(t)}, \quad t\ge 0$$

によって定義される確率過程 $\{Y(t)\}_{t\ge 0}$ は，**従属マルコフ連鎖** (subordinatd MC) とよばれる．このとき，$\{Y(t)\}$ は状態空間 $\mathcal{S}$ と推移確率関数

$$p_{ij}(t)=\sum_{n=0}^{\infty}\frac{(\lambda t)^n}{n!}\,\mathrm{e}^{-\lambda t}r_{ij}^{(n)}, \quad t\ge 0$$

をもつ斉次的マルコフ連鎖である．ただし，$R^n = \left[r_{ij}^{(n)}\right]$．$\{Y(t)\}$ の推移確率関数は

$$\begin{aligned}
&\mathbb{P}\{Y(t+s)=j \mid Y(s)=i,\, Y(u),\, 0 \le u < s\} \\
&\quad = \sum_{n=0}^{\infty} \frac{(\lambda t)^n}{n!}\,\mathrm{e}^{-\lambda t}\mathbb{P}\{Y(t+s)=j \mid Y(s)=i,\, N(t+s)-N(s)=n\} \\
&\quad = \sum_{n=0}^{\infty} \frac{(\lambda t)^n}{n!}\,\mathrm{e}^{-\lambda t}\mathbb{P}\{X_{N(s)+n}=j \mid X_{N(s)}=i\} \\
&\quad = \sum_{n=0}^{\infty} \frac{(\lambda t)^n}{n!}\,\mathrm{e}^{-\lambda t} r_{ij}^{(n)}
\end{aligned}$$

で与えられる．

有限状態空間 $\mathcal{S} = \{1, 2, \ldots, N\}$ 上の斉次的な連続時間マルコフ連鎖に対して，その推移確率行列 $P(t)$ は次の性質をもつ．

命題 B.1

1) $P(0) = I$（単位行列）
2) $t \ge 0$ に対して $P(t)$ は一様連続
3) $P(t)$ は $t > 0$ に関して微分可能

B. 2　無限小生成作用素

推移確率行列 $P(t)$ に対して，行列 Q を

$$Q \equiv \lim_{t \to 0+} \frac{\mathrm{d}}{\mathrm{d}t} P(t) = \lim_{h \to 0+} \frac{P(h) - I}{h}$$

によって定義する．行列 $Q = (q_{ij})$ は**無限小生成作用素** (infinitesimal generator)，あるいは単に**生成作用素** (generator) とよばれる．Q を成分表示すると

$$q_{ij} = \begin{cases} \displaystyle\lim_{h \to 0+} \frac{p_{ij}(h)}{h} \ge 0, & i \ne j \\ \displaystyle\lim_{h \to 0+} \frac{p_{ii}(h) - 1}{h} \le 0, & i = j \end{cases}$$

となる．任意の $h \ge 0$ に対して

$$1 - p_{ii}(h) = \sum_{j \neq i} p_{ij}(h)$$

が成り立つので，両辺を $h > 0$ で除して $h \to 0+$ とすると，関係式

$$-q_{ii} = \sum_{j \neq i} q_{ij}, \quad i \in \mathcal{S}$$

を得る．したがって，Q の対角要素は負，非対角要素は非負で，各行和が 0 (i.e., $Q\mathbf{1}^\top = \mathbf{0}^\top \equiv (0, 0, \ldots)$) の行列である．簡単のため

$$\nu_i \equiv \sum_{j \neq i} q_{ij} = -q_{ii} \geq 0$$

と定義する．このとき

$$\nu_i = \lim_{h \to 0+} \frac{1 - p_{ii}(h)}{h} = \lim_{h \to 0+} \frac{\mathbb{P}\{X(t+h) \neq i \mid X(t) = i\}}{h}$$

と書き表せるから，十分に小さな $h > 0$ に対して

$$\mathbb{P}\{X(t+h) \neq i \mid X(t) = i\} = \nu_i h + o(h)$$

となるので，ν_i は状態 i から離脱する**強度** (intensity) を表している．同様にして，q_{ij} $(i \neq j)$ については

$$\mathbb{P}\{X(t+h) = j \mid X(t) = i\} = q_{ij} h + o(h)$$

となるので，q_{ij} は状態 i から状態 j への推移を起こす強度を表していると考えられ，状態 i から状態 j への**推移率** (transition rate) とよばれる．

例 B.2 — 出生死滅過程　　状態空間 $\mathcal{S} = \mathbb{Z}_+ \equiv \{0, 1, \ldots\}$ 上の連続時間マルコフ連鎖 $\{X(t)\}$ が無限小生成作用素

$$Q = \begin{pmatrix} -\lambda_0 & \lambda_0 & 0 & 0 & \cdots \\ \mu_1 & -(\lambda_1+\mu_1) & \lambda_1 & 0 & \cdots \\ 0 & \mu_2 & -(\lambda_2+\mu_2) & \lambda_2 & \ddots \\ \vdots & \vdots & \ddots & \ddots & \ddots \end{pmatrix}$$

をもつとする．ただし，$\lambda_i, \mu_i > 0$ $(i \in \mathbb{Z}_+, \mu_0 = 0)$ とする．このとき，$\{X(t)\}$ は**出生死滅過程** (birth and death process) とよばれる．すべての i に対し $\mu_i = 0$ $(\lambda_i = 0)$ のとき，$\{X(t)\}$ は**純出生（死滅）過程** (pure birth (death) process) とよばれる．純出生（死滅）過程は，時刻 t までの出生（生存）数を数える過程を表す．特に，$\lambda_i \equiv \lambda$ $(i \geq 0)$ のとき，純出生過程はポアソン過程と一致する．

$\{X(t)\}$ は時刻 $t \geq 0$ におけるある集団の人口と解釈することができる．すなわち，λ_i と μ_i は，それぞれ，人口が i 人のときの**出生率** (birth rate) と**死亡率** (death rate) とみなせる．境界条件 $\mu_0 = 0$ は，この解釈においては自然である．$\lambda_0 > 0$ は，例えば他の集団からの移住率を表すと考えてもよい．出生死滅過程の状態推移を，状態をノードとし状態間の推移をアークとしてもつ有向グラフで表すと便利である．これを**状態推移図** (transition diagram) とよぶ（図 B.1 参照）．

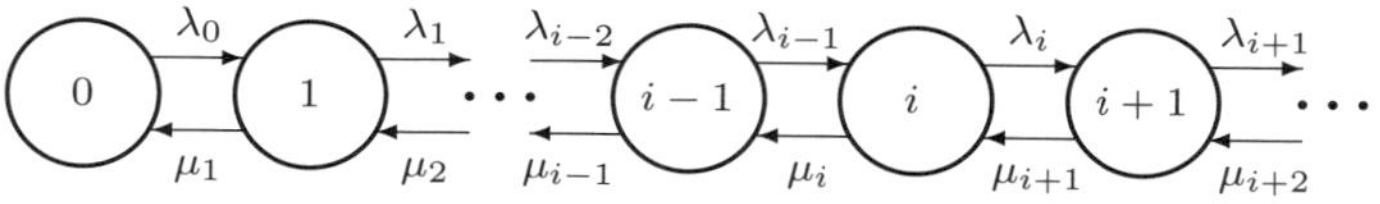

$0 \; 1 \; \cdots \; i-1 \; i \; i+1 \; \cdots$

$\lambda_0 \; \lambda_1 \; \lambda_{i-2} \; \lambda_{i-1} \; \lambda_i \; \lambda_{i+1}$

$\mu_1 \; \mu_2 \; \mu_{i-1} \; \mu_i \; \mu_{i+1} \; \mu_{i+2}$

図 B.1 出生死滅過程の状態推移図

チャップマン・コルモゴロフの等式を用いて，$h > 0$ に対して

$$\frac{P(t+h) - P(t)}{h} = \frac{P(h) - I}{h} P(t) = P(t) \frac{P(h) - I}{h}$$

を得る．ここで $h \to 0+$ とすると，**コルモゴロフの後退方程式** (Kolmogorov's backward equation)

$$P'(t) = QP(t) \quad \Longleftrightarrow \quad p'_{ij}(t) = \sum_{k \neq i} q_{ik} p_{kj}(t) - \nu_i p_{ij}(t)$$

と**コルモゴロフの前進方程式** (Kolmogorov's forward equation)

$$P'(t) = P(t)Q \quad \Longleftrightarrow \quad p'_{ij}(t) = \sum_{k \neq j} q_{kj} p_{ik}(t) - \nu_j p_{ij}(t)$$

を得る．コルモゴロフの方程式の解は

$$P(t) = \exp\{Qt\} = \sum_{n=0}^{\infty} \frac{Q^n t^n}{n!}, \quad t \geq 0$$

で与えられる．

$n \geq 1$ に対して，マルコフ連鎖 $\{X(t)\}$ の第 n 番目の状態推移時刻を T_n とする．第 n 番目以降に状態推移がないときには $T_n = T_{n+1} = \cdots = \infty$ とする．また，$U_n = T_n - T_{n-1}$ $(n \geq 1)$ とおく．ただし，$T_0 \equiv 0$ とする．明らかに

$$T_n = \sum_{i=1}^{n} U_i$$

の関係がある．有限な時間区間内の状態変化時刻はすべて異なり，その総数は有限で

あると仮定する．このとき，マルコフ連鎖 $\{X(t)\}$ は正則 (regular) であるという．

状態滞在時間 $U_1\ (=T_1)$ の分布を求める．簡単のため，$X_0=i$ という条件の下での確率を $\mathbb{P}_i\{\cdot\}=\mathbb{P}\{\cdot\mid X(0)=i\}$ で表す．このとき，$s,t\ge 0$ に対して

$$\begin{aligned}
&\mathbb{P}_i\{U_1>s+t\}\\
&\quad=\mathbb{P}_i\{U_1>s+t,U_1>s\}\\
&\quad=\mathbb{P}_i\{U_1>s+t\mid U_1>s\}\mathbb{P}_i\{U_1>s\}\\
&\quad=\mathbb{P}_i\{X(u)=i,0\le u\le s+t\mid X(u)=i,0\le u\le s\}\mathbb{P}_i\{U_1>s\}\\
&\quad=\mathbb{P}_i\{X(u)=i,s\le u\le s+t\mid X(s)=i\}\mathbb{P}_i\{U_1>s\}\\
&\quad=\mathbb{P}_i\{X(u)=i,0\le u\le t\}\mathbb{P}_i\{U_1>s\}\\
&\quad=\mathbb{P}_i\{U_1>t\}\mathbb{P}_i\{U_1>s\}
\end{aligned}$$

となり，式 (1.4) から無記憶性が成り立つ．したがって，U_1 は指数分布にしたがう．指数分布のパラメータについては，行列 Q における ν_i の解釈から，十分小さな $h>0$ に対して

$$\mathbb{P}_i\{U_1<h\}=\mathbb{P}\{X(h)\ne i\mid X(0)=i\}=\nu_i h+o(h)$$

となるから，$\mathbb{P}_i\{U_1\le t\}=1-\mathrm{e}^{-\nu_i t}\ (t\ge 0,\ i\in\mathcal{S})$ が示された．さらに，$i\ne j$ に対して次式が成り立つ．

$$\begin{aligned}
\mathbb{P}_i\{X(T_1)=j\}&=\lim_{h\to 0+}\mathbb{P}\{X(h)=j\mid X(h)\ne i,\ X(0)=i\}\\
&=\lim_{h\to 0+}\frac{\mathbb{P}\{X(h)=j\mid X(0)=i\}}{\mathbb{P}\{X(h)\ne i\mid X(0)=i\}}\\
&=\lim_{h\to 0+}\frac{q_{ij}h+o(h)}{\sum\limits_{j\ne i}q_{ij}h+o(h)}=\frac{q_{ij}}{\nu_i}
\end{aligned}$$

例 B.3 —— 出生死滅過程　　パラメータ $\{\lambda_i,\mu_i\}_{i\ge 0}$ をもつ出生死滅過程に対して，状態 i での滞在時間は指数分布

$$\mathbb{P}\{U_1\le t\mid X(0)=i\}=1-\exp\{-(\lambda_i+\mu_i)t\},\quad t\ge 0$$

にしたがう．また

$$\mathbb{P}\{X(T_1)=j\mid X(0)=i\}=\begin{cases}\dfrac{\mu_i}{\lambda_i+\mu_i}, & j=i-1\\[2ex] \dfrac{\lambda_i}{\lambda_i+\mu_i}, & j=i+1\\[2ex] 0, & j\ne i\pm 1\end{cases}$$

が成り立つ．

マルコフ連鎖 $\{X(t)\}$ に対して $Y_n = X(T_n)$ とおくと，$\{Y_n\}_{n\geq 0}$ は推移確率

$$p_{ij} = \begin{cases} q_{ij}/\nu_i, & i \neq j \\ 0, & i = j \end{cases}$$

をもつ離散時間マルコフ連鎖であり，状態変化時刻列 $\{T_n\}$ に関する $\{X(t)\}$ の埋め込みマルコフ連鎖 (embedded MC) とよばれる．$\{Y_n\}$ の推移確率行列 $P = [p_{ij}]$ は

$$P = I + D^{-1}Q, \qquad D = \mathrm{diag}(\nu_i)$$

と表すことができる．

例 B.4 — 出生死滅過程　パラメータ $\{\lambda_i, \mu_i\}_{i\geq 0}$ をもつ出生死滅過程の埋め込みマルコフ連鎖 $\{Y_n\}$ の推移確率行列は

$$P = \begin{pmatrix} 0 & 1 & 0 & 0 & \cdots \\ \frac{\mu_1}{\lambda_1+\mu_1} & 0 & \frac{\lambda_1}{\lambda_1+\mu_1} & 0 & \cdots \\ 0 & \frac{\mu_2}{\lambda_2+\mu_2} & 0 & \frac{\lambda_2}{\lambda_2+\mu_2} & \cdots \\ \vdots & \vdots & \ddots & \ddots & \ddots \end{pmatrix}$$

で与えられる．

B.3 定常分布

任意の $t \geq 0$, $i \in \mathcal{S}$ に対して，離散時間マルコフ連鎖と同様に，状態確率を

$$\pi_i(t) = \mathbb{P}\{X(t) = i\} \geq 0, \qquad \sum_{i\in\mathcal{S}} \pi_i(t) = 1$$

とする．このとき，行ベクトル

$$\boldsymbol{\pi}(t) = (\pi_i(t); i \in \mathcal{S})$$

を時点 t における状態確率分布，$\boldsymbol{\pi}(0)$ を初期分布という．離散時間マルコフ連鎖と同様にして

$$\boldsymbol{\pi}(t) = \boldsymbol{\pi}(0)P(t), \quad t \geq 0$$

と表せる．$\boldsymbol{\pi}(t) = \boldsymbol{\pi}(0)P(t)$ の両辺を t に関して微分し，コルモゴロフの後退方程式を用いると

$$\boldsymbol{\pi}'(t) = \boldsymbol{\pi}(0)P'(t) = \boldsymbol{\pi}(0)QP(t), \quad t \geq 0$$

となる．したがって，任意の $t \geq 0$ に対して，$\boldsymbol{\pi}'(t) = 0$ である，すなわち平衡状態

にあるための必要十分条件は

$$\boldsymbol{\pi}(0)Q = \mathbf{0}$$

である.

定義 B.1　確率ベクトル $\boldsymbol{\pi}$ ($\boldsymbol{\pi} \geq \mathbf{0}$, $\boldsymbol{\pi}\mathbf{1}^\top = 1$) が方程式

$$\boldsymbol{\pi} = \boldsymbol{\pi}P(t), \quad t \geq 0$$

を満たすとき，$\boldsymbol{\pi}$ を推移確率行列 $P(t)$ の**定常分布** (stationary distribution) という.

定常分布の定義より，初期分布が定常分布にしたがうマルコフ連鎖は時間が経過しても状態分布が変化しない．そこで定常分布が存在すると仮定して，$\boldsymbol{\pi}(0)Q = \mathbf{0}$ において $\boldsymbol{\pi}(0) = \boldsymbol{\pi}$ とおくと，$\boldsymbol{\pi}$ に対する方程式

$$\boldsymbol{\pi}Q = \mathbf{0}$$

を得る．この方程式を**定常方程式** (stationary equation) とよぶ.

定常分布が存在すると仮定して定常方程式を導いたが，逆に定常方程式の解 $\boldsymbol{\pi}$ は定常分布となるであろうか．また，定常分布が存在するためにはいかなる条件が必要であろうか．これらの疑問に答えるためには，離散時間のマルコフ連鎖と同様に状態の分類が必要となる.

定義 B.2　任意の $i, j \in \mathcal{S}$ に対して，ある $t_0 > 0$ が存在して $p_{ij}(t_0) > 0$ ならば，連続時間マルコフ連鎖 $\{X(t)\}$ は**既約** (irreducible) であるという.

状態 i への初到達時間を

$$\tau_i = \inf\{t \geq T_1;\, X(t) = i\}, \quad i \in \mathcal{S}$$

により定義する．T_1 が最初の状態変化が起きる時刻であることを考慮すると，$X(0) = i$ のとき，τ_i は一度状態 i から出た後に再び状態 i に戻ってくるまでの時間である.

定義 B.3　$X(0) = i \in \mathcal{S}$ の条件付き確率 $\mathbb{P}_i(\cdot)$ に関する期待値を $\mathbb{E}_i[\cdot]$ とする．このとき，状態 i は $\mathbb{P}_i\{\tau_i < \infty\} = 1$ ならば**再帰的** (recurrent)，$\mathbb{P}_i\{\tau_i < \infty\} < 1$ ならば**過渡的** (transient) であるという．状態 i が再帰的な場合，$\mathbb{E}_i[\tau_i] < \infty$ ならば**正再帰的** (positive recurrent)，$\mathbb{E}_i[\tau_i] = \infty$ ならば**零再帰的** (null recurrent) であるという.

再帰時間と推移確率関数との間に，離散時間マルコフ連鎖と同様の結果が成り立つ.

命題 B.2　正則な連続時間マルコフ連鎖において，状態 j が過渡的または零再帰的ならば

$$\lim_{t\to\infty} p_{ij}(t) = 0, \quad i \in \mathcal{S}$$

が成り立つ．

命題 B.3　正則で既約な連続時間マルコフ連鎖が正再帰的ならば，極限

$$\lim_{t\to\infty} p_{ij}(t) = \pi_j > 0, \quad i, j \in \mathcal{S}$$

が存在し，$\boldsymbol{\pi} = (\pi_j; j \in \mathcal{S})$ は定常分布である．

命題 B.4　正則で既約な連続時間マルコフ連鎖に対して，定常方程式 $\boldsymbol{\pi}Q = \mathbf{0}$ の解 $\boldsymbol{\pi}$ が存在することは，マルコフ連鎖が正再帰的であるための必要十分条件である．このとき，$\boldsymbol{\pi}\mathbf{1}^\top = 1$ を満たす $\boldsymbol{\pi}$ は定常分布であり唯一に定まる．

証明　マルコフ連鎖が正再帰的でない場合，定常分布の定義式 $\boldsymbol{\pi} = \boldsymbol{\pi}P(t)$ において $t \to \infty$ とすると，有界収束定理により，任意の $i \in \mathcal{S}$ に対して

$$\pi_i = \lim_{t\to\infty} \sum_{j\in\mathcal{S}} \pi_j p_{ji}(t) = \sum_{j\in\mathcal{S}} \pi_j \lim_{t\to\infty} p_{ji}(t) = 0$$

となり，$\boldsymbol{\pi}$ が確率ベクトルであることに矛盾する．したがって，正再帰的でないならば定常分布は存在しない．次に，マルコフ連鎖が正再帰的であると仮定する．このとき，命題 B.3 より極限 $\pi_i = \lim_{t\to\infty} p_{ji}(t)$ が存在する．チャップマン・コルモゴロフの等式より，$\mathcal{S}$ に収束する有限な部分集合列 $\{\mathcal{S}_n\}_{n\geq 1}$ に対して

$$p_{ji}(t+s) \geq \sum_{k\in\mathcal{S}_n} p_{jk}(t) p_{ki}(s), \quad \mathcal{S}_n \subset \mathcal{S}$$

が成り立つので，$t \to \infty$ とすると

$$\pi_i \geq \sum_{k\in\mathcal{S}_n} \pi_k p_{ki}(s), \quad n \geq 1$$

を得る．さらに，$n \to \infty$ とすると次の不等式が成り立つ．

$$\pi_i \geq \sum_{k\in\mathcal{S}} \pi_k p_{ki}(s)$$

両辺を i について加えると

$$\sum_{i\in\mathcal{S}} \pi_i \geq \sum_{i\in\mathcal{S}} \sum_{k\in\mathcal{S}} \pi_k p_{ki}(s) = \sum_{k\in\mathcal{S}} \pi_k \sum_{i\in\mathcal{S}} p_{ki}(s) = 1$$

となり，不等式の等号が成り立たないと $\boldsymbol{\pi}$ が確率ベクトルであることに矛盾するので，不等式はすべて等号が成り立ち，極限分布 $\boldsymbol{\pi}$ は定常分布に一致する．極限分布は唯一つであるので，定常分布も一意に定まる．　□

系 B.5　状態空間 $\mathcal{S}$ が有限集合のとき，既約な連続時間マルコフ連鎖は定常方程式 $\boldsymbol{\pi}Q = \mathbf{0}$ と $\boldsymbol{\pi}\mathbf{1}^\top = 1$ の解となる唯一の定常分布をもつ.

定常方程式 $\boldsymbol{\pi}Q = \mathbf{0}$ は次のように書き換えることができる.

$$\pi_i \sum_{j\in\mathcal{S}\setminus\{i\}} q_{ij} = \sum_{j\in\mathcal{S}\setminus\{i\}} \pi_j q_{ji}, \quad i \in \mathcal{S} \tag{B.2}$$

式 (B.2) は状態 i から出る率（左辺）が状態 i に入る率（右辺）と等しいことを表し，**大域平衡方程式** (global balance equation) とよばれる.

命題 B.6　状態空間 $\mathcal{S}$ の任意の部分集合 $\mathcal{A}$ に対して

$$\sum_{i\in\mathcal{A}} \pi_i \sum_{j\in\mathcal{S}\setminus\mathcal{A}} q_{ij} = \sum_{i\in\mathcal{S}\setminus\mathcal{A}} \sum_{j\in\mathcal{A}} \pi_j q_{ji} \tag{B.3}$$

が成り立つ.

証明　大域平衡方程式 (B.2) を $i \in \mathcal{A}$ について加えると

$$\sum_{i\in\mathcal{A}} \left(\sum_{j\in\mathcal{S}\setminus\mathcal{A}} \pi_i q_{ij} + \sum_{j\neq i,\, j\in\mathcal{A}} \pi_i q_{ij} \right) = \sum_{i\in\mathcal{A}} \left(\sum_{j\in\mathcal{S}\setminus\mathcal{A}} \pi_j q_{ji} + \sum_{j\neq i,\, j\in\mathcal{A}} \pi_j q_{ji} \right)$$

となるので，この両辺から $\sum_{j\neq i,\, i,j\in\mathcal{A}} \pi_j q_{ji}$ を引くと与式を得る. □

式 (B.3) は，状態空間 $\mathcal{S}$ の任意のカットを跨ぐ状態推移が，方向に関係なく等しいことを意味している.

定義 B.4　状態空間 $\mathcal{S}$ の任意の状態 $i \in \mathcal{S}$ と任意の部分集合 $\mathcal{A} \subset \mathcal{S}$ に関して

$$\pi_i \sum_{j\in\mathcal{A}\setminus\{i\}} q_{ij} = \sum_{j\in\mathcal{A}\setminus\{i\}} \pi_j q_{ji} \tag{B.4}$$

を**局所平衡方程式** (local balance equation) という．また，式 (B.4) がすべての $i \in \mathcal{A}$ に対して成り立つとき，集合 $\mathcal{A}$ に関して局所平衡が成り立つという.

例 B.5 — 出生死滅過程　パラメータ $\{\lambda_i, \mu_i\}_{i\geq 0}$ をもつ出生死滅過程に対して $\mathcal{A} = \{0, 1, \ldots, i-1\}$ とおくと，局所平衡方程式

$$\pi_{i-1}\lambda_{i-1} = \pi_i \mu_i, \quad i \geq 1 \tag{B.5}$$

が成り立つ．したがって

$$\pi_i = \frac{\lambda_{i-1}}{\mu_i}\pi_{i-1} = \frac{\lambda_{i-1}\lambda_{i-2}}{\mu_i\mu_{i-1}}\pi_{i-2} = \cdots = \prod_{j=1}^{i}\frac{\lambda_{j-1}}{\mu_j}\pi_0 \tag{B.6}$$

を得る．正規化条件 $\boldsymbol{\pi}\mathbf{1}^\top = 1$ より

$$G \equiv \sum_{i=0}^{\infty}\prod_{j=1}^{i}\frac{\lambda_{j-1}}{\mu_j} < \infty$$

であれば

$$\pi_i = \begin{cases} \dfrac{1}{G}, & i = 0 \\ \dfrac{1}{G}\displaystyle\prod_{j=1}^{i}\frac{\lambda_{j-1}}{\mu_j}, & i \geq 1 \end{cases} \tag{B.7}$$

で与えられる．

B.4 一 様 化 法

連続時間マルコフ連鎖の過渡的な挙動と定常分布を分析するのに有用な一様化法について紹介する．まず一様化法が適用できるマルコフ連鎖のクラスを特定する．

定義 B.5 $\{X(t)\}_{t\geq 0}$ を状態空間 $\mathcal{S}$ と無限小生成作用素 $Q = [q_{ij}]$ をもつ連続時間マルコフ連鎖とする．このとき，すべての $i \in \mathcal{S}$ に対して $\nu_i < \infty$ であれば，$\{X(t)\}$ は安定 (stable) であるという．

定義 B.6 連続時間マルコフ連鎖 $\{X(t)\}_{t\geq 0}$ は，安定かつ $\sup_{i\in\mathcal{S}} \nu_i < \infty$ のとき**一様化可能** (uniformizable) であるという．

一様化可能なマルコフ連鎖に対しては

$$\sup_{i\in\mathcal{S}} \nu_i \leq \nu < \infty$$

を満たす ν が存在するので，適当に選んだ ν に対して行列

$$P_\nu = I + \frac{1}{\nu}Q$$

を定義する．ν の選び方から，P_ν は確率行列（$P_\nu \geq O$, $P_\nu\mathbf{1}^\top = \mathbf{1}^\top$）である．

連続時間マルコフ連鎖 $\{X(t)\}$ と同じ状態空間 $\mathcal{S}$ と初期分布をもち，推移確率行列 P_ν にしたがう離散時間マルコフ連鎖を $\{Z_n^\nu\}$ とし，$\{X(t)\}$ の一様化マルコフ連

鎖 (uniformized MC) とよぶ．また，$\{N(t)\}$ を到着率 ν をもつ定常ポアソン過程とし，$\{Z_n^\nu\}$ とは独立であると仮定する．このとき，$\{Z_n^\nu\}$ と $\{N(t)\}$ を合成した従属マルコフ連鎖 $\{Z_{N(t)}^\nu\}_{t\geq 0}$ を考える．例 B.1 より，$\{Z_{N(t)}^\nu\}$ は連続時間マルコフ連鎖であり，その推移確率行列 $\hat{P}(t) = [\hat{p}_{ij}]$ は

$$\hat{P}(t) = \sum_{n=0}^{\infty} \frac{(\nu t)^n}{n!} \mathrm{e}^{-\nu t} P_\nu^n = \exp\{-\nu t(I - P_\nu)\} = \exp\{tQ\} = P(t)$$

より，$\{X(t)\}$ の推移確率行列 $P(t)$ と一致する．$\{X(t)\}$ と $\{Z_{N(t)}^\nu\}$ は同じ初期分布をもつことから，両者は確率的に等価である．

一様化マルコフ連鎖 $\{Z_n^\nu\}$ が定常分布 $\boldsymbol{\pi}$ をもつと仮定する．i.e., $\boldsymbol{\pi} = \boldsymbol{\pi} P_\nu^n$ $(n \geq 1)$. $\hat{P}(t)$ と P_ν の関係式から，$t \geq 0$ に対して

$$\boldsymbol{\pi}\hat{P}(t) = \mathrm{e}^{-\nu t} \sum_{n=0}^{\infty} \frac{(\nu t)^n}{n!} \boldsymbol{\pi} P_\nu^n = \mathrm{e}^{-\nu t} \sum_{n=0}^{\infty} \frac{(\nu t)^n}{n!} \boldsymbol{\pi} = \boldsymbol{\pi}$$

が成り立つので，$\boldsymbol{\pi}$ は $\{Z_{N(t)}^\nu\}$ の定常分布である．$\{X(t)\}$ が $\{Z_{N(t)}^\nu\}$ と確率的に等価であることから，$\boldsymbol{\pi}$ は連続時間マルコフ連鎖 $\{X(t)\}$ の定常分布と一致する．実際，Q と P_ν の関係式から

$$\boldsymbol{\pi} Q = -\nu \boldsymbol{\pi}(I - P_\nu) = \mathbf{0}$$

より，$\boldsymbol{\pi}$ は定常方程式を満たす．

点過程の再生過程近似

C.1　点過程の表現

第1章で示した累積到着過程 $\{A(t)\}$, 累積開始過程 $\{D_q(t)\}$, 累積退去過程 $\{D(t)\}$ のように, 時点0から時点 $t \geq 0$ までに生起した偶然現象の累積回数を表す離散状態・連続時間確率過程 $\{X(t)\}_{t\geq 0}$ を考える. このとき, $t \in \mathbb{R}_+$ に対して, 次の3つの条件を満たすとき, $\{X(t)\}$ を**計数過程** (counting process) という.

(C1) $X(0) = 0$ (a.s.)

(C2) $X(t)$ は非負整数値をとり, t に関して単調非減少である

(C3) $X(t)$ は t に関して右連続である

以後, 待ち行列モデルに対する累積到着過程 $\{A(t)\}$ にならって, 偶然現象の生起を「**到着** (arrival)」と総称し, 第 n 番目の到着時刻を T_n $(n = 1, 2, \ldots)$ で表す. $\{T_n\}_{n\geq 1}$ は連続状態・離散時間確率過程となり, **点過程** (point process) とよばれる. また, 点過程 $\{T_n\}$ の第 $n-1$ 番目と第 n 番目の点の間隔を $U_n = T_n - T_{n-1}$ $(n \geq 1)$ と表す. ただし, $T_0 = 0$ とおく. 明らかに, $T_n = \sum_{i=1}^{n} U_i$ が成り立ち, $\{T_n\}$ と $\{U_n\}$ のいずれか一方が与えられれば他方も定まる. さらに, 計数過程 $\{X(t)\}$ は到着時点列 $T_1 < T_2 < \cdots$ によってその挙動を説明することもできる. もし, 任意の到着時刻 T_n において跳躍の高さが常に1 (i.e., $X(T_n) - X(T_n-) = 1$ (a.s.)) ならば

$$X(t) = \sup\{n \geq 0 \mid T_n \leq t\}, \quad t \geq 0$$

と表され, 次の2つの事象は確率的に等価である.

$$\{X(t) \geq n\} \Leftrightarrow \{T_n \leq t\}$$

以上より, $\{X(t)\}$, $\{T_n\}$, $\{U_n\}$ は同一の確率過程の3つの異なった表現になっていることがわかる.

考察の対象とする点過程 $\{T_n\}$ に対して**定常性** (stationarity) を仮定する．ただし，計数過程 $\{X(t)\}$ と間隔列 $\{U_n\}$ に対しては，それぞれ異なった定常性の概念がある．計数過程 $\{X(t)\}$ が定常であるとは，k 個の増分の組

$$X(t_1+h)-X(s_1+h),\ldots,X(t_k+h)-X(s_k+h)$$

の同時分布が，すべての自然数 k とすべての $(s_1,\ldots,s_k)$ および $(t_1,\ldots,t_k)$ $(0\le s_i<t_i,\ i=1,\ldots,k)$ の組に対して，$h>0$ に依らないことをいう．一方，間隔列 $\{U_n\}$ が定常であるとは，k 個の組

$$U_{n_1+\ell},U_{n_2+\ell},\ldots,U_{n_k+\ell}$$

の同時分布が，すべての自然数 k とすべての非負整数の組 $(n_1,\ldots,n_k)$ に対して，自然数 ℓ に依らないことをいう．

計数過程 $\{X(t)\}$ と間隔列 $\{U_n\}$ は必ずしも同時に定常とは成り得ない．しかし，以下に示すある緩い条件の下では，この2つの定常性の対応関係を示すことができる．混同を避けるために，$\{X_s(t)\}_{t\ge0}$ で定常な計数過程を表し，$\{X_s(t)\}$ に対応する間隔列を $\{V_n\}_{n\ge1}$ で表すことにする．これに対して，定常間隔列 $\{U_n\}$ に対応する計数過程を $\{X(t)\}$ で表し，**パルム過程** (Palm process) とよぶ．$\{X(t)\}$ は原点 $t=0$ において到着が起きたという条件の下での $\{X_s(t)\}$ とみなせることが知られている *1)．この対応を保証する十分条件として，$\mathbb{E}[X_s(t)]<\infty$ あるいは $\lim_{t\to\infty}X_s(t)/t<\infty$ (a.s.) のいずれかが成り立つと仮定する．このとき，$t\ge0,\ i\ge0$ に対して

$$\Psi_i(t)\equiv\mathbb{P}\{X_s(t)=i\},\qquad \Phi_i(t)\equiv\mathbb{P}\{X(t)=i\}$$

とおくと

$$\Psi_0(t)=1-\lambda\int_0^t\Phi_0(u)\mathrm{d}u$$

$$\Psi_i(t)=\lambda\int_0^t\{\Phi_{i-1}(u)-\Phi_i(u)\}\mathrm{d}u,\quad i\ge1$$

が成り立つ *2)．ただし，$\lambda\equiv\mathbb{E}[N_s(1)]$ であり，計数過程の**強度** (intensity) とよばれる．これらの式を $\{\Phi_i(t)\}$ に関して解くと

$$\Phi_0(t)=-\frac{1}{\lambda}\Psi_0'(t)$$

$$\Phi_i(t)=\Phi_{i-1}(t)-\frac{1}{\lambda}\Psi_i'(t),\quad i\ge1$$

---

*1) 詳細については Port and Stone (1977) を参照のこと．

*2) 詳細については Khintchine (1960), p. 40 を参照のこと．

を得る．U_1, V_1 の分布関数をそれぞれ F, G で表すと

$$F(t) = 1 - \Phi_0(t), \qquad G(t) = 1 - \Psi_0(t), \qquad t \geq 0$$

が成り立つので，F, G 間の関係式

$$\begin{aligned} G(t) &= \lambda \int_0^t \Phi_0(u)\mathrm{d}u = \lambda \int_0^t \{1 - F(u)\}\mathrm{d}u \\ F(t) &= 1 + \frac{1}{\lambda}\Psi_0'(t) = 1 - \frac{1}{\lambda}G'(t) \end{aligned} \tag{C.1}$$

が導かれる．

C.2 定常間隔法と漸近法

$GI/G/s$ 待ち行列においては，到着時間間隔 $\{U_n\}$ が独立で同一分布にしたがうことを仮定しているため，累積到着過程 $\{A(t)\}$ は再生過程である．しかし，累積開始過程 $\{D_q(t)\}$ あるいは累積退去過程 $\{D(t)\}$ は，間隔列が相関をもつために再生過程ではない．ネットワーク構造をもつサービスシステムにおいては，複数のノードからの退去過程が分岐・重ね合わされ，その結果，下流のノードへの到着過程は複雑な非再生過程となると考えられる．この節では，ある定常計数過程 $\{X_s(t)\}$ で表現される点過程を，到着時間間隔の最初のいくつかのモーメントを一致させるという意味で，再生過程で近似する 2 つの基本的な方法を解説する *3)．

点過程を近似する再生過程の間隔列を $\{R_n\}_{n\geq 1}$ で表す．このとき，$\sum_{i=1}^n R_i$ と $T_n = \sum_{i=1}^n U_i$ の m 次までのモーメントを一致させる方法を考える．このためには，モーメントそのものを扱うよりも，**半不変係数** (semi-invariant/cumulant) を用いた方が便利である．ここで，ある確率変数 Z の j 次半不変係数 $\kappa_j \equiv \kappa_j(Z)$ は，$\log \mathbb{E}\left[\mathrm{e}^{tZ}\right]$ のテーラー展開

$$\log \mathbb{E}\left[\mathrm{e}^{tZ}\right] = \sum_{j=0}^{\infty} \kappa_j(Z)\frac{t^j}{j!}, \quad t \in \mathbb{R}$$

の係数として定義される．$j = 1, 2, 3$ に対しては，Z のモーメントとの間に

$$\kappa_1(Z) = \mathbb{E}[Z], \qquad \kappa_2(Z) = \mathbb{V}[Z], \qquad \kappa_3(Z) = \mathbb{E}\left[(Z - \mathbb{E}[Z])^3\right]$$

の関係がある．モーメントの代わりに半不変係数を用いる利点は，独立で同一の分布にしたがう確率変数列 $\{Z_i\}_{i\geq 1}$ に対しては

---

*3) 詳細については Whitt (1982) を参照のこと．

$$\kappa_j\left(\sum_{i=1}^{n} Z_i\right) = n\kappa_j(Z_1), \quad j, n \geq 1$$

という性質をもつ点にある．この性質を用いて，$\{R_n\}$ の m 次までの半不変係数を

$$\kappa_j(R_1) \approx \frac{1}{n}\,\kappa_j(T_n), \quad j = 1, \ldots, m$$

によって近似することができる．この近似法は，間隔の個数 n をパラメータとして含んでいることに注意しよう．特に，$n = 1$ のとき**定常間隔法** (stationary-interval method)，$n \to \infty$ のとき**漸近法** (asymptotic method) という．すなわち，$j = 1, \ldots, m$ に対して

$$\kappa_j(R_1) \approx \begin{cases} \kappa_j(U_1), & \text{定常間隔法} \\ \displaystyle\lim_{n\to\infty} \frac{1}{n}\,\kappa_j(T_n), & \text{漸近法} \end{cases}$$

によって近似する．一般の点過程に対しては，これらの近似によって得られた m 個の半不変係数をもつ非負確率変数の分布が常に存在するとは限らない．しかし，平均と分散に関しては n に依らず常に正の値をとるため，$m = 2$ の範囲では問題は生じないことに注意しよう．

独立でない確率変数列 $\{U_n\}$ に対しても，期待値の線形性から，同一分布であることさえ仮定すれば，$j = 1$ については $\kappa_1(T_n) = n\kappa_1(U_1)$ が成り立つ．したがって，すべての $n \geq 1$ に対して，$\kappa_1(R_1) = \kappa_1(U_1)$ が成り立つ．しかし，$j \geq 2$ に対しては，$\kappa_j(T_n)$ は確率変数列 $\{U_n\}$ の系列相関の影響を受ける．例えば，分散 $\kappa_2(T_n)$ は共分散を含み

$$\kappa_2(T_n) = \sum_{i=0}^{n-1}(n-i)\mathrm{Cov}[U_1, U_{1+i}]$$

と表される．このことより，漸近法は $\{U_n\}$ の間のあらゆる相関を含む一方で，定常間隔法は U_1 の性質のみを用いて，他の間隔との相関を全く無視していることがわかる．

漸近法については，点過程の表現として $\{T_n\}$ の代わりに計数過程 $\{X(t)\}$ を用いることができる．まず

$$\theta_j = \lim_{t\to\infty} \frac{1}{t}\,\kappa_j(X(t)), \quad j = 1, \ldots, m$$

とおき，$\{\theta_j\}$ は有限の値をとると仮定する．$\{X(t)\}$ が再生過程であれば，$\{\theta_j\}$ は $\{R_n\}$ のモーメントの関数として表すことができる [*4]．$\{R_n\}$ の分布関数を H とし，その j 次モーメントを $\mu_j \equiv \mu_j(H)$ で表す．分布 H に対して，(i) $\mu_{m+1} < \infty$, (ii) ある k について，k 重たたみ込み $H^{k\star}$ が絶対連続な部分をもつこと，を仮定する．こ

*4)　詳細については Smith (1959) を参照のこと．

のとき，θ_j は $\{\mu_1, \ldots, \mu_j\}$ の関数となり，$j = 1, 2$ に対しては

$$\theta_1 = \frac{1}{\mu_1}, \qquad \theta_2 = \frac{\mu_2 - \mu_1^2}{\mu_1^3}$$

と表せる．すなわち

$$\lim_{t\to\infty} \frac{1}{t}\mathbb{E}[X(t)] = \frac{1}{\mathbb{E}[R_1]}, \qquad \lim_{t\to\infty} \frac{1}{t}\mathbb{V}[X(t)] = \frac{\mathbb{V}[R_1]}{\{\mathbb{E}[R_1]\}^3} \tag{C.2}$$

が成り立つ．逆に $\{\theta_1, \theta_2\}$ が与えられたとき，$\{\mu_1, \mu_2\}$ を得るには

$$\mu_1 = \frac{1}{\theta_1}, \qquad \mu_2 = \mu_1^3\theta_2 + \mu_1^2$$

を用いればよい．したがって，分布 H の平方変動係数 $c^2(H)$ は

$$c^2(H) = \frac{\mu_2 - \mu_1^2}{\mu_1^2} = \frac{\theta_2}{\theta_1}$$

で与えられる．

C.3 重ね合わせ

n 個の独立な点過程を重ね合わせた点過程を再生過程で近似することを考える．要素となる計数過程を $\{X_i(t)\}_{t\geq 0}$ $(i = 1, \ldots, n)$ とし

$$X(t) = \sum_{i=1}^{n} X_i(t), \quad t \geq 0$$

によって重ね合わせ計数過程を定義する．要素過程 $\{X_i(t)\}$ は必ずしも再生過程である必要はないが，前節の方法によって再生過程による近似は常に可能であるから，以後，すべての要素過程 $\{X_i(t)\}$ は再生過程であると仮定する．

一般に，要素過程が再生過程であっても $\{X(t)\}$ は再生過程にはならない．唯一の例外は，すべての要素過程がポアソン過程の場合で，このとき $\{X(t)\}$ もまたポアソン過程になる（定理 1.1 参照）．また，全体の強度を固定して要素過程の数を増やし，同時に各要素過程の強度を弱めると，$n \to \infty$ のとき $\{X(t)\}$ はポアソン過程に収束することが知られている．しかし，数値実験による検証の結果，このポアソン近似は $n = 1000$ 程度にならないと有効ではないことが判明した．このため，通常はポアソン近似では不十分であり，$\{X(t)\}$ に対する再生過程近似が必要となる．

◇定常間隔法

n 個の独立な定常計数過程 $\{X_{si}(t)\}$ $(i=1,\ldots,n)$ を考える．$\{X_{si}(t)\}$ に対応するパルム過程 $\{X_i(t)\}$ の定常間隔列 $\{U_{in}\}$ の分布関数を F_i とし，その j 次モーメントを μ_{ij} で表す．近似の対象となる定常重ね合わせ過程 $\{X_s(t)\}$ は

$$X_s(t)=\sum_{i=1}^{n}X_{si}(t),\quad t\geq 0$$

と定義される．$\{X_s(t)\}$ に対応するパルム過程 $\{X(t)\}$ の定常間隔列 $\{U_n\}$ の分布関数 F とその j 次モーメント $\mu_j\equiv\mu_j(F)$ を計算する．まず，$\{X_s(t)\}$ と $\{X(t)\}$ は同一の強度をもつことから

$$\frac{1}{\mu_1}\equiv\lambda=\sum_{i=1}^{n}\lambda_i$$

が成り立つ．ただし，$\lambda_i=1/\mu_{i1}$ $(i=1,\ldots,n)$ である．$i=1,\ldots,n$ に対して，$\{X_{si}(t)\}$, $\{X_s(t)\}$ の間隔列をそれぞれ $\{V_{in}\}$, $\{V_n\}$ で表し，それらの分布を G_i, G で表すことにする．このとき

$$1-G_i(t)=\mathbb{P}\{V_{i1}>t\}=\lambda_i\int_t^{\infty}\{1-F_i(u)\}\mathrm{d}u,\quad t\geq 0$$

を得る．関係式 $V_1=\min_i V_{i1}$ と要素過程間の独立性から

$$1-G(t)=\mathbb{P}\{V_1>t\}=\prod_{i=1}^{n}\mathbb{P}\{V_{i1}>t\}=\prod_{i=1}^{n}\lambda_i\int_t^{\infty}\{1-F_i(u)\}\mathrm{d}u$$

となるので

$$G(t)=1-\prod_{i=1}^{n}\lambda_i\int_t^{\infty}\{1-F_i(u)\}\mathrm{d}u,\quad t\geq 0$$

が成り立つ．また，F と G の関係式 (C.1) から

$$1-F(t)=\sum_{i=1}^{n}\frac{\lambda_i}{\lambda}\{1-F_i(t)\}\prod_{k\neq i}\lambda_k\int_t^{\infty}\{1-F_k(u)\}\mathrm{d}u,\quad t\geq 0$$

を得る．したがって，j 次モーメント $\mu_j(F)$ $(j\geq 2)$ は

$$\begin{aligned}\mu_j&=\int_0^{\infty}jt^{j-1}\{1-F(t)\}\mathrm{d}t\\&=\frac{1}{\lambda}j(j-1)\int_0^{\infty}\left[t^{j-2}\prod_{i=1}^{n}\lambda_i\int_t^{\infty}\{1-F_i(u)\}\mathrm{d}u\right]\mathrm{d}t\end{aligned}$$

で与えられる．

分布 F の変動係数を計算するためには，μ_2 に対する $(n+1)$ 重積分を解析的あるいは数値的に評価する必要があるが，これは容易ではない．Kuehn (1979) と Whitt

(1982) は，要素過程の分布 F_i をその変動係数に応じて，$c^2(F_i) \leq 1$ のときはずらし指数分布（M^d：式 (4.29) 参照），$c^2(F_i) > 1$ のときは平衡平均をもつ 2 次の超指数分布（H_2^b：式 (4.59) 参照）で置き換え，2 個単位の重ね合わせを繰り返すことで，積分を含まない μ_2 の近似法を提案している．

◇ 漸 近 法

点過程の重ね合わせは独立な計数過程の和として表されるから，$\{T_n\}$, $\{U_n\}$ よりも計数過程を点過程の表現として用いた方が扱いやすい．$X(t) = \sum_{i=1}^n X_i(t)$ の両辺の j 次半不変係数をとると

$$\kappa_j(X(t)) = \sum_{i=1}^{n} \kappa_j(X_i(t)), \quad t \geq 0$$

となり，各要素過程の漸近的性質から分布 F のモーメントを得ることができる．要素過程 $\{X_i(t)\}$ に対して

$$\lim_{t\to\infty} \frac{1}{t}\,\kappa_j(X_i(t)) = \theta_{ij}, \quad i = 1,\ldots,n,\ j = 1,\ldots,m$$

と定義し，すべての i, j に対して $\theta_{ij} < \infty$ と仮定する．このとき，$j = 1,\ldots,m$ に対して

$$\lim_{t\to\infty} \frac{1}{t}\,\kappa_j(X(t)) \equiv \theta_j = \sum_{i=1}^{n} \theta_{ij}$$

を得る．分布 F_i の平方変動係数 $c^2(F_i)$ は

$$c^2(F_i) = \frac{\mu_{i2} - \mu_{i1}^2}{\mu_{i1}^2} = \frac{\theta_{i2}}{\theta_{i1}}$$

と表せるので，分布 F の平均と平方変動係数は

$$\frac{1}{\mu_1} = \lambda = \sum_{i=1}^{n} \lambda_i, \qquad c^2(F) = \sum_{i=1}^{n} \frac{\lambda_i}{\lambda} c^2(F_i) \tag{C.3}$$

と求められる．

参 考 文 献

川島幸之助，町原文明，高橋敬隆，斎藤 洋（1995）通信トラヒック理論の基礎とマルチメディア通信網，電子情報通信学会.

紀 一誠（2002）待ち行列ネットワーク，朝倉書店.

木村俊一（1984a）QNA: Queueing Network Analyzer について (1)–(3)，オペレーションズ・リサーチ，**29**(6–8), 366–371, 431–439, 494–500.

木村俊一（1997）拡散近似：離散と連続のはざまで，オペレーションズ・リサーチ，**42**(8), 540–546.

木村俊一（2011a）ファイナンス数学，ミネルヴァ書房.

塩田茂雄，川西憲一，豊泉 洋，会田雅樹（2014）待ち行列理論の基礎と応用，川島幸之助 監修，共立出版.

藤木正也，雁部頴一 (1980) 通信トラヒック理論，丸善.

宮沢政清（1993）確率と確率過程，近代科学社.

宮沢政清（2013）待ち行列の数理とその応用 改訂版，牧野書店.

Begin, T. and A. Brandwajn (2013), “A note on the accuracy of several existing approximations for $M/Ph/m$ queues,” Proceedings of 2013 IEEE 37th Annual Computer Software and Applications Conference Workshop, pp. 730–735.

Björklund, M. and A. Elldin (1964), “A practical method of calculation for certain types of complex common control systems,” *Ericsson Technics*, **20**, 3–75.

Borovkov, A.A. (1967), “On limit laws for service processes in multi-channel systems,” *Siberian Mathematical Journal*, **8**(5), 746–763.

Boxma, O.J., J.W. Cohen and N. Huffels (1979), “Approximations of the mean waiting time in an $M/G/s$ queueing system,” *Operations Research*, **27**(6), 1115–1127.

Browne, S. and W. Whitt (1995), “Piecewise-linear diffusion processes,” *Advances in Queueing: Theory, Methods, and Open Problems*, pp. 463–480, J.H. Dshalalow (ed.), CRC Press.

Brumelle, S. (1971), "On the relation between customer and time averages in queues," *Journal of Applied Probability*, **8**(3), 508–520.

Burke, P.J. (1956), "The output of a queueing system," *Operations Research*, **4**(6), 699–704.

Burman, D.Y. and D.R. Smith (1983), "A light traffic limit theorem for multi-server queues," *Mathematics of Operations Research*, **8**(1), 15–25.

Buzen, J. (1973), "Computational algorithms for closed queueing networks with exponential servers," *Communications of the ACM*, **16**(9), 527–531.

Chandy, K.M., U. Herzog and L. Woo (1975), "Parametric analysis of queueing networks," *IBM Journal of Research and Development*, **19**(1), 43–49.

Chen, H. and A. Mandelbaum (1991), "Stochastic discrete flow networks: Diffusion approximations and bottlenecks," *Annals of Probability*, **19**(4), 1463–1519.

Cosmetatos, G.P. (1975), "Approximate explicit formulae for the average queueing time in the processes $(M/D/r)$ and $(D/M/r)$," *INFOR*, **13**(2), 328–332.

Cox, D.R. and H.D. Miller (1965), *The Theory of Stochastic Processes*, Chapman & Hall.

Crommelin, C.D. (1932), "Delay probability formulae when the holding times are constant," *Post Office Electrical Engineers Journal*, **25**, 41–50.

Crommelin, C.D. (1934), "Delay probability formulae," *Post Office Electrical Engineers Journal*, **26**, 266–274.

Erlang, A.K. (1909), "The theory of probabilities and telephone conversations," *Nyt Tidsskrift for Matematik*, Series B, **20**, 33–39.

Erlang, A.K. (1917), "Solution of some problems in the theory of probabilities of significance in automatic telephone exchanges," *Elektrotkeknikeren*, **13**, 5–13.

Erlang, A.K. (1924), "On the rational determination of the number of circuits," in: *The Life and Works of A.K. Erlang*", E. Brockmeyer, H.L. Halstrøm and A. Jensen (eds.), *Transactions of the Danish Academy of Technical Sciences*, No. 2, 216–221, 1948.

Feller, W. (1954), "Diffusion processes in one dimension," *Transactions of the American Mathematical Society*, **77**(1), 1–31.

Feller, W. (1966), *An Introduction to Probability Theory and Its Applications*, Vol. II, Wiley.

Finch, P.D. (1959), "On the distribution of queue size in queueing problems," *Acta Mathematica Academiae Scientiarum Hungarica*, **10**(3-4), 327–336.

Franken, P., D. König, U. Arndt and V. Schmidt (1981), *Queues and Point Processes*, Akademie-Verlag.

Gans, N., G. Koole and A. Mandelbaum (2003), "Telephone call centers: Tutorial, review, and research prospects," *Manufacturing & Service Operations Management*, **5**(2), 79–141.

Garnett, O., A. Mandelbaum and M. Reiman (2002), "Designing a call center with impatient customers," *Manufacturing & Service Operations Management*, **4**(3), 208–227.

Gelenbe, E. (1975), "On approximate computer system models," *Journal of the Association for Computing Machinery*, **22**(2), 261–269.

Gordon, W.J. and G.F. Newell (1967), "Closed queuing systems with exponential servers," *Operations Research*, **15**(2), 254–265.

Haji, R. and G.F. Newell (1971), "A relation between stationary queue and waiting time distributions," *Journal of Applied Probability*, **8**(3), 617–620.

Halachmi, B. and W.R. Franta (1978), "Diffusion approximation to the multiserver queue," *Management Science*, **24**(5), 522–529.

Halfin, S. and W. Whitt (1981), "Heavy-traffic limits for queues with many exponential servers," *Operations Research*, **29**(3), 567–588.

Harrison, J.M. and M.I. Reiman (1981), "On the distribution of multidimensional reflected Brownian motion," *SIAM Journal on Applied Mathematics*, **41**(2), 345–361.

Heyman, D.P. (1975), "A diffusion model approximation for the $GI/G/1$ queue in heavy traffic," *Bell System Technical Journal*, **54**(9), 1637–1646.

Heyman, D.P. and M.J. Sobel (1982), *Stochastic Models in Operations Research, Volume I: Stochastic Processes and Operating Characteristics*, McGraw-Hill.

Hokstad, P. (1978), "Approximations for the $M/G/m$ queue," *Operations Research*, **26**(3), 510–523.

Iglehart, D. (1965), "Limit diffusion approximations for many-server queue and the repairman problem," *Journal of Applied Probability*, **2**(2), 429–441.

Iglehart, D. and W. Whitt (1970), "Multiple channel queues in heavy traffic, I," *Advances in Applied Probability*, **2**(1), 150–177.

Jackson, J. (1957), "Networks of waiting lines," *Operations Research*, **5**(4), 518–521.

Jagerman, D.L. (1974), "Some properties of the Erlang loss function," *Bell System Technical Journal*, **53**(3), 525–551.

Janssen, A.J.E.M. and J.S.H. van Leeuwaarden (2008), "Back to the roots of the $M/D/s$ queue and the works of Erlang, Crommelin and Pollaczek," *Statistica Neerlandica*, **62**(3), 299–313.

Khintchine, A.Y. (1960), *Mathematical Models in Queueing Theory*, Griffin.

Kimura, T. (1981), "Optimal control of an $M/G/1$ queuing system with removable server via diffusion approximation," *European Journal of Operational Research*, **8**(4), 390–398.

Kimura, T. (1983), "Diffusion approximation for an $M/G/m$ queue," *Operations Research*, **31**(2), 304–321.

Kimura, T. and T. Ohsone (1984b), "A diffusion approximation for an $M/G/m$ queue with group arrivals," *Management Science*, **30**(3), 381–388.

Kimura, T. (1986a), "A two-moment approximation for the mean waiting time in the $GI/G/s$ queue," *Management Science*, **32**(6), 751–763.

Kimura, T. (1986b), "Refining diffusion approximations for $GI/G/1$ queues: A tight discretization method," *Teletraffic Issues in an Advanced Information Society, ITC11*, pp. 317–323, M. Akiyama (ed.), North-Holland.

Kimura, T. (1987), "A unifying diffusion model for state-dependent queues," *Optimization*, **18**(2), 265–283.

Kimura, T. (1991), "Refining Cosmetatos' approximation for the mean waiting time in the $M/D/s$ queue," *Journal of the Operational Research Society*, **42**(7), 595–603.

Kimura, T. (1993), "Duality between the Erlang loss system and a finite source queue," *Operations Research Letters*, **13**(3), 169–173.

Kimura, T. (1994), "Approximations for multi-server queues: System interpolations," *Queueing Systems*, **17**(3-4), 347–382.

Kimura, T. (1995), "An $M/M/s$-consistent diffusion model for the $GI/G/s$ queue," *Queueing Systems*, **19**(3-4), 377–397.

Kimura, T. (1996a), "A transform-free approximation for the finite capacity $M/G/s$ queue," *Operations Research*, **44**(6), 984–988.

Kimura, T. (1996b), "Optimal buffer design of an $M/G/s$ queue with finite capacity," *Stochastic Models*, **12**(1), 165–180.

Kimura, T. (2000), "Equivalence relations in the approximations for the $M/G/s/s+r$ queue," *Mathematical and Computer Modelling*, **31**(10-12), 215–224.

Kimura, T. (2002), "Diffusion approximations for queues with Markovian bases," *Annals of Operations Research*, **113**(1-4), 27–40.

Kimura, T. (2003), "A consistent diffusion approximation for finite-capacity multiserver queues," *Mathematical and Computer Modelling*, **38**(11-13), 1313–1324.

Kimura, T. (2011b), "The $M/G/s$ queue," *Wiley Encyclopedia of Operations Research and Management Science*, Volume 4, pp. 2913–2921, J.J. Cochran et al. (eds.), John Wiley & Sons.

Kingman, J.F.C. (1961), "The single server queue in heavy traffic," *Proceedings of the Cambridge Philosophical Society*, **57**(4), 902–904.

Kingman, J.F.C. (2009), "The first Erlang century — and the next," *Queueing Systems*, **63**(1-4), 3–12.

Kobayashi, H. (1974), "Application of the diffusion approximation to queueing networks. I. Equilibrium queue distributions," *Journal of the Association for Computing Machinery*, **21**(2), 316–328.

Kobayashi, H., Y. Onozato and D. Huynh (1974), "An approximate method for design and analysis of an ALOHA system," *IEEE Transactions on Communications*, **COM-25**(1), 148–157.

Kobayashi, H. and B.L. Mark (2008), *System Modeling and Analysis: Foundations of System Performance Evaluation*, Prentice Hall.

Köllerström, J. (1974), "Heavy traffic theory for queues with several servers. I," *Journal of Applied Probability*, **11**(3), 544–552.

Kouvatsos, D.D. and J. Almond (1988), "Maximum entropy two-station cyclic queues with multiple general servers," *Acta Informatica*, **26**(3), 241–267.

Krämer, W. and M. Langenbach-Belz (1976), "Approximate formulae for the delay in the queueing system $GI/G/1$," Proceedings of the 8th International Teletraffic Congress, Melbourne, pp. 235.1–8.

Kuehn, P.J. (1979), "Approximate analysis of general queueing networks by decomposition," *IEEE Transactions on Communications*, **COM-27**(1), 113–126.

Lavenberg, S.S. and M. Reiser (1980), "Stationary state probabilities of arrival instants for closed queueing networks with multiple types of customers," *Journal of Applied Probabilities*, **17**(4), 1048–1061.

Lee, A.M. and P.A. Longton (1957), "Queueing process associated with airline passenger check-in," *Operational Research Quarterly*, **10**(1), 56–71.

Little, J.D.C. (1961), "A proof for the queuing formula: $L = \lambda W$," *Operations Research*, **9**(3), 383–387.

Little, J.D.C. (2011), "Little's law as viewed on its 50th anniversary," *Operations Research*, **59**(3), 536–549.

Miyazawa, M. (1986), "Approximation of the queue-length distribution of an $M/GI/s$ queue by the basic equations," *Journal of Applied Probability*, **23**(2), 443–458.

Miyazawa, M. (1994), "Rate conservation laws: A survey," *Queueing Systems*, **15**(1-4), 1–58.

Miyazawa, M. (2015), "Diffusion approximation for stationary analysis of queues and their networks: A review," *Journal of the Operations Research Society of Japan*, **58**(1), 104–148.

Nakao, S. (1972), "On the pathwise uniqueness of solutions of one-dimensional stochastic differential equations," *Osaka Journal of Mathematics*, **9**(3), 513–518.

Page, E. (1972), *Queueing Theory in OR*, Butterworths.

Palm, R.C.A. (1957), *Research on telephone traffic carried by full availability groups*, Tele (English ed.) / *Tekniska Meddelanden fran Kungliga Telegrafstyrelsen*, Special issue of *Teletrafikteknik*, 1946.

Pollaczek, F. (1930a), "Über eine Aufgabe der Wahrscheinlichkeitstheorie. I," *Mathematische Zeitschrift*, **32**(1), 64–100.

Pollaczek, F. (1930b), "Über eine Aufgabe der Wahrscheinlichkeitstheorie. II," *Mathematische Zeitschrift*, **32**(1), 729–750.

Port, S.C. and C.J. Stone (1977), "Spacing distribution associated with a stationary random measure on the real line," *Annals of Probability*, **5**(3), 387–394.

Reiman, M.I. (1984), "Open queueing networks in heavy traffic," *Mathematics of Operations Research*, **9**(3), 441–458.

Riordan, J. (1962), *Stochastic Service Systems*, John Wiley.

Sevcik, K. and I. Mitrani (1981), "The distribution of queueing network states at input and output instants," *Journal of the Association for Computing Machinery*, **28**(2), 358–371.

Smith, W.L. (1959), "On the cumulants of renewal processes," *Biometrika*, **46**(1-2), 1–29.

Sunaga, T., S.K. Biswas and N. Nishida (1982), "An approximation method using continuous models for queueing problems, II (multi-server finite queue)," *Journal of the Operations Research Society of Japan*, **25**(2), 113–128.

Takahashi, Y. (1981), "Asymptotic exponentiality of the tail of the waiting-time distribution in a $PH/PH/c$ queue," *Advances in Applied Probability*, **13**(3), 619–630.

Tijms, H.C., M.H. van Hoorn and A. Federgruen (1981), "Approximations for the steady-state probabilities in the $M/G/c$ queue," *Advances in Applied Probability*, **13**(1), 186–206.

Tijms, H.C. and M.H. van Hoorn (1982), "Computational methods for single-server and multi-server queues with Markovian input and general service times," *Applied Probability – Computer Science, The Interface*, Vol. II, pp. 71–102, R.L. Disney and T.J. Ott (eds.), Birkhäuser.

Tijms, H.C. (1994), *Stochastic Models: An Algorithmic Approach*, Wiley.

Tijms, H.C. (2003), *A First Course in Stochastic Models*, Wiley.

Whitt, W. (1974), "Heavy traffic limit theorems for queues: A survey," in: *Mathematical Methods in Queueing Theory*, Lecture Notes in Economics and Mathematical Systems, No. 98, pp. 307–350, Springer-Verlag.

Whitt, W. (1982), "Approximating a point process by a renewal process, I: Two basic methods," *Operations Research*, **30**(1), 125–147.

Whitt, W. (1983), "The queueing network analyzer," *Bell System Technical Journal*, **62**(9), 2779–2815.

Whitt, W. (1991), "A review of $L = \lambda W$ and extensions," *Queueing Systems*, **9**(3), 235–268.

Wolff, R.W. (1982), "Poisson arrivals see time averages," *Operations Research*, **30**(2), 223–231.

Wolff, R.W. (2011), "Little's law and related results," *Wiley Encyclopedia of Operations Research and Management Science*, Volume 4, pp. 2828–2841, J.J. Cochran et al. (eds.), John Wiley & Sons.

Yao, D.D. and J.A. Buzacott (1985), “Queueing models for a flexible machining station, Part I: The diffusion approximation,” *European Journal of Operational Research*, **19**(2), 233–240.

演習問題解答

第　1　章

問題 1.1

(1) 条件付き確率の定義と事象の等価性 $\{A(t) \geq n\} \Leftrightarrow \{T_n \leq t\}$ より

$$\begin{aligned}\mathbb{P}\{T_k \leq x \mid A(t)=n\} &= \frac{\mathbb{P}\{T_k \leq x,\, A(t)=n\}}{\mathbb{P}\{A(t)=n\}} \\ &= \frac{\mathbb{P}\{A(x) \geq k,\, A(t)=n\}}{\mathbb{P}\{A(t)=n\}} = \sum_{m=k}^{n} \frac{\mathbb{P}\{A(x)=m,\, A(t)=n\}}{\mathbb{P}\{A(t)=n\}} \\ &= \sum_{m=k}^{n} \mathbb{P}\{A(x)=m \mid A(t)=n\} = \sum_{m=k}^{n} \binom{n}{m} \left(\frac{x}{t}\right)^m \left(1-\frac{x}{t}\right)^{n-m}\end{aligned}$$

(2) $T_k \in [0,t]$ であるから

$$\begin{aligned}\mathbb{E}[\,T_k \mid A(t)=n] &= \int_0^t \mathbb{P}\{T_k > x \mid A(t)=n\}\mathrm{d}x \\ &= \sum_{m=0}^{k-1} \binom{n}{m} \int_0^t \left(\frac{x}{t}\right)^m \left(1-\frac{x}{t}\right)^{n-m} \mathrm{d}x = \sum_{m=0}^{k-1} \binom{n}{m} \int_0^1 y^m (1-y)^{n-m} t\mathrm{d}y \\ &= t\sum_{m=0}^{k-1} \binom{n}{m} \frac{m!(n-m)!}{(n+1)!} = \frac{t}{n+1} \sum_{m=0}^{k-1} 1 = \frac{kt}{n+1}\end{aligned}$$

問題 1.2　$L(t) = A(t)$, $X(t) = V(t)$ とおくと，$J_n = S_n$, $X'(t) = -\mathbf{1}_{\{V(t)>0\}}$ となることから，RCL (1.12) より

$$\mathbb{E}[X'] + \lambda\mathbb{E}[J] = -\mathbb{P}\{V > 0\} + \lambda\mathbb{E}[S] = 0$$

問題 1.3　$\tau_n = W_n + S_n$ とおいて，費用関数 $f_n(t)$ を

$$f_n(t) = \begin{cases} S_n, & t \in (T_n, T_n + W_n] \\ S_n - (t - W_n - T_n), & t \in [T_n + W_n, T_n + W_n + S_n] \end{cases}$$

と定義すればよい．

第 2 章

問題 2.1　$s \geq 1$ に対して

$$\frac{1}{B(s,a)} = \frac{\displaystyle\sum_{j=0}^{s-1}\frac{a^j}{j!} + \frac{a^s}{s!}}{\dfrac{a^s}{s!}} = 1 + \frac{\displaystyle\sum_{j=0}^{s-1}\frac{a^j}{j!}}{\dfrac{a^{s-1}}{(s-1)!}\dfrac{a}{s}} = 1 + \frac{s}{aB(s-1,a)} = \frac{B(s-1,a)+s/a}{B(s-1,a)}$$

$$\frac{1}{E_K(s,r)} = 1 + \frac{\displaystyle\sum_{j=0}^{s-1}\binom{K}{j}r^j}{\dfrac{r(K-s+1)}{s}\dbinom{K}{s-1}r^{s-1}} = 1 + \frac{s}{(K-s+1)rE_K(s-1,r)}$$
$$= \frac{E_K(s-1,r) + s/\{(K-s+1)r\}}{E_K(s-1,r)}$$

問題 2.2　システムへの実効到着率が $\lambda(1-B(s,a))$ であり，到着客の平均システム滞在時間が $1/\mu$ であることから，リトルの法則 (1.8) より

$$\mathbb{E}[N] = \lambda(1-B(s,a))/\mu = a(1-B(s,a))$$

を得る．自明な不等式 $\mathbb{E}[N] \leq s$ より与式がしたがう．

問題 2.3　定常状態において，客が行列から離脱する率は，離脱客（いつかは離脱する客）が系内に入る率と同じでなければならない．すなわち，$\theta\mathbb{E}[Q] = \lambda\mathbb{P}(\mathcal{A})$ が成り立つから，リトルの法則 $\mathbb{E}[Q] = \lambda\mathbb{E}[W]$ より与式がしたがう．

第 3 章

問題 3.1　サービス時間分布の LST と定常状態確率の PGF は

$$H^*(\theta) = \frac{p_1\mu_1}{\mu_1+\theta} + \frac{p_2\mu_2}{\mu_2+\theta}, \quad \mathrm{Re}(\theta) > 0,$$
$$P(z) = \frac{(1-\rho)\{1+(\rho_1+\rho_2-\rho)(1-z)\}}{\rho_1\rho_2 z^2 - (\rho_1+\rho_2+\rho_1\rho_2)z + 1 + \rho_1 + \rho_2 - \rho}$$

で与えられる．ここで，$\rho_i = \lambda/\mu_i$ $(i = 1, 2)$, $\rho = p_1\rho_1 + p_2\rho_2$ である．z_i $(i = 1, 2)$ を $P(z)$ の分母の零点とすると，部分分数展開によって

$$P(z) = \frac{C_1 z_1}{z_1 - z} + \frac{C_2 z_2}{z_2 - z}$$

と表される．$P(1) = 1$, $P(0) = \pi_0 = 1 - \rho$ より

$$C_1 = \frac{(z_1 - 1)(1 - \rho z_2)}{z_1 - z_2}, \qquad C_2 = \frac{(z_2 - 1)(1 - \rho z_1)}{z_2 - z_1}$$

を得る．したがって，$M/H_2/1$ 待ち行列の定常状態確率は

$$\pi_i = C_1 z_1^{-i} + C_2 z_2^{-i}, \quad i \geq 0$$

問題 3.2　式 (3.12) の両辺に $\theta - \lambda\bigl(1 - H^*(\theta)\bigr)$ を乗じ，θ で 3 回微分すると

$$\lambda H^{*\prime\prime\prime} W^* + 3\lambda H^{*\prime\prime} W^{*\prime} + 3(1 + \lambda H^{*\prime}) W^{*\prime\prime} + \{\theta - \lambda(1 - H^*)\} W^{*\prime\prime\prime} = 0$$

を得る．$\theta \to 0$ とすると

$$\lambda H^{*\prime\prime\prime}(0) + 3\lambda H^{*\prime\prime}(0) W^{*\prime}(0) + 3(1 - \rho) W^{*\prime\prime}(0) = 0$$

となり，$H^{*(n)}(0) = (-1)^n \mathbb{E}[S^n]$, $W^{*(n)}(0) = (-1)^n \mathbb{E}[W^n]$ $(n \in \mathbb{N})$ を代入すると

$$\mathbb{E}[W^2] = \frac{\lambda \mathbb{E}[S^3]}{3(1-\rho)} + \frac{\lambda^2 \mathbb{E}[S^2]^2}{2(1-\rho)^2} = \frac{\lambda \mathbb{E}[S^3]}{3(1-\rho)} + 2(\mathbb{E}[W])^2$$

を得る．$\mathbb{V}[W] = \mathbb{E}[W^2] - (\mathbb{E}[W])^2$ より与式がしたがう．

問題 3.3

(1) $L(t) = A(t)$, $X(t) = \mathrm{e}^{-\theta V(t)}$ とおくと

$$X'(t) = \theta \mathrm{e}^{-\theta V(t)} \mathbf{1}_{\{V(t)>0\}}, \qquad J_n = \mathrm{e}^{-\theta(W_n + S_n)} - \mathrm{e}^{-\theta W_n}$$

となることから，RCL (1.12) より

$$\theta \mathbb{E}[\mathrm{e}^{-\theta V} \mathbf{1}_{\{V>0\}}] + \lambda \mathbb{E}[\mathrm{e}^{-\theta W}(\mathrm{e}^{-\theta S} - 1)] = 0$$

が成り立つ．式 (1.19) より $\mathbb{P}\{V = 0\} = 1 - \rho$ となるので

$$\mathbb{E}[\mathrm{e}^{-\theta V} \mathbf{1}_{\{V>0\}}] = \mathbb{E}[\mathrm{e}^{-\theta V}] - \mathbb{E}[\mathrm{e}^{-\theta V} \mathbf{1}_{\{V=0\}}] = V^*(\theta) - (1 - \rho)$$

と書き直せる．したがって，W と S の独立性を用いて

$$V^*(\theta) = 1 - \rho - \frac{\lambda}{\theta} \mathbb{E}[\mathrm{e}^{-\theta W}(\mathrm{e}^{-\theta S} - 1)] = 1 - \rho - \rho W^*(\theta) \frac{1 - H^*(\theta)}{\theta \mathbb{E}[S]}$$

(2) 式 (3.40) の両辺を θ で微分し，$\theta \to 0$ とすれば式 (1.18) を得る．

(3) PASTA の性質から $V^*(\theta) = W^*(\theta)$ が成り立つので，式 (3.40) に代入して $W^*(\theta)$ について解けば式 (3.12) を得る．

第 4 章

問題 4.1　式 (4.15), (4.17) より

$$\exp\left\{-\sum_{i=1}^{\infty}\frac{1}{i}\sum_{j=is}^{\infty}\frac{(ia)^j}{j!}\mathrm{e}^{-ia}\right\}=(s-a)\prod_{i=1}^{s-1}\frac{1}{1-z_i}$$

が成り立つ．一方，式 (4.12), (4.13) より

$$\prod_{i=1}^{s-1}z_i=\frac{(-1)^{s-1}\prod_{i=1}^{s-1}(1-z_i)}{(s-a)\mathrm{e}^a}\exp\left\{-\sum_{i=1}^{\infty}\frac{1}{i}\sum_{j=is+1}^{\infty}\frac{(ia)^j}{j!}\mathrm{e}^{-ia}\right\}$$

$$=\frac{(-1)^{s-1}\prod_{i=1}^{s-1}(1-z_i)}{(s-a)\mathrm{e}^a}\exp\left\{-\sum_{i=1}^{\infty}\frac{1}{i}\left(\sum_{j=is}^{\infty}\frac{(ia)^j}{j!}-\frac{(ia)^{is}}{(is)!}\right)\mathrm{e}^{-ia}\right\}$$

$$=(-1)^{s-1}\mathrm{e}^{-a}\exp\left\{\sum_{i=1}^{\infty}\frac{1}{i}\frac{(ia)^{is}}{(is)!}\mathrm{e}^{-ia}\right\}$$

問題 4.2

(1) $\mu_i=2\mu p_i,\quad p_i=\frac{1}{2}\left\{1\pm\sqrt{\frac{c_s^2-1}{c_s^2+1}}\right\},\quad i=1,2$

(2) $a(s)=\left(\frac{1}{2}\right)^s\sum_{i=0}^{s}\binom{s}{i}\frac{1}{i\mu_1+(s-i)\mu_2},\quad s\geq 1$

問題 4.3　まず，Kimura (1996a) の近似について確かめる．式 (4.60), (4.61) において $r\to\infty$ とすることで，$M/M_\nu/s$ 待ち行列の定常状態確率を求めることができる．リトルの法則から，平均待ち時間は $EW(M_\nu)=EW(M)/\nu$ となるので

$$R(M_\nu)=\frac{1}{\nu}=\frac{1+c_s^2}{2}$$

すなわち，$\zeta=\theta$ を得る．式 (4.62) より，$\rho\leq 1$ のとき $\pi_i^{(\mathrm{K})}(M_\nu)=\pi_i(M_\nu)$ が成り立つ．Hokstad (1978) の近似については，$H(z)$ を部分分数展開することで

$$H(z)=\frac{\rho(1-z)+\nu}{(1-z)\{\rho(1-z)+\nu(1-\rho)\}}=\frac{1}{1-\rho}\left(\frac{1}{1-z}-\frac{\rho\theta}{1-\theta z}\right)$$

$$=\frac{1}{1-\rho}\sum_{i=0}^{\infty}\left(1-\rho\theta^{i+1}\right)z^i$$

となるから，得られた数列

$$h_i = \frac{1-\rho\theta^{i+1}}{1-\rho}, \quad i \geq 0$$

を $\{\pi_i^{(\mathrm{H})}\}$ に代入することで，$\pi_i^{(\mathrm{H})}(M_\nu) = \pi_i(M_\nu)$ が確かめられる．M_ν はクラス $\mathcal{H}$ に含まれるので，$\pi_i^{(\mathrm{T})}(M_\nu) = \pi_i(M_\nu)$ もしたがう．

第　5　章

問題 5.1　式 (2.66) より

$$J\left(\tfrac{s\mu}{\theta}, \tfrac{\lambda}{\theta}\right) = \frac{1}{B(s,a)}\left\{\frac{B(s,a)}{\pi_s} + B(s,a) - 1\right\}$$

と書き直せる．また，(2.67) より

$$\frac{1-B(s,a)}{1-A(s,a)} = \frac{B(s,a)}{\pi_s}$$

を得る．したがって，式 (2.68) にこれらの式を代入することで

$$\begin{aligned}\mathbb{P}\{\mathcal{A} \mid W > 0\} &= \frac{B(s,a)/\rho}{B(s,a)/\pi_s + B(s,a) - 1} + 1 - \frac{1}{\rho} \\ &= \frac{B(s,a)/\rho}{1-B(s,a)}\left(\frac{1}{A(s,a)} - 1\right) + 1 - \frac{1}{\rho}\end{aligned}$$

となる．両辺に $\sqrt{s}$ を乗じて $s \to \infty$ とすると，$(1-\rho^{-1})\sqrt{s} \to -\beta$ および式 (5.7), (5.9) より与式が導かれる．

問題 5.2

(1) $\{N(t)\}$ の拡散モデルの確率密度関数 $p(x)$ に対する ODE

$$\frac{1}{2}a\frac{\mathrm{d}^2 p}{\mathrm{d}x^2} - b\frac{\mathrm{d}p}{\mathrm{d}x} + \lambda\pi_0\delta(x-1) = 0, \quad x > 0$$

を境界条件と正規化条件

$$\left.\frac{1}{2}a\frac{\mathrm{d}p}{\mathrm{d}x} - bp\right|_{x=0} = \lambda\pi_0, \qquad \lim_{x\to 0} p(x) = 0, \qquad \int_0^\infty p(x)\mathrm{d}x + \pi_0 = 1$$

の下で解くと，$\pi_0 = 1-\rho$,

$$p(x) = \begin{cases} \rho\left(1-\mathrm{e}^{2bx/a}\right), & 0 \leq x < 1 \\ \rho(1-\hat{\rho})\mathrm{e}^{2b(x-1)/a}, & x \geq 1 \end{cases}$$

を得る．ただし，$a=\lambda+\mu c_s^2$ である．積分型離散化 $\pi_k=\int_{k-1}^{k}p(x)\mathrm{d}x\ (k\geq 1)$ を適用して

$$\pi_i=\begin{cases}1-\rho, & i=0\\ \rho\left\{1-\dfrac{(\rho+c_s^2)(1-\hat{\rho})}{2(1-\rho)}\right\}, & i=1\\ \rho\dfrac{(\rho+c_s^2)(1-\hat{\rho})^2}{2(1-\rho)}\hat{\rho}^{i-2}, & i\geq 2\end{cases}$$

(2) $\{V(t)\}$ に対しては，原点からの跳躍幅の確率密度関数が $f_0(x)=h(x)\equiv H'(x)$ であることを考慮して，$\{N(t)\}$ の拡散モデルの確率密度関数 $p(x)$ に対する ODE において，$\delta(x-1)$ の項を $h(x)$ で置き換えた ODE を同じ境界条件と正規化条件の下で解くと，$\pi_0=1-\rho$,

$$p(x)=\frac{2\lambda(1-\rho)}{a}\mathrm{e}^{2bx/a}\int_0^x\bar{H}(y)\mathrm{e}^{-2by/a}\mathrm{d}y,\quad x\geq 0$$

を得る．ただし，$a=\rho(1+c_s^2)/\mu$, $\bar{H}(y)=1-H(y)$ である．平均仮待ち時間は

$$\begin{aligned}\mathbb{E}[V]&=\int_0^\infty xp(x)\mathrm{d}x=\frac{2\lambda(1-\rho)}{a}\int_0^\infty\bar{H}(y)\mathrm{e}^{-2by/a}\int_y^\infty x\mathrm{e}^{2bx/a}\mathrm{d}x\mathrm{d}y\\&=-\lambda\int_0^\infty\bar{H}(y)\left(\frac{a}{2b}-y\right)\mathrm{d}y=\rho\left(\frac{\rho(1+c_s^2)}{2\mu(1-\rho)}+\frac{\mathbb{E}[S^2]}{2\mathbb{E}[S]}\right)\end{aligned}$$

で与えられ，厳密解と一致する．

問題 5.3　$\Pi=\mathbb{P}\{s\leq N\leq s+r\}=\sum_{k=s}^{s+r}\pi_k$ より

$$\Pi=\begin{cases}\pi_0\dfrac{1-\hat{\rho}^r}{1-\hat{\rho}}\xi_s+\pi_{s+r}, & \rho\neq 1\\ \pi_0 r\xi_s+\pi_{s+r}, & \rho=1\end{cases}$$

$Q=\max(N-s,0)$ より

$$\mathbb{E}[Q]=\begin{cases}\pi_0\dfrac{\hat{\rho}}{(1-\hat{\rho})^2}\left\{1-\hat{\rho}^r-r(1-\hat{\rho})\hat{\rho}^{r-1}\right\}\xi_s+r\pi_{s+r}, & \rho\neq 1\\ \frac{1}{2}\pi_0 r(r-1)\xi_s+r\pi_{s+r}, & \rho=1\end{cases}$$

PASTA の性質から，$\mathbb{E}[W]=\mathbb{E}[Q]/\{\lambda(1-\pi_{s+r})\}$ および

$$\mathbb{P}\{W>0\}=\begin{cases}\dfrac{1}{\rho(1-\pi_{s+r})}\left(\pi_0\hat{\rho}\dfrac{1-\hat{\rho}^{r-1}}{1-\hat{\rho}}\xi_s+\pi_{s+r}\right), & \rho\neq 1\\ \dfrac{1}{1-\pi_{s+r}}(\pi_0(r-1)\xi_s+\pi_{s+r}), & \rho=1\end{cases}$$

第 6 章

問題 6.1　碁石を用いた比喩で示す．K 人の客を白，M 個のノードへの客の配分を $M-1$ 個の黒で表すことにする．状態集合の濃度を求める問題は，一列に並べた K 個の白の間に，区切りとして $M-1$ 個の黒をどのように並べるかという問題に帰着されることから自明である．

問題 6.2　$\mu_i(n_i)=\mu_i$ のとき，$\alpha_m(k)=(e_m/\mu_m)^k$ となるので，式 (6.21) より

$$
\begin{aligned}
G(k,m) &= \sum_{j=0}^{k}\alpha_m(j)G(k-j,m-1) = \sum_{j=0}^{k}\left(\frac{e_m}{\mu_m}\right)^j G(k-j,m-1)\\
&= G(k,m-1) + \sum_{j=1}^{k}\left(\frac{e_m}{\mu_m}\right)^j G(k-j,m-1)\\
&= G(k,m-1) + \frac{e_m}{\mu_m}\sum_{i=0}^{k-1}\left(\frac{e_m}{\mu_m}\right)^i G(k-1-i,m-1)\\
&= G(k,m-1) + \frac{e_m}{\mu_m}G(k-1,m)
\end{aligned}
$$

問題 6.3　各ノードからの退去過程を再生過程とみなす近似の下では，マルコフ型経路選択ルールによって分岐された後続のノードへの到着過程もまた再生過程となることから，ノード i からの退去時間間隔の分布とその LST を $F_i(t)$, $F_i^*(\theta)$，第 j 番目の分岐点過程の区間系列分布とその LST を $F_{ij}(t)$, $F_{ij}^*(\theta)$ とすると

$$
F_{ij}(t) = \sum_{n=1}^{\infty}(1-q_{ij})^{n-1}q_{ij}F_i^{n\star}(t), \quad t \geq 0
$$

となるので，両辺の LST をとると

$$
F_{ij}^*(\theta) = \frac{q_{ij}F_i^*(\theta)}{1-(1-q_{ij})F_i^*(\theta)}, \quad \mathrm{Re}(\theta) > 0
$$

が導かれる．$F_{ij}^*(\theta)$ を θ に関して微分し，$\theta \to 0$ とすることで与式を得る．

索　　引

O

P

Q

さ 行

た　行

な　行

は　行

ま 行

ら 行

わ　行

著者略歴

木村俊一（きむら としかず）

1953年　神奈川県に生まれる
1981年　京都大学大学院工学研究科博士後期課程修了
現　在　関西大学環境都市工学部教授
　　　　北海道大学名誉教授，工学博士
主　著　『金融工学入門』（実教出版，2002年）
　　　　『確率と統計』（共著）（朝倉書店，2003年）
　　　　『ファイナンス数学』（ミネルヴァ書房，2011年）

確率工学シリーズ 1
待ち行列の数理モデル　　定価はカバーに表示

2016年 7月25日　初版第1刷

著　者　木　村　俊　一
発行者　朝　倉　誠　造
発行所　株式会社　朝　倉　書　店
東京都新宿区新小川町 6-29
郵便番号　162-8707
電　話　03(3260)0141
FAX　03(3260)0180
http://www.asakura.co.jp

〈検印省略〉

中央印刷・渡辺製本

ISBN 978-4-254-27571-1　C 3350　Printed in Japan